U0832509

权威・前沿・原创

皮书系列为

“十二五”“十三五”国家重点图书出版规划项目

可持续发展蓝皮书

BLUE BOOK OF
SUSTAINABLE DEVELOPMENT

中国可持续发展评价报告
（2018）

EVALUATION REPORT ON THE SUSTAINABLE DEVELOPMENT OF CHINA (2018)

中国国际经济交流中心
美国哥伦比亚大学地球研究院／编
阿里研究院

社会科学文献出版社
SOCIAL SCIENCES ACADEMIC PRESS (CHINA)

图书在版编目（CIP）数据

中国可持续发展评价报告. 2018 / 王军，郭栋，郝建彬主编. -- 北京：社会科学文献出版社，2018.11
（可持续发展蓝皮书）
ISBN 978-7-5201-3745-4

Ⅰ. ①中… Ⅱ. ①王… ②郭… ③郝… Ⅲ. ①可持续性发展-研究报告-中国-2018 Ⅳ. ①X22

中国版本图书馆 CIP 数据核字（2018）第 244862 号

可持续发展蓝皮书
中国可持续发展评价报告（2018）

编　　者 / 中国国际经济交流中心
美国哥伦比亚大学地球研究院
阿里研究院
主　　编 / 王　军　郭　栋　郝建彬
副 主 编 / 张焕波　刘向东　Satyajit Bose　Kelsie DeFrancia

出 版 人 / 谢寿光
项目统筹 / 陈　颖
责任编辑 / 陈　颖　陈晴钰

出　　版 / 社会科学文献出版社 · 皮书出版分社（010）59367127
地址：北京市北三环中路甲 29 号院华龙大厦　邮编：100029
网址：www.ssap.com.cn
发　　行 / 市场营销中心（010）59367081　59367018
印　　装 / 三河市龙林印务有限公司

规　　格 / 开 本：787mm × 1092mm　1/16
印 张：23.75　字 数：360 千字
版　　次 / 2018 年 11 月第 1 版　2018 年 11 月第 1 次印刷
书　　号 / ISBN 978-7-5201-3745-4
定　　价 / 98.00 元

皮书序列号 / PSN B-2018-762-1/1

本书如有印装质量问题，请与读者服务中心（010-59367028）联系

编　委　会

编委会成员：

中国国际经济交流中心课题组成员：

胡敏一　中国国际经济交流中心信息部，硕士

王　佳　中国人民大学硕士生

吴双双　中国人民大学硕士生

杜靖文　中国人民大学硕士生

高　卷　中国人民大学博士生

美国哥伦比亚大学地球研究院课题组成员：

Alison Miller　美国哥伦比亚大学地球研究院执行副院长

Hayley Martinez　美国哥伦比亚大学地球研究院项目经理

王安逸　美国哥伦比亚大学地球研究院可持续发展政策与管理研究中心博士后研究员

马　雷　美国哥伦比亚大学地球研究院可持续发展政策与管理研究中心中国项目官员

尤思淼　美国哥伦比亚大学环境科学与政策硕士研究生

Allison Bridges　美国哥伦比亚大学地球研究院博士后研究学者

IraisArgelia Vazquez Cisneros　美国哥伦比亚大学地球研究院访问学者

张　超　美国哥伦比亚大学地球研究院访问学者、清华大学公共管理学院博士研究生

严馨佳　美国哥伦比亚大学环境科学与政策硕士研究生

宋明远　美国西北大学法律博士候选人

秦　羽　美国哥伦比亚大学统计学硕士研究生

秦　玲　美国哥伦比亚大学环境科学与政策硕士研究生

Zenia Montero　美国哥伦比亚大学环境科学与政策硕士研究生

Sylricka Foster　美国哥伦比亚大学环境科学与政策硕士研究生

赵锦华　中国传媒大学公共管理专业本科生

吴笑葳　北京大学政府管理学院城市管理专业本科生

廖小瑜　美国哥伦比亚大学运筹学、地球环境工程专业本科生
付　佳　美国哥伦比亚大学可持续发展管理硕士研究生

阿里研究院课题组成员：

田　丰　阿里云研究中心主任
杨　军　阿里云研究中心战略总监
徐　笛　蚂蚁金服公益部总经理

CCIEE
中国国际经济交流中心
China Center for International Economic Exchanges

THE EARTH INSTITUTE
COLUMBIA UNIVERSITY

AliResearch
阿里研究院

主编简介

王　军　经济学博士，研究员。曾供职于中共中央政策研究室，任处长；曾任中国国际经济交流中心信息部部长；现任中国国际经济交流中心学术委员会委员，中原银行首席经济学家。先后在《人民日报》《经济日报》《中国金融》《中国财政》《瞭望》《金融时报》等国家级报刊上共发表学术论文300余篇，已出版《中国经济新常态初探》《抉择：中国经济转型之路》《打造中国经济升级版》《资产价格泡沫及预警》等10余部学术著作，多次获省部级科研一、二、三等奖。研究方向：宏观经济理论与政策、金融改革与发展、可持续发展等。在中央政策研究室工作期间，多次参与中央主要领导在重要会议上的讲话以及中央重要文件的起草，多篇研究报告得到中央主要领导的重要批示。在中国国际经济交流中心工作期间，一直负责跟踪研究国内宏观经济运行，对重大宏观经济问题提出分析建议，为中央、国务院决策提供参考。特别是，作为主要参与者和执笔者，向中央建言设立“亚洲基础设施投资银行”并获采纳施行。作为主要组织者和参与者，多次主持完成深改办、中财办、中研室、国研室、发改委、财政部、商务部、外交部、国开行、博鳌亚洲论坛秘书处等部委及机构委托重点研究课题40余项。

郭　栋　经济学博士，副研究员。现任哥伦比亚大学地球研究院中国项目主任、可持续发展政策及管理研究中心副主任。同时，郭栋博士在哥伦比亚大学国际与公共事务学院担任客座教授，教授微观经济学与定量研究方法等相关硕士课程。毕业于哥伦比亚大学教育学院的经济与教育学博士专业，并获哥伦比亚大学国际与公共事务学院公共管理学硕士及伦敦大学学院经济学学士学位。研究方向包括经济教育学、可持续发展、正持续发展金融、环境认知及政策，并在中国就以上领域进行了多项研究。相关研究成果包括《中国学校质量的劳动力市场回报率》《中国高铁规划与运营的环境风险认知及公共信任》《严格污染政策的就业影响：理论与美国经验》《可持续公共认知与看法——中国案例分析》等。

郝建彬　阿里研究院学术委员会秘书长、北京交通大学兼职教授。毕业于北京交通大学经管学院，拥有十余年互联网、电子商务领域从业经历，聚焦数字经济、电子商务、网络创业与就业领域研究。加入阿里巴巴集团之前，曾长期在国家商务部、中国互联网络信息中心等单位，从事电子商务行业管理、产业发展政策研究及制定。担任国家“十三五”电子商务规划起草专家、中国贸易促进委员会专家委员会委员、全国双创示范基地评估专家。参与国家发改委、商务部、国务院发展研究中心、中国工程院等多个国家级规划编制，国家重大课题研究，包括《全国电子商务物流发展专项规划（2016~2020年）》、国家《电子商务“十三五”发展规划》、《新一代人工智能发展规划》、《关于发展数字经济稳定并扩大就业的指导意见》。主编《互联网+：未来空间无限》、《中国电子商务报告》（2015、2016）、《新经济崛起阿里巴巴3万亿的商业逻辑》、《人工智能在电子商务行业的应用和对就业影响研究报告》等。

摘　要

人与自然是生命共同体。人类的前进伴随着大量资源的消耗和生态系统的破坏，同时造成环境污染和贫困加剧的恶性循环。人类必须尊重自然、顺应自然、保护自然。尤其对中国来说，减少能源消耗、减轻污染已经成为优先着手解决的紧迫性和必要性问题，在生态环境方面面临的发展不平衡、不充分问题尤为突出，可持续发展形势相当严峻，生态环境保护任重道远。

中共十八届五中全会正式确立了创新、协调、绿色、开放、共享的新发展理念，十九大报告提出要“贯彻新发展理念，建设现代化经济体系”。这意味着新发展理念是未来很长一个时期我国发展思路、发展方向、发展着力点的集中体现。为了更好地贯彻执行新发展理念以及衡量发展取得的成绩，需要寻找超越 GDP 的一套完整的指标体系，需要创新衡量可持续发展进程的指标体系，来全面衡量经济社会发展的质量和效益。

基于上述背景，围绕可持续发展评价指标体系这一重点开展的本项研究，具有以下几个鲜明特点和突出亮点。

一是回顾和总结了国内外寻找“超越 GDP”新指标的理论探索，从理论和实践的角度，论述了中国实施可持续发展评价的必要性，开创性地构建了一套新的测度中国可持续发展的评价指标体系。

二是对中国国家级、省级及 100 个大中城市可持续发展状况进行了全面系统的数据验证分析，并进行了排名，得出了对实践有重要指导意义的结论。

三是开展了评价指标体系的国际比较研究，以纽约、巴黎、巴塞罗那、圣保罗、新加坡和中国香港等国际化城市作为基准，试图寻求中国城市与世界其他发达城市在城市可持续发展方面存在的差距，为中国城市更好地实现可持续发展提供了国际参考。

四是结合党的十八届五中全会绿色发展的理念、党的十九大报告精神和联合国2015年后可持续发展目标，对中国如何在推进落实联合国“新的发展议程”中与国际社会开展更加紧密的合作提出了相关建议，并对中国推进生态文明建设和实现可持续治理提出了一系列政策建议。

关键词： 可持续发展　评价指标　生态文明建设

Abstract

Mankind and nature are a community of shared life. Mankind's footprints of marching forward are followed by a vicious circle that is reflected by consumption of plenty of resources, damage to ecological system, environmental pollution and aggravated poverty. It is necessary for mankind to respect, go with and protect the nature. Especially for China, reducing energy consumption and abating pollution has become an urgent and necessary issue to be prioritized. In terms of ecological environment, the country encounters a particularly outstanding issue of unbalanced and insufficient development, as well as severe situation regarding sustainable development. It is still a long way and hard work for China to protect ecological environment.

The new vision of development featuring innovative, coordinated, green, open and shared development was identified at the Fifth Plenary Session of the 18th CPC Central Committee, convened in 2015. And "applying a new vision of development and developing a modernized economy" was proposed in the report delivered by Comrade Xi Jinping at the 19th National Congress of the Communist Party of China on October 18, 2017. That means the new vision is the main embodiment of China's development idea, orientation and focus within a long period ahead of us. In order to better implement the new vision of development and measure the achievements made in the development, it is necessary to develop a set of complete indicator system beyond GDP and make innovations in the indicator system that measures the process of sustainable development so as to measure the quality and benefit of social and economic growth in an all-round manner.

Based on the above background, this study, which focuses on the sustainable development indicator system, has the following distinctive characteristics and typical highlights:

First, the theoretical explorations for the new indicator of "Beyond GDP" both at home and abroad are reviewed and summarized. The necessity of conducting sustainable development evaluation in China is discussed from the perspectives of both theory and practice. And a set of new indicator system that measures China's sustainable development is built in a pioneering way.

Second, comprehensive and systematic data analysis and verification is made on the sustainable development of China, its regions and 100 large-and medium-sized cities. Rankings are given on these cities. And the conclusions that are of important guiding significance to practice are drawn.

Third, an international comparative research was conducted on the indicator system. With New York, Paris, Barcelona, Saint Paul, Singapore, Hong Kong and other international cities as references, this study tries to find out the differences between Chinese cities and other developed cities in the world in terms of urban sustainable development so as to provide an international reference for Chinese cities to obtain a better sustainable development.

Fourth, suggestions are made on how China pursues closer cooperation with other members of the international community in facilitating and implementing the "new development agenda" of the UN in combination with the vision of green development proposed at the Fifth Plenary Session of the 18th CPC Central Committee, essence of the report delivered at the 19th National Congress of the Communist Party of China and the UN's post - 2015 sustainable development goals. Also, a series of policy-making suggestions are proposed on China's promotion of ecological civilization building and realization of sustainable governance.

Keywords: Sustainable Development; Indicator; Ecological Civilization Building

目录

序 一 …………………………………………………………………………… / 001
序 二 …………………………………………………………………………… / 004

Ⅰ 总报告

B.1 中国可持续发展评价指标体系研究2018 年度报告
………………………… 王 军 郭 栋 张焕波 刘向东 / 001
一 中国开展可持续发展评价的理论与实践背景 …………… / 004
二 中国可持续发展评价指标体系的设计与应用 …………… / 005
三 中国国家级可持续发展指标体系数据验证分析 ………… / 011
四 中国省级可持续发展指标体系数据验证分析 …………… / 015
五 中国 100 个大中城市可持续发展指标体系数据
验证分析 ……………………………………………………… / 018
六 推进中国可持续发展、实现可持续治理的政策建议 …… / 023

Ⅱ 分报告

B.2 中国可持续发展评价指标体系设计与应用……………… 张焕波 / 028

B.3 中国国家级可持续发展指标体系数据验证分析………… 张焕波 / 050

B.4 中国省级可持续发展指标体系数据验证分析
……………………………… 郭 栋 张焕波 马 雷 王 佳 / 065

B.5 中国100 个大中城市可持续发展指标体系数据验证分析
………… 郭 栋 Kelsie DeFrancia 马 雷 王 佳 王安逸 / 093

Ⅲ 专题篇

B.6 从超越 GDP 到中国可持续发展水平的衡量 …………… 刘向东 / 163

B.7 开展中国可持续发展评价指标体系研究的现状及意义
…………………………………………………………… 刘向东 / 209

B.8 推进中国可持续发展、实现可持续治理的政策建议…… 王 军 / 221

Ⅳ 借鉴篇

B.9 国际性大都市可持续发展指标综述及案例分析
……… 尤思淼 Alison Bridges Irais Argelia Vazquez Cisneros
张 超 严馨佳 / 236

Ⅴ 案例篇

B.10 数据在线驱动“放管服”改革，“一云两端”助力
政务服务转型 ……………………………………………… 杨 军 / 273

B.11 城市大脑：探索“数字孪生城市” ………… 杨 军 田 丰 / 281

B.12 蚂蚁森林：地球上超过4%的人在手机里“种树”防治荒漠化
…………………………………………………………… 徐 笛 / 304

Ⅵ 附录

B.13 联合国2030年可持续发展议程
——可持续发展目标和具体目标 …………………………… / 309

B.14 参考文献 …………………………………………………… / 324

皮书数据库阅读**使用指南**

CONTENTS

Foreword I / 001
Foreword II / 004

I General Report

B.1 Annual Report on China Sustainable Development Indicator System 2018 *Wang Jun, Guo Dong, Zhang Huanbo and Liu Xiangdong* / 001
1. Theory and Practice Background of China's Sustainable Development Evaluation / 004
2. Design and Application of China Sustainable Development Indicator System / 005
3. Analysis and Verification of China National Sustainable Development System Data / 011
4. Analysis and Verification of China Provincial Sustainable Development System Data / 015
5. Analysis and Verification of Sustainable Development System Data for 100 Large-and Medium-sized Cities of China / 018
6. Policy-making Suggestions on China's Further Sustainable Development and Realization of Sustainable Governance / 023

II Sub-reports

B.2 Design and Application of China Sustainable Development Indicator System *Zhang Huanbo* / 028

B.3 Analysis and Verification of China National Sustainable Development System Data *Zhang Huanbo* / 050

B.4 Analysis and Verification of China Provincial Sustainable Development System Data *Guo Dong, Zhang Huanbo, Ma Lei and Wang Jia* / 065

B.5 Analysis and Verification of Sustainable Development System Data for 100 Large- and Medium-sized Cities of China *Guo Dong, Kelsie DeFrancia, Ma Lei, Wang Jia and Wang Anyi* / 093

III Topics

B.6 From "Beyond GDP" to Measurement of China's Sustainable Development *Liu Xiangdong* / 163

B.7 Current Status and Significance of Making Research on China Sustainable Development Indicator System *Liu Xiangdong* / 209

B.8 Policy-making Suggestions on China's Further Sustainable Development and Realization of Sustainable Governance *Wang Jun* / 221

IV Experience

B.9 Overview and Cases of Sustainable Development Indicators of International Metropolises *You Simiao, Alison Bridges, Irais Argelia Vazquez Cisneros, Zhang Chao and Yan Xinjia* / 236

V Cases

B.10 Online Data-driven Strategy Simplification of Administrative Procedures Reform, One Cloud and Two Ends Facilitation of Government Service Transformation *Yang Jun* / 273

B.11 Urban Brain: Exploration Digital Twin Cities *Yang Jun, Tian Feng* / 281

B.12 Ant Forest: Over 4% Global Populations in Cell Phones Planting Trees Controlling Desertification *Xu Di* / 304

VI Appendices

B.13 UN Sustainable Development Agenda 2030
—*Sustainable Development Goals and Specific Targets* / 309

B.14 References / 324

序　一

可持续发展问题，既是人类必须面对的严肃问题，也是我们必须承担的紧迫任务。

人与自然是生命共同体。工业革命以来，经济发展和社会进步为世界创造了巨大的财富，但人类的前行伴随着大量资源的消耗和生态系统的破坏，造成很多地方环境污染和贫困加剧的恶性循环。与此同时，社会和区域发展失衡造成的各种矛盾也在累积，对人类社会的安全形成了严峻的挑战。消除贫困、治理环境污染、应对气候变化、节约能源资源、促进社会平衡包容发展，已经成为人类社会的共同责任。

联合国继2000年制定“千年发展目标”后，又于2015年9月25日宣布启动了2030年可持续发展议程，公布了包含17项指标和相应子指标的简约指标体系，以引导全球实现经济、社会和环境三个维度的协调发展。在第21届联合国气候变化大会上，196个缔约方一致通过的《巴黎协定》，对2020年后全球应对气候变化行动也做出了制度性安排。

中国是全球可持续发展事业和体系的坚定支持者与推动者。当前，中国特色社会主义进入新时代，中国社会主要矛盾已经转化为人民日益增长的美好生活需要和不平衡不充分的发展之间的矛盾。要解决好这一矛盾，就必须坚持以人民为中心的发展思想，不断促进人的全面发展，实现全体人民共同富裕。从经济领域看，中国经济已由高速增长阶段转向高质量发展阶段，正处在转变发展方式、优化经济结构、转换增长动力的攻关期。实现这一转变，跨越发展关口，就要坚持科学发展，坚定不移地贯彻创新、协调、绿色、开放、共享的发展理念，以供给侧结构性改革为主线，推动经济发展质量变革、效率变革、动力变革，提高全要素生产率。

在这一进程中，一方面，我们要坚定人与自然和谐共生的理念，走尊重自然、顺应自然、保护自然的发展之路，按照习近平总书记的要求，“积极参与全球环境治理，落实减排承诺”，履行好大国的责任。另一方面，我们在发展中要更加注重质量和效益，要提供更多民生福祉和优质生态产品，促进实现中华民族永续发展。将这些宏伟目标结合起来，就形成了一个多元的目标系统。它的内涵仅靠 GDP 指标是覆盖不了的。虽然 GDP 指标目前仍有很重要的价值，但我们必须开始探索构建能够超越 GDP 指标的单一评价体系，以尽快适应新时代高质量发展的要求。

为了支撑中国可持续发展的国际承诺，为了更好地贯彻落实五大发展理念，为了较为客观地评估一个国家、地区及城市的可持续发展进程，中国国际经济交流中心与美国哥伦比亚大学地球研究院组成课题组，开展了联合研究。历经近 3 年时间，课题组在进行国际比较分析的基础上，结合中国国情，初建了一套中国可持续发展指标体系（CSDIS），尝试创新经济发展考量体系，以弥补 GDP 指标的缺陷和不足。

新建一套能被社会普遍认可的指标体系是件很难的事。如果再用它对各地的发展情况进行评价并搞“众口难调”的排名，那就更是自讨苦吃。但是，课题研究工作还是得到国家发改委、环保部、国家统计局以及部分国际组织、国内研究机构及专家学者的鼓励与支持，也得到一些地方同志的大力支持和配合。对此，我们非常感谢。

当前，有很多机构都在研究可持续发展、低碳发展、绿色发展等指标体系问题。党的十九大精神为这些研究提供了强大的精神动力。作为智库，这种有意义的研究和探索，再困难也要去做，而且一些研究相关智库和机构还应协同去做。课题组从研究者的角度用这套指标体系对除西藏以外的 30 个省市自治区以及全国 100 座城市进行了初测，现一并予以公布。鉴于尚属首次发布，测度结果可能与一些专家和读者的实际感受有差异，我们也感到有很多不满意的地方。课题组愿意倾听并接受大家的批评和建议，以便进一步提高指标体系的科学性、客观性、实用性。正如我们追求可持续发展的道路会很长一样，建立一套科学、完善、简约的可持续发展指标体系，也将有很长的路要走。

张大卫

中国国际经济交流中心副理事长兼秘书长

序　二

可持续发展是当今世界公认的重要目标，中国的贡献尤其重要。近年来，包括中国在内的许多国家与机构开发出了多种应对可持续发展的战略，但始终缺少一套可被广泛应用于可持续发展的测评体系。当今世界迫切需要一套成熟的、标准化的体系来整合、管理日渐增长的大量可持续相关信息，以此完善决策、改善业绩。

因此，为了有效地评估中国经济、社会、环境的平衡发展，哥伦比亚大学地球研究院与中国国际经济交流中心（CCIEE）展开合作，设计出一套适用于中国独特发展模式的城市及省级可持续发展指标体系与评估框架。本项目深刻认识到中国推进可持续发展的重要性，以及其对可持续发展政策、对未来可持续发展指标研究的支撑与帮助。

这份报告代表着地球研究院与中国国际经济交流中心三年来努力的成果。如果没有研究院与中心独特的、优秀的研究团队，这项工作将很难完成。中国国际经济交流中心具有雄厚的科研实力，其与中央政府的长期合作关系也大大提高了评估框架的落实与影响力。同时，该项目也利用哥伦比亚大学的学术专长，依托地球研究院可持续发展政策与管理研究中心在此领域的研究基础。我们优势互补，将使我们的工作在中国产生更加广泛、深远的影响。

我视本项目为促进中国经济健康、可持续发展的重要贡献。我同时希望此项目可以为其他国家树立榜样。我期待我们未来的合作，期待我们共同履行对中国乃至世界长期、健康、可持续发展的义务。

敬上！

Steven Cohen

美国哥伦比亚大学地球研究院原执行院长

可持续发展政策与管理研究中心主任

总 报 告

General Report

B.1
中国可持续发展评价指标体系研究 2018年度报告

王 军 郭 栋 张焕波 刘向东*

摘 要： 报告回顾和总结了国内外寻找“超越 GDP”新指标的理论探索，从理论和实践的角度，论述了中国实施可持续发展评价的必要性。在充分借鉴国际经验的基础上，系统提出了中国可持续发展评价指标体系构架的思想，开创性地构建了一套新的测度中国可持续发展的评价指标体系。为验证这一评价指标体系，报告对中国国家、省及大中城市可持续发展状况进行了全面、系统的数据验证分析，并进行了排名，得出了

* 王军，中国国际经济交流中心学术委员会委员，中原银行首席经济学家，研究员，博士；郭栋，美国哥伦比亚大学地球研究院中国项目主任、可持续发展政策与管理研究中心副主任、副研究员，博士；张焕波，中国国际经济交流中心改革开放处处长、研究员，博士；刘向东，中国国际经济交流中心经济研究部副部长、副研究员，博士。

对实践有重要指导意义的结论。报告还使用包括纽约、巴黎、伦敦、巴塞罗那、圣保罗、中国香港和新加坡等世界其他国际化城市作为基准，开展了指标框架体系的国际比较研究，以发现中国大陆 100 个城市与世界其他国家或地区发达城市之间在城市可持续发展方面存在的差距，并为中国城市在可持续发展进程中提供了国际参考。最后，报告结合党的十八届五中全会绿色发展的理念、党的十九大报告精神和联合国 2015 年后可持续发展目标，对中国推进生态文明建设和实现可持续治理提出了一系列政策建议。同时，报告研究了中国对全球可持续发展的政策主张，以及在推进落实联合国“新的发展议程”中如何展开更加紧密合作提出了相关建议。

关键词： 可持续发展　评价指标体系　可持续治理

人与自然是生命共同体。人类的前进伴随着大量资源的消耗和生态系统的破坏，同时造成环境污染和贫困加剧的恶性循环。无论是在全球范围内还是就中国自身而言，环境恶化和生态退化并没有得到足够的重视，直到引发部分癌症、传染病、呼吸疾病和营养不良等多种健康问题，人类才开始审视环境恶化和社会不平等带来的严重威胁。人类必须尊重自然、顺应自然、保护自然。尤其对中国来说，减少能源消耗、减轻污染已经成为优先着手解决的紧迫性和必要性问题，在生态环境方面面临的发展不平衡、不充分问题尤为突出，可持续发展形势相当严峻，生态环境保护任重道远。可持续发展涉及经济发展、社会公平和环境管理之间的有效平衡，怎样有效达到三者的平衡，迫切需要一套有限数量的简约指标。寻找实现可持续发展目标的综合评价方法，既是联合国千年目标之后 2030 年可持续发展议程的新要求，也是中国经济社会发展进入新常态后的新要求。

目前来看，中国经济发展进入新常态，中国特色社会主义进入新时代，社会的主要矛盾已经转化为人民日益增长的美好生活需要和不平衡不充分的发展之间的矛盾。中国经济已由高速增长阶段转向高质量发展阶段。在GDP增速出现趋势性放缓的同时，正处在转变发展方式、优化经济结构、转换增长动力的攻关期。在这一时期，中国经济结构调整的力度前所未有，创新驱动的自觉性前所未有，经济保持稳中有进、稳中向好的中高速增长，经济结构优化速度在不断加快，数字经济等新兴产业蓬勃发展，高铁、公路、桥梁、港口、机场等基础设施建设快速推进，全党全国贯彻绿色发展理念的自觉性和主动性显著增强，忽视生态环境保护的状况明显改善。

中国经济的新表现意味着中国已改变以往强调GDP高速增长的政绩观，更加坚持科学发展，坚持创新、协调、绿色、开放、共享的新发展理念，坚持人与自然的和谐共生，更加注重经济社会发展的质量和效益，更加重视生态文明建设，更加注重中华民族永续发展。中共十八届五中全会正式确立了创新、协调、绿色、开放、共享的新发展理念，党的十九大报告提出要“贯彻新发展理念，建设现代化经济体系”。这意味着新发展理念是未来很长一个时期我国发展思路、发展方向、发展着力点的集中体现。

如何贯彻执行新发展理念以及如何衡量发展取得的成绩？显然，仅仅依靠GDP指标是不行的，需要超越使用GDP这一单一指标衡量经济社会的发展质量和效益。建设人与自然和谐共生的现代化，既要创造更多物质财富和精神财富以满足人民日益增长的美好生活需要，也要提供更多优质生态产品和服务以满足人民日益增长的优美生态环境需要，建设美丽中国、健康中国尚需重新审视以GDP来衡量国民经济社会发展状况的合理性。寻找超越GDP的一套完整的指标体系来全面衡量经济社会发展的质量和效益，而建设富强民主文明和谐美丽的社会主义现代化强国也必然要求新的衡量指标体系来测度“富强民主文明和谐美丽”的具体含义。建设社会主义现代化强国所带来的变化是深刻而影响深远的，需要有新的指标对其所蕴含的多元内涵进行测量和解释。

在国际上，联合国2030可持续发展议程和巴黎协定业已被国际社会所广泛接受。在此背景下，创新经济社会发展的衡量体系也是符合国际发展的趋势，契合与国际接轨的需要。中国政府始终高度重视这些国际共识的达成，并已经从各方面开始采取有效行动和具体措施，来推动可持续发展议程取得实质性进展。为此，创新衡量可持续发展进程的指标体系，也要求我们探索寻求超越GDP的可持续发展指标体系。

推动经济社会可持续发展已经成为国际国内经济社会发展的潮流。在这样的国际国内大环境和大背景之下，迫切需要一个全新的衡量可持续发展的指标体系，这不是对GDP的否定和替代，而是对其提升和完善，是增加一个辅助性的指标体系来弥补现有的仅有GDP这一指标的不足和缺陷，这既是社会主义生态文明建设的必然要求，也能更好地符合人与自然和谐发展现代化的需要。

一　中国开展可持续发展评价的理论与实践背景

多年以来，国内生产总值（GDP）是世界各国衡量经济发展的普遍指标。作为衡量经济发展的综合指标，GDP本身有其合理性，而且在全世界范围内被普遍认可。但是经济社会的发展不止于GDP的增长，也不能只用GDP这一综合指标进行评判经济发展的好坏。近年来，随着全球科技进步和经济增长模式的转变，世界各国都开始更加重视经济社会的可持续发展质量，GDP用于衡量经济质量状况的合理性逐渐受到质疑。世界各地的专家们开始论证GDP作为衡量经济指标的不足，提出需要考虑的补充要素和超越GDP的新指标。世界主要城市也在探索衡量可持续发展质量的指标系统，并且取得了一定的成效。

通过从理论上探究GDP指标由来及其核算方法，以及GDP指标发展历程及其合理性，我们可以发现，GDP不足以反映经济社会发展全貌的现状和事实。总结起来，将GDP作为衡量经济发展水平和社会福利的指标，存在以下明显的局限性：一是未能包含所有的经济活动及其产出，二是不能反映经济发展的质量，三是不能全面衡量社会福利水平，四是未考虑资源损耗和环境变化。

由于已经非常清晰地认识到 GDP 在衡量社会发展水平和人类福利方面存在很大的局限性，因此从 20 世纪 70 年代起人们就开始了寻求“超越 GDP”而衡量社会可持续发展和人类福利的指标的实践。早期非常有影响力的指标是由诺德豪斯和托宾于 1972 年提出的经济福利测量指标（Measure of Economic Welfare）。而后随着人们对经济发展和人类福利的认识不断加深，越来越多的“超越 GDP”的指标或指标体系被开发出来。特别是近 10 年来，寻求“超越 GDP”的行动在全世界范围内呈现蓬勃发展之势。

就中国而言，实施可持续评价的必要性主要体现在以下几个方面：全球可持续发展的紧迫性明显增强，中国经济新常态要求加快可持续转型，生态文明建设要求量化绿色发展目标，发展理念转变必将引导价值目标更新，数字中国建设与可持续评价互相提供支撑。

二　中国可持续发展评价指标体系的设计与应用

1. 中国可持续发展指标体系构架的思想

我们构建的中国可持续发展指标体系（CSDIS），以主题领域为主要形式，同时考虑领域之间的因果关系。这个框架由 5 个主题构成：经济发展、社会民生、资源环境、消耗排放和治理保护（见图 1）。其中可持续发展中最常见的三个主题社会（社会民生）、经济（经济发展）和自然（资源与环境）都包含进来，在此基础上，针对自然主题，增加两个因果或者关联主题：消耗排放与治理保护。环境与资源描述的是自然存量，包括了资源环境的质量和水平。消耗排放是人类的生产和消费活动对自然的消耗和负面影响，是自然存量的减少。治理保护是人类社会为治理和保护大自然所做出的努力，是自然存量的增加。社会民生的增长和资源环境的不断改善又属于人类社会发展的动力。经济的稳定增长是保障社会福利、可持续治理的前提和基础。

构建这样一个指标体系，希望达到三方面目标。一是能支撑中国参与全球可持续发展的国际承诺，为中国更好地参与全球环境治理提供决策依据。二是对中国宏观经济发展的可持续程度进行监测和评估，为国家制定宏观经济政策和战略规划提供决策支持。三是对省、市的可持续发展状况进行考察和考核，为健全政绩考核制度提供帮助。

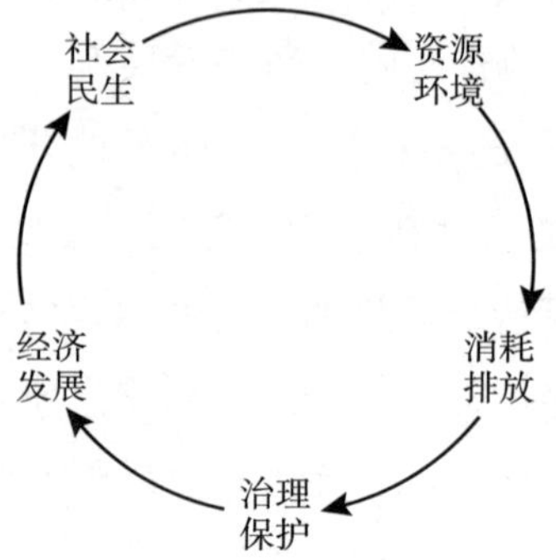

图 1　中国可持续发展指标关系示意

（1）秉承“共同但有区别的责任”原则。CSDIS 包括了温室气体方面的相关指标，这些指标既有效率指标，如能源强度、二氧化碳强度，也有总量指标，如能源消费总量、碳排放总量。作为一个发展中国家，中国通过总量指标来约束经济社会发展行为，这充分展现了中国政府和人民在应对全球变化这个全球共同性问题上的巨大决心和诚意。但是，在这些指标的目标设定上，需要充分考虑中国是一个发展中国家的事实。

（2）着眼于从“效率控制”到“容量控制”。《中共中央、国务院关于加快推进生态文明建设的意见》是一部体现中国可持续发展理念的纲领性文件。文件有一个重要的内容，可看作对改善政府管理的刚性要求，即“严守资源环境生态红线，树立底线思维”。同时，要配套建立起“领导干部任期生态文明建设责任制，完善目标责任考核和问责制度”。要建立起一整套与之配套的指标和绩效考核体系，需要将现行的标准控制向总量、质量和容量控制渐次推进。即标准控制→总量控制→质量控制→容量控制。考虑到评估对象的横向可比较性，CSDIS 选择的基础指标大部分是标准指标，也有一些总量指标。为了在应用过程中，可以发挥质量控制和容量控制的作用，CSDIS 纳入了一些涉及资源和环境生态红线的关键指标，还有在可持续治理领域能发挥关键约束作用的指标。

（3）反映“可持续性生产”与“可持续性消费”。从20世纪70年代开始，人类进入了全球生态超载状态，人类的生态足迹超出了地球生物承载力，在2010年人类的生态足迹已经大到需要1.5个地球才能提供人类所需要的生物承载力的程度。在投资和出口拉动型的经济模式中，中国面临着巨大的来自生产端的资源环境压力。但是，从长远看，随着中国经济内需型转型和持续中高速增长，消费端面临的生态压力将逐步增大。在 CSDIS 设计中，充分考虑了可持续性生产和可持续性消费。比如在人类的影响指标里，既有生产活动的影响指标，又有消费活动的影响指标。在可持续治理方面也是这样，既有生产方面的治理投入、目标和行动，也有消费方面的约束。

（4）反映“增长”和“治理”两轮驱动。在 CSDIS 里，“稳定的经济增长”和“可持续治理”是两个核心主题。如果没有稳定的经济增长，社会福利水平将难以保障，也没有更多的能力来做生态修复和环境保护的工作。同时，要认识到可持续治理与经济增长是相辅相成的。可持续治理是人类对自然的正反馈，是积极的影响。它不仅仅是成本投入，也是经济增长的重要动力。在 CSDIS 里，人的发展包含了社会福利增加和经济稳定增长，自然的发展体现在资源的高效利用、生态得到修复、环境得到治理和保护。

（5）既“立足当下”又“面向未来”。可持续发展是一个长期的过程，不是一时一地的项目，而是全局性、战略性、共同性的巨大工程。因此在 CSDIS 指标的选取中，既要立足当下，着眼于当前能够做、必须要做的事情，同时也要放眼未来，考虑一些将来可以做、应当做的事情。比如，在指标选取中，为了评估对象的横向比较，需要选取的指标可测量、可报告和可核查。同时，一些指标按照现在的统计口径无法获得，但我们认为比较重要，具有代表性，通过一定的努力未来可以获得，也将其纳入 CSDIS。

2. 中国可持续发展指标体系的设计

（1）前提与基础——经济发展

经济发展是实现可持续发展的前提和基础。可持续的经济发展包含三个方面：稳定的经济增长、结构优化升级和创新驱动发展。稳定的经济增长是人类社会发展的根本保障。结构优化升级不但是经济健康发展的需要，本身也是对资源环境利益模式的转变。创新驱动不但要成为经济持续增长的动力源泉，也为人类更加有效、合理、恰当地利用自然资本提供了技术和手段。稳定增长包括 GDP 增长率、城镇登记失业率、全员劳动生产率三个指标。这几个指标也是反映一国或地区经济发展水平及健康程度的重要指标。结构优化方面，主要体现在服务业、高技术产业以及消费对经济的拉动作用。创新驱动从研发投入、科技人员数量、高技术产值、专利数量等几个方面来刻画（见表 1）。

表 1　经济发展

一级指标（权重）	二级指标	三级指标（＊代表目前难以获得数据，但期望未来加入的指标）	单位	指标数
经济发展（15 分）	创新驱动	科技进步贡献率*	%	1
		研究与试验发展经费支出与 GDP 比例	%	2
		每万人口有效发明专利拥有量	件	3
	结构优化	高技术产业增加值与工业增加值比例	%	4
		信息产业增加值与 GDP 比例	%	5
	稳定增长	GDP 增长率	%	6
		城镇登记失业率	%	7
		全员劳动生产率	元/人	8

（2）美好生活的向往——社会民生

社会民生包含了 5 类指标，分别是教育文化、社会公平、收入水平、社会保障和卫生健康（见表 2）。在社会公平方面，除传统的基尼系数来测度全体居民的收入差距外，还考虑了中国经济的二元结构特征，用农村与城镇人均财政支出比来反映城乡享受国家财政的差异。在教育获得方面，由于九年制义务教育已普及，主要考虑高中阶段和高等教育阶段的毛入学率情况。同时，创新性引入一个万人拥有公共文化设施数，来刻画大众文化普及程度。实际上，我们希望用万人拥有公共文化设施面积指标，但是这个指标在目前的统计体系中很难找到，一些地方政府的公告中会涉及。但如前所述，我们认为这样的指标更具代表性，在未来的统计体系完善中建议纳入，后面还有一些类似指标，这是 CSDIS 的一个功能，目的是督促可持续发展指标统计体系的改进。

表 2　社会民生

一级指标（权重）	二级指标	三级指标（＊代表目前难以获得数据，但期望未来加入的指标）	单位	指标数
社会民生（15 分）	教育文化	财政性教育经费支出占 GDP 比例	%	1
		劳动年龄人口平均受教育年限	年	2
		万人拥有公共文化设施面积(个数)	平方米	3
	社会保障	基本社会保障覆盖率	%	4
		人均社会保障财政支出	元	5
	卫生健康	人口平均预期寿命	岁	6
		卫生总费用占 GDP 比重	%	7
		每万人拥有卫生技术人员数	人	8
	均等程度	贫困发生率	%	9
		基尼系数＊		10

（3）坚守生态红线——资源环境

资源环境指标主要描述当前自然界的一个状况，包含数量、质量和环境。资源方面，涵盖了主要的可量化评估的资源，包括森林、草原、湿地、土地、矿藏、海洋、水等，同时把自然保护区作为一个重要资源类别纳入。除了传统的自然领地，城市环境作为人类活动的重要场所，也作为环境考察的一个指标（见表3）。需要说明的是，作为某个国家或者地区，可能没有一些自然资源，比如内陆地区，没有海洋资源。但我们这里将其纳入，是为了更加全面地刻画可持续发展对自然保护的需求，在具体指标体系的应用中，可做一些技术上的处理，来保证不同地区横向比较的公平性。

表3　资源环境

一级指标（权重）	二级指标	三级指标（＊代表目前难以获得数据，但期望未来加入的指标）	单位	指标数
资源环境（20分）	国土资源	人均碳汇*	吨二氧化碳	1
		人均绿地（含森林、林木、草原、耕地、湿地）面积	亩	2
		土壤调查点位达标率	%	3
	水环境	人均水资源量	立方米	4
		水质指数	%	5
	大气环境	市区环境空气质量优良率	%	6
		监测城市平均PM2.5年均浓度	微克/立方米	7
	生物多样性	生物多样性指数*		8

（4）日益增长的消费与生产——消耗排放

消耗排放主要由反映人的生产和生活活动对资源的消耗、污染物和废弃物排放和温室气体排放三个方面组成。资源的消耗包括对土地、水、能源的消耗。污染物的排放包括了固体废物、废水和废气。生活垃圾作为单独一个指标，主要反映人的消费对环境的影响。温室气体作为人类对自然影响的一个重要部分纳入，包含了碳强度及碳排放总量两个指标（见表4）。

表4　消耗排放

一级指标（权重）	二级指标	三级指标（＊代表目前难以获得数据，但期望未来加入的指标）	单位	指标数
消耗排放（25分）	土地消耗 水消耗 能源消耗	单位建设用地面积二、三产业增加值	万元/平方公里	1
		单位工业增加值水耗	立方米/万元	2
		单位GDP能耗	吨标煤/万元	3
	主要污染物排放	单位GDP主要污染物排放（单位化学需氧量排放、氨氮、二氧化硫、氮氧化物）	吨/万元	4
			吨/万元	5
			吨/万元	6
			吨/万元	7
	工业危险废物产生量	单位GDP危险废物排放	吨/万元	8
	温室气体排放	非化石能源占一次能源比例	%	9
		碳排放强度*	吨二氧化碳/万元	10

（5）决策与行动——治理保护

治理保护是实现人类对自然正影响的主要手段。治理包括资金上的投入、主要环境治理目标的设定。在治理投入上，既考虑了财政上的环保支出，也考虑了整个社会的环境污染治理投资。在环境治理目标方面，在水、空气、固体废物、生活垃圾、温室气体方面均提出了可考察的指标（见图5）。

表5　治理保护

一级指标（权重）	二级指标	三级指标（*代表目前难以获得数据，但期望未来加入的指标）	单位	指标数
治理保护（25分）	治理投入	生态建设资金投入与GDP比*	%	1
		环境保护支出与财政支出比	%	2
		环境污染治理投资与固定资产投资比	%	3
	废水利用率	再生水利用率	%	4
		污水处理率	%	5
	固体废物处理	工业固体废物综合利用率	%	6
	危险废物处理	工业危险废物处置率	%	7
	垃圾处理	生活垃圾无害化处理率	%	8
	废气处理	废气处理率	%	9
	减少温室气体排放	碳排放强度年下降率*	%	10
		能源强度年下降率	%	11

三　中国国家级可持续发展指标体系数据验证分析

根据上述构建的中国可持续发展指标体系，我们对初始指标数据进行查找筛选，最终整理了2010～2015年6年的时间序列数据。其中，根据数据的可获得性，对7个指标（即目前难以获得数据，但期望未来加入的指标）进行了剔除，五大类指标共有40个具体初始指标。

在计算一级指标综合值时，采用等权重的计算办法直接由三级指标合成二级指标，再由二级指标等权重合成一级指标值（其中资源环境一级指标除外，该指标合成时人均水资源量二级指标权重为20%，绿地覆盖率二级指标权重为 80%）。在计算综合指标时，对经济发展、社会民生、资源环境、消耗排放、治理保护五个一级指标分别赋予 15%、15%、20%、25%、25%的权重。

从总指标的趋势上看，2010～2016 年总指标整体上呈现先降低再逐年稳定增长状态，其中 2011 年达到最低点，并且此后出现持续增长状态，其原因是资源环境、消耗排放、治理保护等方面在 2011 年后得到重视，可持续发展指标不断上升。其中，2010 年总指标数值为 34.37，到 2016 年该指标已上升为 87.71（见图 2）。从变动幅度看，2011 年出现了下降趋势，主要是由于资源环境、消耗排放和治理保护三个一级指标出现下降。进一步分析，是由于 2011 年降雨量与往年相比严重偏少，全国范围内出现大旱，严重影响了水资源、湿地等资源环境生长，导致资源环境指标较低。此外，2011 年以前雾霾天气还未引起人们重视，环境污染、生态与气候恶化还未引起全国自上而下的高度重视，经济增长与 GDP 成为政府追求的主要目标，其投入治理、减少排放的措施还未严格实施，出现了消耗排放和治理保护指标的下降。因此，2011 年可持续发展指标较低。可以说，治理保护与消耗排放已经成为这一时期的重要短板，需要政府拿出壮士断腕的勇气和决心，彻底向环境污染宣战，实施最严格的环保制度。

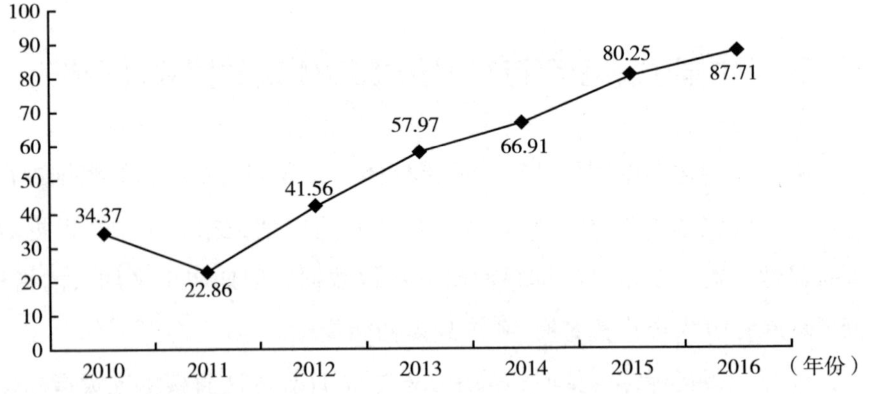

图 2　中国可持续发展指数总指标走势（2010～2016 年）

从一级指标的趋势（如图3）上看，2010～2016年“社会民生”指标增长最快，其次是“经济发展”指标。“资源环境”“消耗排放”“治理保护”的指标总体上也呈先下降再上升趋势，其中“治理保护”在2011年和2016年分别相比上年有较明显的下降。从总指标构成（雷达图）上看，2016年，一级指标综合值从大到小依次为“社会民生”“经济发展”“消耗排放”“资源环境”“治理保护”（见图4）。

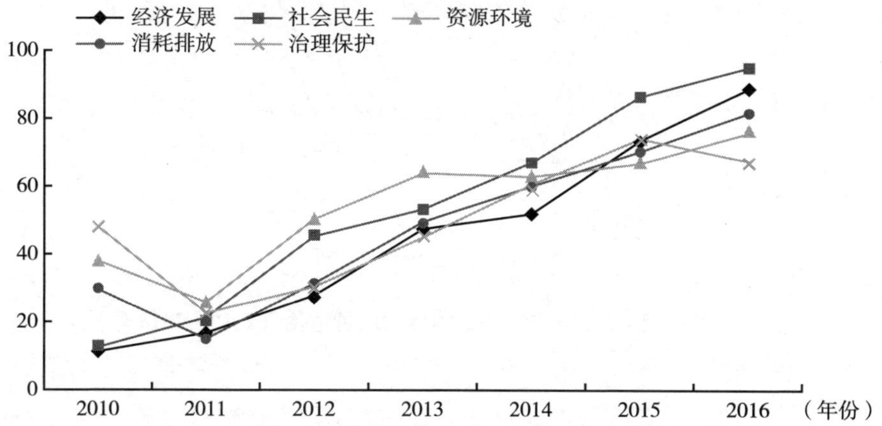

图3　中国可持续发展指数一级指标走势（2010～2016年）

具体讲，2016年“社会民生”指标接近100，意味着最近几年社会福利领域逐年改善。相比而言，“资源环境”指标呈现增长较缓慢的态势，2015年“资源环境”指标数值为66.85，到2016年增长到75.91，这突出反映在指标选择上，资源环境主要反映在耕地、湿地、森林、人均水资源等指标上，受气候条件影响较大。总体看，2016年相比2015年，除“治理保护”一级指标有较明显的下降外，其余指标均优于2015年。表明，2016年“治理保护”方面的工作并没有做到位，面临的资源环境挑战依然较大。另外，“经济发展”和“消耗排放”指标综合值近两年增长较大，从侧面说明中国经济正在进入中高速增长的新常态，在生态文明建设加紧趋严的背景下，人类对自然环境的影响开始减弱，污染排放不断趋好。从二级指标的构成雷达图看，2016年的指标值大部分包围住了2015年的指标值，但是也有

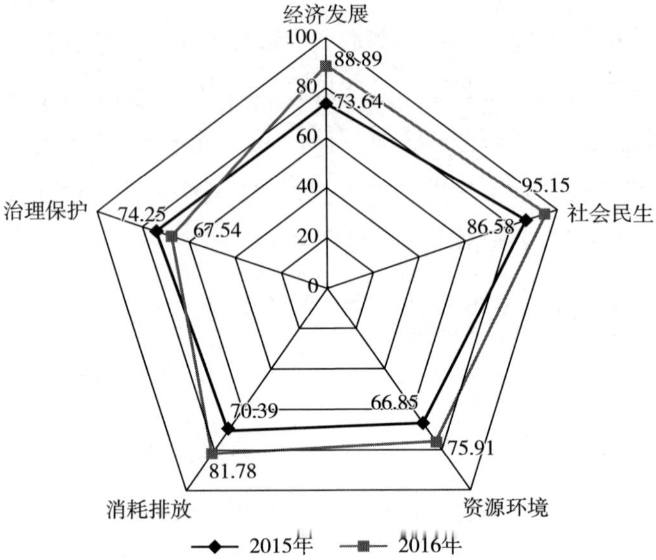

图4　中国可持续发展指数一级指标构成雷达图（2015～2016年）

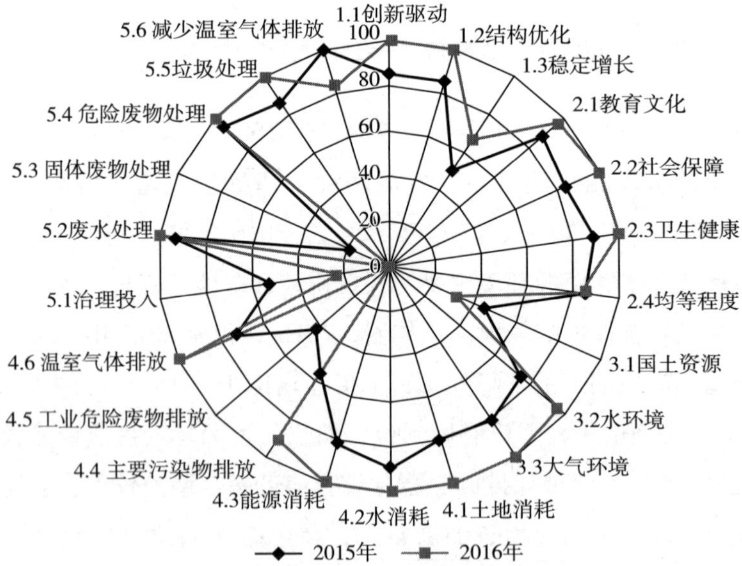

图5　中国可持续发展指数二级指标构成雷达图（2015～2016年）

几个指标例外，包括“均等程度”“国土资源”“工业危险废物排放”“治理投入”“固体废物处理”“减少温室气体排放”等。这些指标中后3个与“治理保护”相关，“均等程度”、“国土资源”和“工业危险废物排放”则分别属于“社会民生”、“资源环境”和“消耗排放”，意味着2016年工作并没有做到位，涉及环境资源和治理保护等方面的压力依旧较大，面临的资源环境的挑战仍然严峻。

四　中国省级可持续发展指标体系数据验证分析

据初步构建的省级可持续发展指标体系，最终使用5大类26项初始指标。我们采用2012～2016年共计5年的时间序列数据为指标计算权重，同时对2016年、2017年[①]30个省、自治区、直辖市进行可持续发展评价排名（不含港澳台地区；西藏自治区因数据缺乏未选为研究对象）。

表6　CSDIS省级指标集及权重

类别	#	指标	权重(%)
经济发展（20.9%）	1	城镇登记失业率	5.64
	2	GDP增长率	5.63
	3	第三产业增加值占GDP比例	5.60
	4	全员劳动生产率	2.45
	5	研究与发展经费支出占GDP比例	1.59
社会民生（24.4%）	6	城乡人均可支配收入比	7.41
	7	每万人拥有卫生技术人员数	4.96
	8	互联网宽带覆盖率	4.22
	9	财政性教育支出占GDP比重	3.18
	10	人均社会保障和就业财政支出	2.58
	11	公路密度	2.08

① 各年度的最终排名以上一年度公布的数据为基础（例如：2017年的排名以2016年的数据为基础）。

续表

类别	#	指标	权重(%)
资源环境(7.7%)	12	空气质量指数优良天数	5.07
	13	人均水资源量	1.02
	14	人均绿地(含森林、耕地、湿地)面积	0.97
消耗排放(13.5%)	15	单位二、三产业增加值所占建成区面积	3.38
	16	单位 GDP 氨氮排放	3.17
	17	单位 GDP 化学需氧量排放	2.32
	18	单位 GDP 能耗	2.17
	19	单位 GDP 二氧化硫排放	1.37
	20	每万元 GDP 水耗	1.14
保护治理(33.4%)	21	城市污水处理率	14.24
	22	生活垃圾无害化处理率	8.97
	23	工业固体废物综合利用率	4.25
	24	能源强度年下降率	2.39
	25	危险废物处置率	1.96
	26	财政性节能环保支出占 GDP 比重	1.64

1. 省级可持续发展综合排名

依据 5 大类指标数值，我们计算出 30 个省级可持续发展水平的综合排名。4 个直辖市及东部沿海省份的可持续发展排名比较靠前。以 2017 年为例，北京、上海、浙江、江苏、天津、广东、重庆、山东、福建、安徽等省市居前 10 位。北京、上海、天津、江苏、重庆等省市除了在资源环境方面不太占优外，经济社会、环境治理等方面都走在前列。青海、甘肃、新疆等省份排名较为靠后，可持续发展水平不高。东部地区两个直辖市北京、上海与浙江省分列前三强。中部地区安徽排名最高，该省份从 2016 年的第 21 位一路升至 2017 年的第 10 位。西部地区除了重庆排名第 7 位，其余的省份可持续发展综合排名均在前十名之外（见表 6）。

表 6　省级可持续发展综合排名情况

省份	2016 年	2017 年	省份	2016 年	2017 年
北　京	1	1	贵　州	20	16
上　海	2	2	广　西	26	17
浙　江	4	3	海　南	13	18
江　苏	5	4	河　北	25	19
天　津	3	5	吉　林	14	20
广　东	8	6	江　西	24	21
重　庆	6	7	云　南	22	22
山　东	11	8	四　川	16	23
福　建	10	9	山　西	27	24
安　徽	21	10	辽　宁	15	25
湖　北	9	11	宁　夏	30	26
河　南	18	12	黑龙江	23	27
湖　南	17	13	青　海	19	28
内蒙古	12	14	甘　肃	29	29
陕　西	7	15	新　疆	28	30

2. 省级可持续发展均衡程度

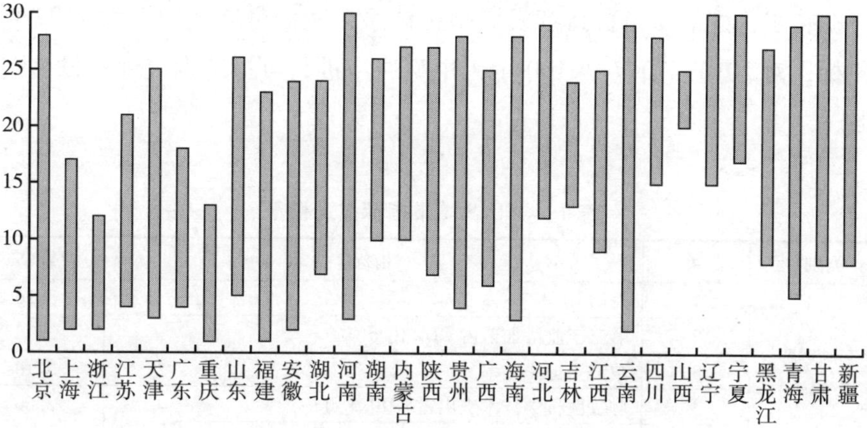

图 6　省级可持续发展均衡程度

从经济发展、社会民生、资源环境、消耗排放和治理保护五大分类指标看，省级可持续发展具有明显的不均衡特征。以各地一级指标排名的最大值和最小值差的绝对值衡量不均衡程度如下。

高度不均衡（差异值 > 20）的省级区域有：北京、河南、云南、海南、贵州、青海、天津、福建、安徽、甘肃、新疆和山东。

中等不均衡（10 < 差异值≤20）的省级区域有：陕西、广西、黑龙江、江苏、湖北、内蒙古、河北、湖南、江西、上海、辽宁、广东、四川、宁夏、重庆和吉林。

比较均衡（差异值≤10）的省级区域有：浙江、山西（见图6）。

大部分省级区域在可持续发展方面都存在短板，提高可持续发展水平的空间很大。如北京尽管在经济发展和消耗排放指标高居首位，但在资源环境可持续方面存在短板，排在第二十八位。福建省的资源环境可持续发展指标排名第一，但是经济发展、治理保护指标均存在短板。

五　中国100个大中城市可持续发展指标体系数据验证分析

据初步构建的城市可持续发展指标体系，我们最终使用 5 大类 22 项初始指标，对 2016 ~ 2017 年 100 个大中型城市进行可持续发展评价排名（见表 8）。

表 8　CSDIS 城市指标集及权重

类别	#	指标	权重(%)
经济发展（27.44%）	1	人均 GDP	8.26
	2	第三产业增加值占 GDP 比重	3.12
	3	城镇登记失业率	3.10
	4	财政性科学技术支出占 GDP 比重	2.66
	5	GDP 增长率	1.98
社会民生（26.72%）	6	房价 - 人均 GDP 比	7.29
	7	每万人拥有卫生技术人员数	6.42
	8	人均社会保障和就业财政支出	4.91
	9	财政性教育支出占 GDP 比重	4.90
	10	人均城市道路面积	4.00

续表

类别	#	指标	权重(%)
资源环境 (10.87%)	11	每万人城市绿地面积	9.96
	12	人均水资源量	4.60
	13	空气质量指数优良天数	1.77
消耗排放 (26.75%)	14	每万元 GDP 水耗	6.77
	15	单位 GDP 能耗	6.52
	16	单位二、三产业增加值占建成区面积	5.60
	17	单位工业总产值二氧化硫排放量	5.60
	18	单位工业总产值废水排放量	3.57
治理保护 (8.22%)	19	污水处理厂集中处理率	2.87
	20	财政性节能环保支出占 GDP 比重	2.43
	21	工业固体废物综合利用率	2.27
	22	生活垃圾无害化处理率	1.38

1. 城市排名结果

排名显示，作为中国经济最发达地区，北京、上海、珠江三角洲城市群及东部沿海城市的可持续发展排名比较靠前。尤其，与内陆地区的工业化城市相比，沿海城市有更好的环境质量。在大力快速发展经济的同时，中西部地区城市面临着严峻的环保压力，资源环境、消耗排放、环境治理等指标相对落后，导致它们可持续发展水平排名靠后。

表 9 给出了 2017 年[①] 100 座城市的可持续发展综合排名的结果。

2. 城市可持续发展均衡程度

城市可持续发展同样具有明显的不均衡特征。从各市指标排名极值来看，大部分城市在可持续发展方面都存在短板，提高可持续发展水平的空间很大。如可持续发展综合表现排在第一位的珠海，其五大类发展较为均衡，而排在第二、第三位的北京、深圳市在经济发展、资源环境、消耗排放和环境治理四大分类中均领先于多数城市，但是，其在社会民生方面仍存在

① 各年度的最终排名以上一年度公布的数据为基础（例如：2017 年的排名是以 2016 年的数据为基础的）。

表 9 2017 年中国城市可持续发展综合排名

城市	2017 年	城市	2017 年	城市	2017 年	城市	2017 年
珠海	1	福州	26	南宁	51	遵义	76
北京	2	宜昌	27	泉州	52	开封	77
深圳	3	贵阳	28	银川	53	岳阳	78
杭州	4	包头	29	蚌埠	54	南阳	79
广州	5	惠州	30	石家庄	55	怀化	80
青岛	6	扬州	31	西宁	56	铜仁	81
武汉	7	徐州	32	秦皇岛	57	湛江	82
长沙	8	西安	33	襄阳	58	大同	83
无锡	9	金华	34	唐山	59	丹东	84
宁波	10	长春	35	吉林	60	邯郸	85
南京	11	昆明	36	洛阳	61	天水	86
天津	12	温州	37	哈尔滨	62	平顶山	87
拉萨	13	大连	38	郴州	63	大理	88
厦门	14	海口	39	临沂	64	曲靖	89
上海	15	芜湖	40	黄石	65	固原	90
苏州	16	太原	41	绵阳	66	保定	91
济南	17	乌鲁木齐	42	韶关	67	泸州	92
郑州	18	南昌	43	常德	68	海东	93
烟台	19	潍坊	44	牡丹江	69	乐山	94
南通	20	重庆	45	济宁	70	锦州	95
合肥	21	榆林	46	安庆	71	宜宾	96
成都	22	沈阳	47	赣州	72	齐齐哈尔	97
三亚	23	九江	48	桂林	73	渭南	98
呼和浩特	24	北海	49	许昌	74	南充	99
克拉玛依	25	兰州	50	汕头	75	运城	100

短板。以各城市一级指标排名的最大值和最小值差的绝对值衡量不均衡程度：不均衡度最大的是泉州市，差异值为95；不均衡度最小的是珠海市，差异值为7。

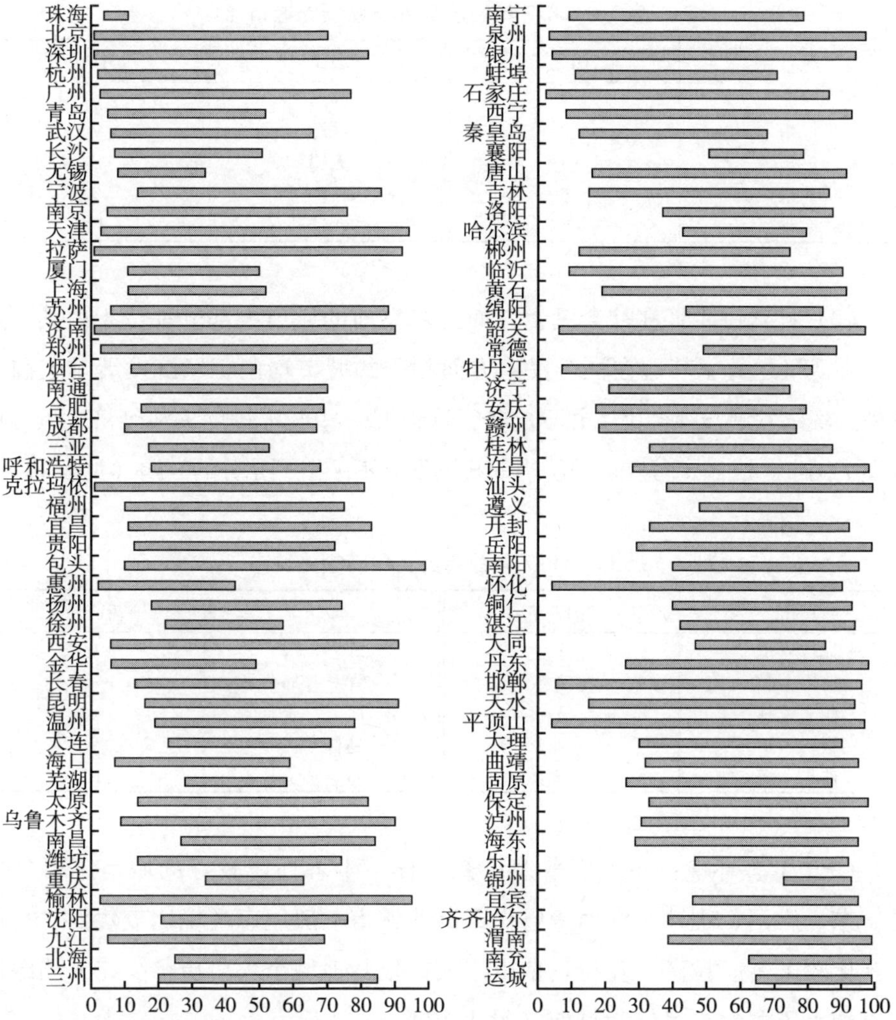

图7 中国市级可持续发展均衡程度

3. 五大类一级指标各城市主要情况

（1）经济发展：中国东部沿海的主要城市在经济发展方面表现最佳。北京作为中国首都，在经济表现方面一直是排名前列的城市之一。珠海自改革开放以来，通过政策创新、企业技术创新，加大奖励科技人才，经济发展迅速（见表10）。

表 10　2017 年经济发展质量领先城市

城市	2017 年	城市	2017 年
深圳	1	苏州	6
杭州	2	珠海	7
广州	3	无锡	8
北京	4	天津	9
南京	5	武汉	10

（2）社会民生：在社会民生方面排名靠前的城市大部分都位于内陆。除珠海和武汉之外，其他在社会民生方面领先的城市均位于经济发展排名前十开外。经济发展与社会民生并不同步，这说明一些城市过度关注经济发展，而忽视了民生。这一定程度反映了当前我国发展不平衡不充分的问题（见表 11）。

表 11　2017 年社会民生保障领先城市

城市	2017 年	城市	2017 年
克拉玛依	1	武　　汉	6
拉　　萨	2	青　　岛	7
榆　　林	3	西　　宁	8
银　　川	4	乌鲁木齐	9
珠　　海	5	包　　头	10

（3）生态环境：与人们普遍认知一样，生态环境较好的城市主要集中在广东、广西、福建、江西等省份，这些城市一般生态环境比较优良，自然景观比较丰富。拉萨、克拉玛依由于人口较其他城市人口更稀少，人均绿地与人均水资源量排名较为靠前（见表 12）。

表 12　2017 年生态环境宜居领先城市

城市	2017 年	城市	2017 年
拉　　萨	1	韶　　关	6
惠　　州	2	牡 丹 江	7
泉　　州	3	克拉玛依	8
怀　　化	4	南　　宁	9
九　　江	5	福　　州	10

（4）消耗排放：在资源有效利用方面，如水和能源、二氧化硫排放量及废水排放量等指标表现突出的城市多数是大城市，这些拥有重要经济活动的人口中心在资源节约及排放控制技术方面也一直保持前列（见表13）。

表13　2017年消耗排放效率领先城市

城市	2017年	城市	2017年
北京	1	西安	6
深圳	2	长沙	7
天津	3	广州	8
珠海	4	郑州	9
青岛	5	成都	10

（5）治理保护：济南、石家庄、郑州等城市近些年都是环保压力较大的城市，特别是在空气质量方面，但是在环境治理方面也投入了巨大的努力，排名靠前（见表14）。

表14　2017年环境治理保护领先城市

城市	2017年	城市	2017年
济　南	1	金　华	6
石家庄	2	海　口	7
郑　州	3	长　沙	8
平顶山	4	临　沂	9
邯　郸	5	珠　海	10

六　推进中国可持续发展、实现可持续治理的政策建议

1. 不断创新和完善中国可持续发展评价指标体系，并逐渐以此作为各级政府开展绩效考核的指挥棒

（1）加强统计能力建设和加大投资力度，完善相关统计指标体系，增加更多反映可持续发展的指标。对当下的中国而言，推进生态文明建设、实

现可持续治理的首要任务，就是要推动政府相关部门，充分利用信息技术和互联网平台，不断加强统计能力建设和加大投资力度，不断完善统计指标体系，增加更多能够更好地反映可持续发展的指标。

（2）建立可持续发展评价结果的定期发布及后续落实与评估机制。为更好地督促各方重视可持续发展评价工作，在研究机构持续跟踪研究的基础上，应建立健全可持续发展评价结果的定期发布机制，如每年公开发布全国、省级及大中城市的可持续发展综合排名及各分项排名情况，并组织专家学者进行广泛研讨，不断形成统一认识，达成更广泛的共识。

2. 加大力度持续推进生态文明建设

（1）加快完善生态文明制度体系建设，健全法律法规和制度标准。建立系统完整的生态文明制度体系，健全法律法规，使法律法规与加快推进生态文明建设相适应，令生态文明建设有法可依；实行严格的源头保护制度、损害赔偿制度、责任追究制度，完善环境治理和生态修复制度，用制度保护生态环境；加强生态文明标准化，完善制度标准，把资源消耗、环境损害、生态效益等指标的情况标准化反映出来，加快构建经济社会发展评价体系，更加全面地衡量发展的质量、效益和绿色化水平；完善生态环境监管制度，对污染物排放进行严格监管，加大统计监测和执法监督力度，严厉惩治各种生态环境违法违规行为。

（2）以科技创新推动经济发展方式转变，积极发展环保产业。大幅提高经济发展绿色化程度，切实把绿色发展理念融入经济社会发展各方面。加强对能源节约、污染治理、资源循环利用、新能源开发、生态修复等领域的科学技术研究，为生态文明建设提供技术保障，为经济发展方式转变提供技术支持。优化产业结构，构建科技含量高、资源集约、环境友好的产业结构，推动生产方式绿色化，扎实推进供给侧结构性改革。继续调整能源结构，发展可再生能源和清洁能源，提高非化石能源在能源消费结构中的比重，提高能源利用率。大力发展节能环保产业，通过完善绿色产品推广机制拉动消费需求，通过增强节能环保工程技术能力拉动投资增长，坚持“创新引领、市场主导、重点突破、开放共赢”的原则，将节能环保产业发展成为国民经济的一大支柱产业。

（3）继续加大环境治理力度，重点治理大气、水、土壤三大污染。深入落实《大气污染防治行动计划》，加强工业企业大气污染综合治理，全面整治燃煤小锅炉，加快重点行业脱硫、脱硝、除尘改造工程建设，全面推行清洁生产技术，加快清洁能源替代利用，控制温室气体的排放，推进臭氧污染防治，强化重污染天气应对，切实改善大气环境质量。全面落实《水污染防治行动计划》，严格保护饮用水水源安全，防治地下水污染；严控地下水开采，保护水和湿地生态系统；加强工业水循环利用，节约用水，提高水资源利用率；完善城镇污水处理设施，大力治理黑臭水体。贯彻落实《土壤污染防治行动计划》，保护耕地土壤环境，合理使用农药化肥，强化畜禽养殖污染防治；减少生活污染，推进生活垃圾焚烧处理设施建设；强化工业污染场地治理，严控工矿污染；开展土壤污染治理与修复试点，推进重金属污染治理；切实加强核设施运行监管。将环境保护工作放在突出位置，切实打好大气、水、土壤防治攻坚战。

（4）不断完善优化国土空间开发格局，加快实施重大生态修复工程和完善生态补偿机制。优化国土空间开发格局，进行合理的空间规划，实现有序开发、适度开发，坚持海陆统筹开发，因地制宜差别化管理土地，加强土地管理制度创新，构建科学合理的城市化格局、农业发展格局、生态安全格局，形成生产、生活、生态空间的合理结构。保护重点生态功能区，要把增强提供生态产品能力作为首要任务，严格控制开发强度，维系生态系统的良性循环，在不损害生态功能的前提下，合理发展适宜性产业。加快实施重大生态修复工程，扩大森林、湖泊、湿地面积，落实退耕还林、退牧还草政策，提高沙区、草原植被覆盖率，加强生物多样性保护，维护生态安全格局。在森林、草原、湿地、流域和水资源、矿产资源、海洋以及重点生态功能区等领域推行生态补偿机制，加大生态补偿的投入力度，积极开展多元化补偿方式，健全配套制度体系，强化监督检查，确保生态补偿政策落到实处。加强自然保护区建设与管理，对重要生态系统和物种资源实施强制性保护，切实保护珍稀濒危野生动植物和典型自然生态系统。

（5）鼓励社会公众、私营部门、非营利性组织等利益攸关方发挥更大作用。可持续发展是全社会共同的责任，不仅需要政府的投入，还需要社会大众、私营部门、社会组织等社会各界参与其中。加大宣传教育力度，提高公众对于可持续发展的认可与参与；鼓励市场和投资机构加大对可持续发展的投入，调动更多民营资本、社会资本参与到可持续发展的落实中；鼓励社会慈善团体和非政府组织发挥自身专业化优势，合理整合资源，为社会公众服务。企业的可持续发展是经济可持续发展的重要条件。为实现经济的可持续发展，应该营造良好的制度环境，为民营资本搭建足够大的舞台，释放它们的创新活力。企业在解决贫困、解决就业等问题上发挥重要作用，在获得自身经济效益的同时，还应兼顾社会效益，承担企业的社会责任。同时，政府要从税收、政策等方面鼓励企业“走出去”、加强海外投资，不仅有利于企业自身发展，也让世界上更多国家共享中国经济发展的成果。大力支持非营利性组织发展。非营利性组织所拥有的经验、知识和能力使其能在环境保护、教育、慈善救济、扶贫、权益维护等特定领域对国内可持续发展做出突出贡献。需要完善法制体系，落实税收优惠政策，建立公开透明的监督评估机制，为非营利性组织的发展提供良好的外部环境。非营利性组织要加强自身能力建设，完善内部管理体制，拓展国际视野。

3. 贯彻绿色发展理念，大力发展绿色经济

（1）绿色发展理念的核心是实现可持续发展。绿色是永续发展的必要条件和人民对美好生活追求的重要体现。究其根本，绿色的理念更多对应的是可持续，核心是处理好发展与资源环境之间的关系，把生态环保放到更重要的位置。当前长期积累的大气、水、土壤污染的问题在我国还比较突出，人民群众对改善生态环境的呼声也比较强烈，所以“十三五”期间乃至未来更长一段时期，我们必须坚持节约资源和保护环境的基本国策，加快建设资源节约型、环境友好型的社会，形成人与自然和谐发展现代化建设新格局，推进美丽中国建设，推进绿色低碳循环发展，为我们国家也为全球的生态安全做出贡献。

（2）实现绿色发展的基本路径。具体来看，实现绿色发展的路径包括

以下几个方面，第一，从源头控制资源的利用效率、温室气体和污染物的排放，建立清洁低碳、安全高效的现代能源体系；第二，设置绿色门槛，实行绿色准入，建立绿色低碳循环发展的产业体系；第三，摒弃工业化和房地产化的城镇化，建立绿色城镇化的产业发展模式；第四，倡导节俭绿色健康的生活方式；第五，改革现有的环境治理理念和体制机制，促进未来中国在可持续发展领域的国际与区域合作更加“绿色化”。

4. 推动能力建设，加强国际合作，落实联合国《2030年可持续发展议程》

中国应抓住《2030 年可持续发展议程》对可持续发展关注度不断增加的机遇，通过创新与合作，制订方案，推动落实，实现自身可持续发展与全球可持续发展进程的深度互动与互利共赢。

第一，尽快制定并完善一套适合的可持续发展指标体系及其机制，跟进和审查 2030 年可持续发展议程目标的进度和落实，以国际发展目标促进国内改革调整。

第二，深入推进南南合作、南北合作和第三方合作，加快构建南南合作、多边合作等区域及国际合作平台，在可持续发展领域争取更多话语权，逐步承担更多的国际责任。

第三，增强自身参与能力建设，调动社会各界广泛参与，提升专业人员能力和研究水平，确保其在可持续发展议程实施中的地位和作用，推动 2030 年议程的落实。

第四，将“一带一路”建设与“2030 年可持续发展议程”紧密结合，加大亚洲基础设施投资银行、丝路基金等组织对于沿线国家实现可持续发展议程的支持。

第五，落实二十国集团杭州峰会相关重要成果，继续推动二十国集团更加关注和重视发展议程。

分 报 告

Sub-reports

B.2

中国可持续发展评价指标体系设计与应用

张焕波*

摘 要： 本文构建的中国可持续发展指标体系是以主题领域为主要形式，同时考虑领域之间的因果关系。这个框架由5个主题构成：经济发展、社会民生、资源环境、消耗排放和治理保护。其中可持续发展中最常见的三个主题社会（社会民生）、经济（经济发展）和自然（资源与环境）都已包含进来，在此基础上，针对自然主题，增加两个因果或者关联主题，即消耗排放与治理保护。环境与资源描述的是自然存量，包括了资源环境的质量和水平。消耗排放是人类的生产和消费活动对自然的消耗和负面影响，是自然存量的减少。治理保护是

* 张焕波，中国国际经济交流中心改革开放处处长、研究员，博士。

人类社会为治理和保护大自然所做出的努力，是自然存量的增加。社会民生的增长和资源环境的不断改善又属于人类社会发展的动力。经济的稳定增长是保障社会福利、可持续治理的前提和基础。构建这样一个指标体系，希望达到三方面目标：一是能支撑中国参与全球可持续发展的国际承诺，为中国更好地参与全球环境治理提供决策依据；二是对中国宏观经济发展的可持续程度进行监测和评估，为国家制定宏观经济政策和战略规划提供决策支持；三是对省、市的可持续发展状况进行考察和考核，为健全政绩考核制度提供帮助。

关键词： 可持续发展　可持续发展评价指标体系

一　可持续发展的测度

1962 年，美国蕾切尔·卡逊女士出版《寂静的春天》，开始引发了人类对环境问题的重大关切。可持续发展的理念可以追溯至 1972 年在斯德哥尔摩举行的联合国人类环境研讨会，这次研讨会云集了全球的工业化和发展中国家的代表，共同界定人类在缔造一个健康和富有生机的环境上所享有的权利。1987 年，由挪威时任首相布兰特朗夫人领导的世界环境与发展委员会发布《我们共同的未来》报告，系统阐述了可持续发展的思想。1992 年 6 月，联合国在里约热内卢召开“环境与发展大会”，通过了以可持续发展为核心的《里约环境与发展宣言》《21 世纪议程》等文件。中国政府于 1994 年 3 月发布《中国 21 世纪议程——中国 21 世纪人口、环境与发展白皮书》，1996 年将可持续发展上升为国家战略并全面推进实施。

可持续发展概念正式提出近三十年来，其内涵不断丰富，许多机构都提出了自己的看法，并设计了各种可持续发展指标体系。这里我们不再一一列举这些概念和指标体系。因为仁者见仁，智者见智，同时，我们还处于一个不断迅速变化的世界。可持续发展的内涵，我们不想再重新去界定，而是沿用广泛被接受认可的《我们共同的未来》中关于可持续发展的定义“既能满足当代人的需要，又不对后代人满足其需要的能力构成危害的发展”。

在构建可持续发展相关指标体系中，有两个代表性的发展方向。一是以主题领域划分的形式，比如，世界保护同盟（IUCN）的可持续性晴雨表，从经济系统福利和生态系统福利两个方面来评估；联合国开发计划署（UNDP）的人类发展指数由健康长寿、教育获得和生活水平三个方面构成；英国政府在《更好的生活质量：英国的可持续发展战略》报告中从社会进步、有效的环境保护、资源分类使用、经济高速持续发展四个方面刻画可持续发展；瑞典选择了效率、公平和参与、适应性、价值和给后代的资源 4 个主题来组织他们的 30 个主要指标；中国国际经济交流中心与 WWF 合作开发的中国省级绿色经济指标体系由社会与经济发展、资源环境可持续、绿色转型驱动三个方面组成。二是以因果联系划分的体系，最为著名的就是 DPSIR 框架。它是在 PSR 模型和 DSR 模型的基础上发展而来。1970 年，加拿大统计学家安东尼·弗雷德提出 PSR 模型，后又被 OECD 的环境组织所采纳。DSR 模型最初则是在 1996 年的 OECD 和 UN 的环境政策和报告中形成并发展起来。[①] 在 PSR 模型和 DSR 模型的基础上，20 世纪 90 年代初，澳大利亚 WSROC 对 PSR 模型增加了当前社会技术水平下人类改造环境系统的潜力指标，提出了“压力—状态—响应—潜力”（Pressure-State-Response-Potential，PSRP）框架模型。1993 年，联合国为综合分析和描述环境问题及其与社会发展的关系，综合 PSR 模型和 DSR 模型的优点，提出了“驱动力—压力—状态—影响—反应”（Drive force-Pressure-State-Impact-Response，DPSIR）模型。实际上，还有第三个发展方向，就是以上两个方向的结合。例如，联合国可持续发展委员会（UNCSD）的可持续发展指标体系将可持续发展归为四个维度——社会、经济、环境和制度，在每一个维度中，采用

---

① 曹琦、陈兴鹏、师满江：《基于 DPSIR 概念的城市水资源安全评价及调控》，《资源科学》2012 年第 8 期。

驱动力—状态—响应（DSR）方法，列出了134个相应指标，指标反映了21世纪议程的章节内容。

我们构建的中国可持续发展指标体系（China Sustainable Development Indicator System，CSDIS）将融合以上两种思想，设计一套新的指标体系，以主题领域为主要形式，同时考虑领域之间的因果关系。这个框架由5个主题构成，分别是：经济发展、社会民生、资源环境、消耗排放和治理保护（见图1）。其中可持续发展中最常见的三个主题社会（社会民生）、经济（经济发展）和自然（资源与环境）都已包含进来，在此基础上，针对自然主题，增加两个因果或者关联主题，即消耗排放与治理保护。环境与资源描述的是自然存量，包括了资源环境的质量和水平。消耗排放是人类的生产和消费活动对自然的消耗和负面影响，是自然存量的减少。治理保护是人类社会为治理和保护大自然所做出的努力，是自然存量的增加。社会民生的增长和资源环境的不断改善又属于人类社会发展的动力。经济的稳定增长是保障社会福利、可持续治理的前提和基础。

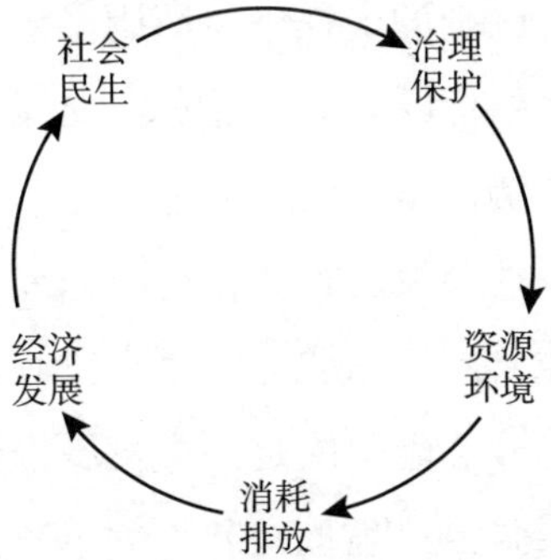

图1　中国可持续发展指标关系示意

构建这样一个指标体系，我们希望达到三个方面的目标：一是能够支撑中国参与全球可持续发展的国际承诺，为中国更好地参与全球环境治理提供决策依据；二是对中国宏观经济发展的可持续程度进行监测和评估，为国家制定宏观经济政策和战略规划提供决策支持；三是对省、市的可持续发展状况进行考察和考核，为健全政绩考核制度提供帮助。

二　中国可持续发展指标体系构架的思想

1. 秉承“共同但有区别的责任”原则

1992 年的《里约环境与发展宣言》（*Rio Declaration*），提出了可持续发展的二十七项原则。经过二十多年的实践和认知，这些原则大部分已经成为各国共识。但其中有一条原则，在近年来受到一些国家刻意的忽视。原则七指出，“各国应本着全球伙伴精神，为保存、保护和恢复地球生态系统的健康和完整进行合作。鉴于导致全球环境退化的各种不同因素，各国负有共同的但是又有差别的责任。发达国家承认，鉴于他们的社会给全球环境带来的压力，以及他们所掌握的技术和财力资源，他们在追求可持续发展的国际努力中负有责任”。共同但有区别的责任在这次会议上被明确地提出来，作为一项国际环境法基本原则被正式确立。尽管《巴黎协定》也体现了发达国家和发展中国家的区分，但在减排责任上的划分不是太明确。CSDIS 的设计和使用需要秉承共同但有区别的责任这一原则。例如，CSDIS 包括了温室气体方面的相关指标，这些指标既有效率指标，如能源强度、二氧化碳强度，也有总量指标，如能源消费总量、碳排放总量。作为一个发展中国家，中国通过总量指标来约束经济社会发展行为，这充分展现了中国政府和人民在应对全球环境变化这个全球共同性问题上的巨大决心和诚意。但是，在这些指标的目标设定上，需要充分考虑中国是一个发展中国家的事实。

2. 着眼于从“效率控制”到“容量控制”①

气候变化、环境污染、生态破坏已对人类的健康和经济社会发展提出了严峻的挑战。在中国，由于摆脱贫困、缩小城乡居民收入和区域发展差距的任务繁重，这一挑战就显得更加迫切和明显。同时，中国还受到发展能力与水平、自然资源禀赋条件的制约。《中共中央、国务院关于加快推进生态文明

① 本部分（含专栏1）节选自：张大卫：《不断改善政府管理　促进可持续供应链发展》，“可持续发展政策与实践——促进可持续供应链的发展”论坛，2015年5月8日。

建设的意见》是一部体现中国可持续发展理念的纲领性文件。文件有一个重要的内容，可看作对改善政府管理的刚性要求，即"严守资源环境生态红线。树立底线思维。"同时，要配套建立起"领导干部任期生态文明建设责任制，完善目标责任考核和问责制度"。要建立起一整套与之配套的指标和绩效考核体系，需要将现行的标准控制向总量、质量和容量控制渐次推进，即标准控制→总量控制→质量控制→容量控制。考虑到评估对象的横向可比较性，CSDIS 选择的基础指标大部分是标准指标，也有一些总量指标。为了在应用过程中，可以发挥质量控制和容量控制的作用，CSDIS 纳入了一些涉及资源和环境生态红线的关键指标，还有在可持续治理领域能够发挥关键约束作用的指标。

专栏1　标准控制→总量控制→质量控制→容量控制

（1）关于"标准控制"

"标准控制"是我国几十年来坚持实行的环境保护指标控制体系，应该说在促进节能减排上是有效的。它的特点是注重制定单位消耗标准和排放标准，以"达标"为绩优状态。如体现资源能源消耗强度的发电煤耗（克）/千瓦时、综合电耗（千瓦时）/吨铝、造纸的耗水量（升）/吨、能耗（吨）/万元产值等；体现排放浓度的 COD（毫克升）/吨水；体现区域控制程度的城市污水处理率、城市空气质量优良率等。

（2）关于"总量控制"

我国实行污染物排放总量控制已近十年，近几年又制定了能源消费总量控制指标，这才使我国政府对国际社会的减排承诺得到可靠支撑。其思路是确定全国及区域流域消耗与排放总量的"天花板"，这有利于解决"标准控制"的缺陷，但在操作上存在很多不足。

（3）关于"质量控制"

为满足社会对环境质量不断改善的要求，在有效实现"标准控制"和"总量控制"的基础上，政府对环境的管理定位应进一步提高，让技术性控制效果能真正体现出来，让人们切实感受到空气、水体、土壤、矿山、植被等生态环境的状况在逐步改善，这就需要进行"质量控制"。

（4）关于“容量控制”

标准、总量、质量的控制，基本上都属于流程控制和后期控制。政府对环境的管理应该更注重前期的也即环境承载力的控制，如能与主体功能区规划相衔接，根据环境的承载能力，确定产业结构、城市规模与功能，制定产业调整和人口控制规划，管理的科学性就会大大提升。

3. 反映“可持续性生产”与“可持续性消费”

从18世纪60年代的工业革命到现在，已经过去了大约250年的时间，而人类真正关注并一致行动起来保护环境，才二三十年的时间，如果从1962年《寂静的春天》出版算起，也才50多年。也就是说，在工业化的大部分时间里，我们都是不考虑资源环境约束和代价的生产和消费。在这样的背景下，从20世纪70年代开始，人类进入了全球生态超载状态，人类的生态足迹超出了地球生物承载力，在2010年人类的生态足迹已经大到需要1.5个地球才能提供人类所需要的生物承载力的程度（见图2）。[①] 在投资和出口拉动型的经济模式中，中国面临着巨大的来自生产端的资源环境压力。[②] 但是，从长远看，随着中国经济内需型转型和持续中高速增长，消费端面临的生态压力将逐步增大。在CSDIS设计中，充分考虑了可持续性生产和可持续性消费。比如人类的影响里，既有生产活动的影响指标，又有消费活动指标。在可持续治理方面也是这样，既有生产方面的治理投入、目标和行动，也有消费方面的约束。

4. 反映“增长”和“治理”两轮驱动

在CSDIS里，“稳定的经济增长”和“可持续治理”是两个核心主题。如果没有稳定的经济增长，社会福利水平将难以保障，也没有更多的能力来做生态修复和环境保护的工作。同时，要认识到可持续治理与经济增长是相辅相成的。研究表明，单纯依靠GDP的增加很难推动绿色经济综合指数的上升，经济发展带来的资源环境压力更趋紧迫，生产端和消费端产生的压力

① WWF：《中国生态足迹报告》，2015。

② CCIEE—WWF：《超越GDP—中国省级绿色经济指数研究报告》。

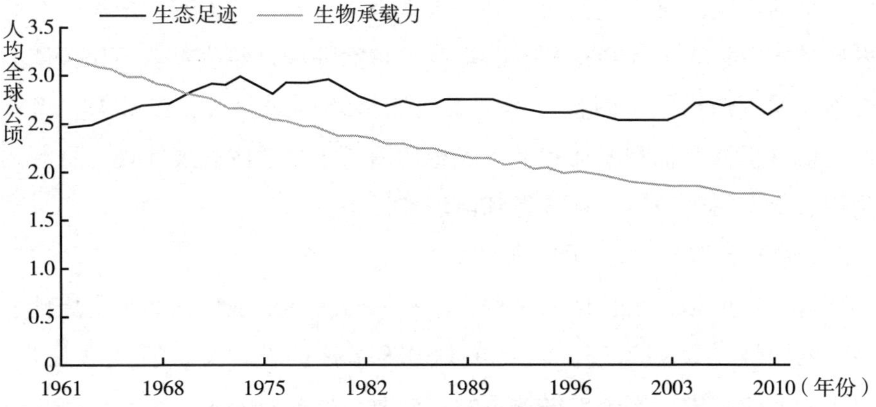

图 2　1961～2010 年全球人均生态赤字状况

注：WWF：《中国生态足迹报告》，2015。

阻碍绿色经济沿着原来的轨道前进（见图 3）。可持续治理是人类对自然的正反馈，是积极的影响。它不仅仅是成本投入，也是经济增长的重要动力。

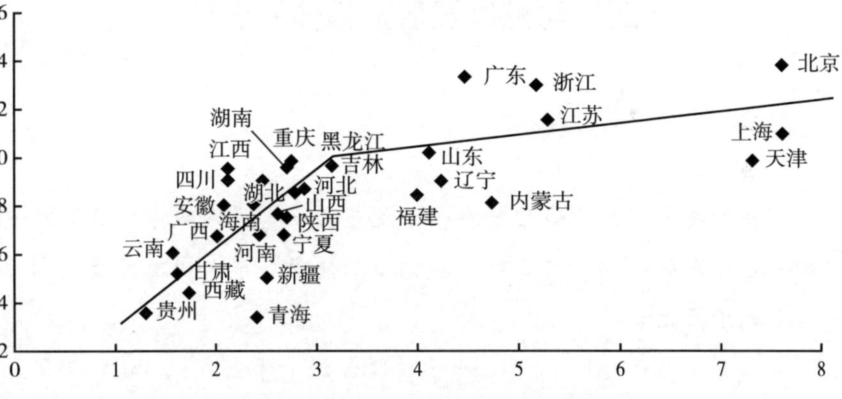

图 3　人均 GDP 与绿色经济指数

注：CCIEE－WWF：《超越 GDP——中国省级绿色经济指标体系研究报告》，2012。

5. 体现“人”与“自然”和谐发展

工业革命以来，随着科学技术水平的不断发展，人类认识自然和改造自然的能力持续增强，享用了巨大的自然的馈赠，但是，对自然的破坏也达到相当严重的程度。可持续发展最终的表现是人类和自然的共同发展。在这样的发展模式下，人类社会福利不断提高，自然环境日益改善，不仅传统的生产资本积累不断增加，而且自然资本也能持续得到投入。在 CSDIS 里，人的发展包含了社会福利增加和经济稳定的增长，自然的发展体现为资源的高效利用、生态得到修复、环境得到治理和保护。

6. 既“立足当下”又“面向未来”

可持续发展是一个长期的过程，不是一时一地的项目，而是全局性、战略性、共同性的巨大工程。因此在 CSDIS 指标的选取中，既要立足当下，着眼于当前能够做、必须要做的事情，同时也要放眼未来，考虑一些将来可以做、应当做的事情。比如，在指标选取中，为了评估对象的横向比较，需要选取的指标可测量、可报告和可核查。同时，一些指标按照现在的统计口径无法获得，但我们认为比较重要，具有代表性，通过一定的努力未来可以获得，也要将其纳入 CSDIS。

三　可持续发展指标体系设计

1. 前提与基础——经济发展

> 我们将不遗余力地帮助我们十亿多男女老少同胞摆脱目前凄苦可怜和毫无尊严的极端贫穷状况。我们决心使每一个人实现发展权，并使全人类免于匮乏。
>
> ——《联合国千年宣言》，2010 年 9 月

经济发展是实现可持续发展的前提和基础。可持续的经济发展包含三个方面：稳定的经济增长、结构优化升级和创新驱动发展。稳定的经济增长是人类社会发展的根本保障。结构优化升级不仅是经济健康发展的需要，本身也是对资源环境利益模式的转变。创新驱动不仅成为经济持续增长的动力源泉，也为人类更加有效、合理、恰当地利用自然资本提供了技术和手段。稳

定的经济增长包括城镇登记失业率、人均国内生产总值、城镇化率和全员劳动生产率四个指标。这几个指标也是反映一国或地区经济发展水平及健康程度的重要指标。结构优化方面，主要体现为服务业、高技术产业以及消费对经济的拉动作用。创新驱动通过研发投入、科技人员数量、高技术产值、专利数量等几个方面来刻画（见表1）。

表1　经济发展

一级指标（权重）	二级指标	三级指标	单位	指标数
经济发展（15分）	创新驱动	科技进步贡献率*	%	1
		研究与试验发展经费支出与GDP比例	%	2
		万人口有效发明专利拥有量	件	3
	结构优化	高技术产业增加值与工业增加值比例	%	4
		信息产业增加值与GDP比例	%	5
	稳定增长	GDP增长率	%	6
		城镇登记失业率	%	7
		全员劳动生产率	元/人	8

注：*代表目前难以获得数据，但期望未来加入的指标。

2. 美好生活的向往——社会民生

我们的人民热爱生活，期盼有更好的教育、更稳定的工作、更满意的收入、更可靠的社会保障、更高水平的医疗卫生服务、更舒适的居住条件、更优美的环境，期盼着孩子们能成长得更好、工作得更好、生活得更好。人民对美好生活的向往，就是我们的奋斗目标。

——习近平，2012年11月

社会民生包含了四类指标，分别是教育文化、社会公平、社会保障和卫生健康（见表2）。在社会公平方面，除了用传统的基尼系数来测度全体居民的收入差距外，还考虑了中国经济的二元结构特征，用农村与城镇人均财政支出比来反映城乡享受国家公共服务的差异。在教育文化方面，由于九年制义务教育已经普及，主要考虑高中阶段和高等教育阶段的毛入学率情况。同时，创新性引入一个万人拥有公共文化设施数，来刻画大众文化普及程度。实际上，我们希望用万人拥有公共文化设施面积指标，但是这个指标在目前的统计体系中很难找到，一些地方政府的公告中会设计。但是如前所述，我们认为这样的指标更具有代表性，在未来的统计体系完善中建议纳入，后面还有一些类似的指标，这实际上是 CSDIS 的一个功能，目的是督促可持续发展指标统计体系的改进。

表 2　社会民生

一级指标（权重）	二级指标	三级指标	单位	指标数
社会民生（15 分）	教育文化	财政性教育经费支出占 GDP 比重	%	1
		劳动年龄人口平均受教育年限	年	2
		万人拥有公共文化设施面积（个数）	平方米	3
	社会保障	基本社会保障覆盖率	%	4
		人均社会保障财政支出	元	5
	卫生健康	人口平均预期寿命	岁	6
		卫生总费用占 GDP 比重	%	7
		每万人拥有卫生技术人员数	人	8
	社会公平	贫困发生率	%	9
		基尼系数*		10

注：* 代表目前难以获得数据，但期望未来加入的指标。

3. 坚守生态红线——资源环境

树立底线思维，设定并严守资源消耗上限、环境质量底线、生态保护红线，将各类开发活动限制在资源环境承载能力之内。合理设定资源消耗“天花板”，加强能源、水、土地等战略性资源管控，强化能源消耗强度控制，做好能源消费总量管理。

——《中共中央　国务院关于加快推进生态文明建设的意见》，

2015 年 5 月

资源环境指标主要描述当前自然界的一个状况，包含数量、质量和环境。资源方面，涵盖了主要的可量化评估的资源，包括森林、草原、湿地、土地、矿藏、海洋、水等，同时把自然保护区作为一个重要资源类别纳入。除了传统的自然领地外，城市环境作为人类活动的重要场所，也作为环境考察的一个指标（见表3）。需要说明的是，作为某个国家或者地区，可能没有一些自然资源，比如内陆地区，没有海洋资源。但我们这里将其纳入，是为了更加全面地刻画可持续发展对自然保护的需求，在具体指标体系的应用中，可做一些技术上的处理，来保证不同地区横向比较的公平性。

表3　资源环境

一级指标（权重）	二级指标	三级指标	单位	指标数
资源环境（20分）	国土资源	人均碳汇*	吨二氧化碳	1
		人均绿地（含森林、林木、草原、耕地、湿地）面积	亩	2
		土壤调查点位达标率	%	3
	水环境	人均水资源量	立方米	4
		水质指数	%	5
	大气环境	市区环境空气质量优良率	%	6
		监测城市平均PM2.5年均浓度	微克/立方米	7
	生物多样性	生物多样性指数*		8

注：*代表目前难以获得数据，但期望未来加入的指标。

4. 日益增长的消费与生产——消耗排放

可持续发展的目标是在不引起环境恶化的前提下提高所有人的生活质量，同时不损害子孙后代对资源的需求。要做到这一点，我们需要转变消费模式，减少能源、水和其他资源的消耗，并且减少食物浪费。

——潘基文，2015年6月

消耗排放主要由反映人的生产和生活活动对资源的消耗、污染物和废弃物排放和温室气体排放三个方面组成。资源的消耗包括对土地、水、能源的消耗。污染物的排放包括固体废物、废水和废气。生活垃圾作为单独一个指标，主要反映人的消费对环境的影响。温室气体排放作为人类对自然影响的一个重要部分被纳入，包含了碳排放强度及碳排放总量两个指标（见表4）。

表4 消耗排放

一级指标（权重）	二级指标	三级指标	单位	指标数
消耗排放（25分）	土地消耗	单位建设用地面积第二、第三产业增加值	万元/平方公里	1
	水消耗	单位工业增加值水耗	立方米/万元	2
	能源消耗	单位GDP能耗	吨标煤/万元	3
	主要污染物排放	单位GDP主要污染物排放（单位化学需氧量排放、氨氮、二氧化硫、氮氧化物）	吨/万元	4
			吨/万元	5
			吨/万元	6
			吨/万元	7
	工业危险废物产生量	单位GDP危险废物排放	吨/万元	8
	温室气体排放	非化石能源占一次能源比例	%	9
		碳排放强度*	吨二氧化碳/万元	10

注：*代表目前难以获得数据，但期望未来加入的指标。

5. 决策与行动——治理保护

> 我们强调，可持续发展需要紧急的具体行动。要实现可持续发展，只能通过人民、政府、民间社会、私营部门的广泛联盟，由各方携手努力，为今世后代创造我们所希望的未来。
>
> ——里约+20峰会成果文件，2012年7月

治理保护是实现人类对自然正影响的主要手段。治理包括资金上的投入、主要环境治理目标的设定。在治理投入上，既考虑了财政上的环保支出，也考虑了整个社会的环境污染治理投资。环境治理目标上，在水、空气、固体废物、生活垃圾、温室气体方面均提出了可考察的指标（见表5）。

表 5 治理保护

一级指标（权重）	二级指标	三级指标	单位	指标数
治理保护（25 分）	治理投入	生态建设资金投入与 GDP 比*	%	1
		环境保护支出与财政支出比	%	2
		环境污染治理投资与固定资产投资比	%	3
	废水利用率	再生水利用率	%	4
		污水处理率	%	5
	固体废物处理	工业固体废物综合利用率	%	6
	危险废物处理	工业危险废物处置率	%	7
	垃圾处理	生活垃圾无害化处理率	%	8
	废气处理	废气处理率	%	9
	减少温室气体排放	碳排放强度年下降率*	%	10
		能源强度年下降率	%	11

注：*代表目前难以获得数据，但期望未来加入的指标。

四 可持续发展指标体系总体考虑

国家、省、市等不同空间尺度上，个别指标会有调整。从国内来看，对不同主体功能区在目标值设定上也要有差异化考虑。在后面的国内外相关城市的可持续发展实践案例中可以看到，很多城市根据自身的发展状况和禀赋特点，提出了各自不同的可持续发展指标体系。这对于我们下一步设计区域性的可持续发展指标体系提供了很好的借鉴。一些指标，还找不到可靠的统计来源，这除了需要做大量的工作来做好统计指标的设定与采集外，也需要相关部门的配合。在后续工作中，还会进一步完善。例如，一些指标可能由于相关性较强，可以合并或者用一个指标来代替。我们还将重点研究生物承载力、自然资产负债表等一些相关研究最新成果，选择一些指标作为容量指标纳入 CSDIS，以更好地体现“容量控制”思想。同时，还要进一步深入研究联合国可持续发展目标（SDGs），在设计理念和具体关键指标的选择上期望能够更好地与之对接（见表 6）。

表6　中国可持续发展指标体系（CSDIS）

	一级指标（权重）	二级指标	三级指标	单位	指标数
可持续发展指标体系	经济发展（30分）	创新驱动	科技进步贡献率*	%	1
			研究与试验发展经费支出与GDP比例	%	2
			万人口有效发明专利拥有量	件	3
		结构优化	高技术产业增加值与工业增加值比例	%	4
			信息产业增加值与GDP比例	%	5
		稳定增长	GDP增长率	%	6
			城镇登记失业率	%	7
			全员劳动生产率	元/人	8
	社会民生（25分）	教育文化	财政性教育经费支出占GDP比重	%	9
			劳动年龄人口平均受教育年限	年	10
			万人拥有公共文化设施面积(个数)	平方米	11
		社会保障	基本社会保障覆盖率	%	12
			人均社会保障财政支出	元	13
		卫生健康	人口平均预期寿命	岁	14
			卫生总费用占GDP比重	%	15
			每万人拥有卫生技术人员数	人	16
		社会公平	贫困发生率	%	17
			基尼系数*		18
	资源环境（20分）	国土资源	人均碳汇*	吨二氧化碳	19
			人均绿地(含森林、林木、草原、耕地、湿地)面积	亩	20
			土壤调查点位达标率	%	21
		水环境	人均水资源量	立方米	22
			水质指数（集中式饮用水水源地水质达标率、优良－良好－较好水质的监测点比例、功能区水质达标率、达到或好于二类海水水质标准的海域面积比例等为四个指标平均数）	%	23
		大气环境	市区环境空气质量优良率	%	24
			监测城市平均PM2.5年均浓度	微克/立方米	25
		生物多样性	生物多样性指数*		26

续表

	一级指标（权重）	二级指标	三级指标	单位	指标数
可持续发展指标体系	消耗排放（15 分）	土地消耗	单位建设用地面积第二、第三产业增加值	万元/平方公里	27
		水消耗	单位工业增加值水耗	立方米/万元	28
		能源消耗	单位 GDP 能耗	吨标煤/万元	29
		主要污染物排放	单位 GDP 主要污染物排放（单位化学需氧量排放、氨氮、二氧化硫、氮氧化物）	吨/万元	30
					31
					32
					33
		工业危险废物产生量	单位 GDP 危险废物排放	吨/万元	34
		温室气体排放	非化石能源占一次能源比例	%	35
			碳排放强度*	吨二氧化碳/万元	36
	治理保护（10 分）	治理投入	生态建设资金投入与 GDP 比*	%	37
			环境保护支出与财政支出比	%	38
			环境污染治理投资与固定资产投资比	%	39
		废水利用率	再生水利用率		40
			污水处理率	%	41
		固体废物处理	工业固体废物综合利用率	%	42
		危险废物处理	工业危险废物处置率	%	43
		垃圾处理	生活垃圾无害化处理率	%	44
		废气处理	废气处理率	%	45
		减少温室气体排放	碳排放强度年下降率*	%	46
			能源强度年下降率	%	47

注：* 代表目前难以获得数据，但期望未来加入的指标。

五　指标解释

1. 科技进步贡献率：指广义技术进步对经济增长的贡献份额，它反映在经济增长中投资、劳动和科技三大要素作用的相对关系。其基本含义是扣除了资本和劳动后科技等因素对经济增长的贡献份额。

2. 研究与试验发展经费支出与 GDP 比例：指研究与试验发展（R&D）经费支出占地区生产总值（GDP）的比重。R&D 是“科学研究与试验发展”的英文缩写。其含义是指在科学技术领域，为增加知识总量，以及运用这些知识去创造新的应用进行的系统的创造性的活动，包括基础研究、应用研究和试验发展三类活动。

3. 万人口有效发明专利拥有量：是指每万人拥有经国内外知识产权行政部门授权且在有效期内的发明专利件数。是衡量一个国家或地区科研产出质量和市场应用水平的综合指标。

4. 高技术产业增加值与工业增加值比例：根据国家统计局《高技术产业（制造业）分类（2013）》，高技术产业（制造业）是指国民经济行业中 R&D 投入强度（即 R&D 经费支出占主营业务收入的比重）相对较高的制造业行业，包括医药制造，航空、航天器及设备制造，电子及通信设备制造，计算机及办公设备制造，医疗仪器设备及仪器仪表制造，信息化学品制造 6 大类。

5. 信息产业增加值与 GDP 比例：按照国家统计局界定，信息相关产业主要是指与电子信息相关联的各种活动的集合。信息相关产业主要活动包括：电子通信设备的生产、销售和租赁活动；计算机设备的生产、销售和租赁活动；用于观察、测量和记录事物现象的电子设备、元件的生产活动；电子信息的传播服务；电子信息的加工、处理和管理服务；可通过电子技术进行加工、制作、传播和管理的信息文化产品的服务。①

① 国家统计局：《统计上划分信息相关产业暂行规定》，2012 年 5 月 2 日，http：//www. stats-sh. gov. cn/tjfw/201103/94586. html。

6. GDP 增长率：国内生产总值（GDP）增长率是指 GDP 的年度增长率，需用按可比价格计算的国内生产总值来计算。

7. 城镇登记失业率：在报告期末城镇登记失业人数占期末城镇从业人员总数与期末实有城镇登记失业人数之和的比重。分子是登记的失业人数，分母是从业的人数与登记失业人数之和。城镇登记失业人员是指有非农业户口，在一定的劳动年龄内（16 岁以上及男 50 岁以下、女 45 岁以下），有劳动能力，无业而要求就业，并在当地就业服务机构进行求职登记的人员。

8. 全员劳动生产率：全员劳动生产率指根据产品的价值量指标计算的平均每一个从业人员在单位时间内的产品生产量。全员劳动生产率有各种测算方式，按照统计局的计算方法，即为国内生产总值与全部就业人员的比率。

9. 财政性教育经费支出占 GDP 比重：国家财政性教育经费主要包括公共财政预算教育经费，各级政府征收用于教育的税费，企业办学中的企业拨款，校办产业和社会服务收入用于教育的经费等。

10. 劳动年龄人口平均受教育年限：劳动力平均受教育年限是指一个国家或地区，在一定时期内，劳动力受教育年限的平均数，这是一项反映劳动力文化教育程度的综合指标，表现劳动力文化教育程度的现状和发展变化。按照现行各级教育年数的一般规定，大专及以上文化程度为 16 年、高中 12 年，初中为 9 年、小学为 6 年、文盲为 0。

11. 万人拥有公共文化设施面积：公共文化设施面积包括公共文化馆、图书馆、博物馆、纪念馆、美术馆、文化站、村社区公共文化活动室面积（目前统计中主要是公共文化设施个数，包括文化馆、图书馆等）。

12. 基本社会保障覆盖率：国家统计局推出的《全面建设小康社会统计监测方案》中的计算方法：指已参加基本养老保险和基本医疗保险人口占政策规定应参加人口的比重。计算公式为：基本社会保险覆盖率 = 已参加基本养老保险的人数 ÷ 应参加基本养老保险的人数 ×50% + 已参加基本医疗保险的人数 ÷ 应参加基本医疗保险的人数 ×50%，官方各个省份的基本社会保险覆盖率都用的这个公式。

13. 人均社会保障财政支出：社会保障支出是指政府通过财政向由于各种原因而导致暂时或永久性丧失劳动能力、失去工作机会或生活面临困难的社会成员提供基本生活保障的支出。

14. 人口平均预期寿命：是指假若当前的分年龄死亡率保持不变，同一时期出生的人预期能继续生存的平均年数。它以当前分年龄死亡率为基础计算，但实际上，死亡率是不断变化的，因此，平均预期寿命是一个假定的指标。这个指标与性别、年龄、种族有着紧密的联系，因此常常需要分别计算。平均预期寿命是我们最常用的预期寿命指标，它表明新出生人口平均预期可存活的年数，是度量人口健康状况的一个重要的指标。

15. 卫生总费用占 GDP 比重：卫生总费用是指一个国家或地区在一定时期内（通常是一年）全社会用于医疗卫生服务所消耗的资金总额。是以货币作为综合计量手段，从全社会角度反映卫生资金的全部运动过程，分析与评价卫生资金的筹集、分配和使用效果。卫生总费用是由政府卫生支出、社会卫生支出和个人卫生支出三部分构成，从全社会角度反映卫生资金的全部运动过程，分析与评价卫生资金的筹集、分配和使用效果。卫生总费用标志一个国家整体对卫生领域的投入高低，作为国际通行指标，卫生总费用被认为是了解一个国家卫生状况的有效途径之一，按照世卫组织的要求，发展中国家卫生总费用占 GDP 总费用不低于 5%。

16. 每万人拥有卫生技术人员数：卫生技术人员又称医务人员或护士，指卫生事业机构支付工资的全部职工中现任职务为卫生技术工作的专业人员。包括中医师、西医师、中西医结合高级医师、护师、中药师、西药师、检验师、其他技师、中医士、西医士、护士、助产士、中药剂士、西药剂士、检验士、其他技士、其他中医、护理员、中药剂员、西药剂员、检验员和其他初级卫生技术人员。

17. 贫困发生率：指贫困人口占全部总人口的比率，它反映地区贫困的广度。

18. 基尼系数：基尼系数是 1943 年美国经济学家阿尔伯特·赫希曼根据劳伦茨曲线所定义的判断收入分配公平程度的指标。基尼系数是比例数值，在0和1之间，是国际上用来综合考察居民内部收入分配差异状况的一个重要分析指标。

19. 人均碳汇：碳汇，一般是指从空气中清除二氧化碳的过程、活动、机制。包括森林碳汇、草地碳汇、耕地碳汇等。

20. 人均绿地面积：这里的绿地面积包含全域范围内森林、林木、草原、耕地、湿地面积。

21. 土壤调查点位达标率：土壤超标点位的数量占调查点位总数量的比例，比如检查1000个点位，有5个超标的，点位超标率就是0.5%。

22. 人均水资源量：在一个地区（流域）内，某一个时期按人口平均每个人占有的水资源量。

23. 水质指数：一个地区集中式饮用水水源地水质达标率、优良—良好—较好水质的监测点比例、功能区水质达标率、达到或好于二类海水水质标准的海域面积比例等为四个指标综合计算。

24. 市区环境空气质量优良率：一年当中市区环境空气质量优良天数的占比。

25. 监测城市平均PM2.5年均浓度：监测城市PM2.5年均浓度的平均值。

26. 生物多样性指数：应用数理统计方法求得表示生物群落的种类和数量的数值，用以评价环境质量。20世纪50年代，为了进行环境质量的生物学评价，开始研究生物群落，并运用信息理论的多样性指数进行分析。多样性是群落的主要特征。在清洁的条件下，生物的种类多，个体数相对稳定。

27. 单位建设用地面积第二第三产业增加值：区域第二产业和第三产业增加值和与区域建设用地面积的比。

28. 单位工业增加值水耗：地区工业水耗与地区工业增加值比。

29. 单位GDP能耗：单位GDP能耗是反映能源消费水平和节能降耗状况的主要指标，一次能源供应总量与国内生产总值（GDP）的比率，是一个能源利用效率指标。该指标说明一个地区经济活动中对能源的利用程度，反映经济结构和能源利用效率的变化。

30～33. 单位 GDP 主要污染物排放：是单位 GDP 化学需氧量、单位 GDP 氨氮、单位 GDP 二氧化硫、单位 GDP 氮氧化物等值的综合计算数。

34. 单位 GDP 危险废物排放：根据《中华人民共和国固体废物污染防治法》的规定，危险废物是指列入国家危险废物名录或者根据国家规定的危险废物鉴别标准和鉴别方法认定的具有危险特性的废物。这里的危险废物排放指的是排放量，即由于工业事故导致的排放量。

35. 非化石能源占一次能源比例：非化石能源包括当前的新能源及可再生能源，含核能、风能、太阳能、水能、生物质能、地热能、海洋能等可再生能源。发展非化石能源，提高其在总能源消费中的比重，能够有效降低温室气体排放量，保护生态环境，降低能源可持续供应的风险。

36. 碳排放强度：碳排放强度是指每单位国民生产总值的增长所带来的二氧化碳排放量。该指标主要是用来衡量一国经济同碳排放量之间的关系，如果一国在经济增长的同时，每单位国民生产总值所带来的二氧化碳排放量在下降，那么说明该国就实现了一个低碳的发展模式。

37. 生态建设资金投入与 GDP 比：对生态文明建设和环境保护所有投入与 GDP 的比。

38. 环境保护支出与财政支出比：指用于环境污染防治、生态环境保护和建设投资占当年国内生产总值（GDP）的比例。以上海为例，环保投入，是指在上海市行政辖区内污染源治理、生态保护和建设、城市环境基础设施建设、环境管理能力建设等方面的资金投入中，用于形成固定资产的资金和环保设施运转费等。

39. 环境污染治理投资与固定资产投资比：环境污染治理投资包括老工业污染源治理、建设项目“三同时”、城市环境基础设施建设三个部分。例如，2012 年，我国环境污染治理投资总额为 8253.6 亿元，占国内生产总值（GDP）的 1.59%，占社会固定资产投资的 2.20%，比上年增加 37.0%。其中，城市环境基础设施建设投资 5062.7 亿元，老工业污染源治理投资 500.5 亿元，建设项目“三同时”投资 2690.4 亿元，分别占环境污染治理投资总额的 61.3%、6.1%、32.6%。

40. 再生水利用率：再生水是指将城市污水经深度处理后得到的可重复利用的水资源。污水中的各种污染物，如有机物、氨、氮等经深度处理后，其指标可以满足农业灌溉、工业回用、市政杂用等不同用途。在目前我国水资源短缺的状况下，开发和利用再生水资源是对城市水资源的重要补充，是提高水资源利用率的重要途径。

41. 污水处理率：经过处理的生活污水、工业废水量占污水排放总量的比重。

42. 工业固体废物综合利用率：指工业固体废物综合利用量占工业固体废物产生量的百分率。计算公式为：工业固体废物综合利用率 = 工业固体废物综合利用量 ÷（工业固体废物产生量 + 综合利用往年贮存量）×100%。

43. 工业危险废物处置率：指工业危险废物处理量占工业危险废物产生量的百分率。

44. 生活垃圾无害化处理率：是指无害化处理的城市市区生活垃圾数量占市区生活垃圾产生总量的百分比。

45. 废气处理率：经过处理的有毒有害的气体量占有毒有害的气体总量的比重。

46. 碳排放强度年下降率：单位 GDP 碳排放量比上年下降率。

47. 能源强度年下降率：单位 GDP 能源消耗相比上年下降率。

B.3
中国国家级可持续发展指标体系数据验证分析

张焕波*

摘　要： 中国国家级可持续发展指标体系数据验证结果分析显示：第一，中国可持续发展状况稳步得到改善。2010～2016年总指标整体上呈现先降低再逐年稳定增长状态，其中2011年达到最低点，并且此后出现持续增长状态，其原因是资源环境、消耗排放、治理保护等方面在2011年后得到重视，可持续发展指标不断上升。第二，中国经济发展局面正在不断趋好。从2014年到2016年，经济发展指标增长速度均在20%以上，这意味着2015～2016年中国经济发展出现了趋好反弹迹象，进一步反映我国经济结构经过前几年调整转型，经济增长新动能得到恢复，说明中国进入中高速增长的新常态后，经济结构与经济增长不断趋好。第三，中国在社会民生方面的进步十分明显。第四，中国资源环境承载能力仍有较大短板。第五，中国经济社会活动的消耗排放影响依然较大。第六，中国治理保护领域治理成效逐渐显现。

关键词： 国家级　可持续发展　评价指标体系　数据分析

* 张焕波，中国国际经济交流中心改革开放处处长、研究员，博士。

一　中国国家级可持续发展指标体系数据处理

1. 数据选取

根据上述构建的中国可持续发展指标体系，我们对初始指标数据进行查找筛选，最终整理了 2010 ~ 2016 年 7 年的序列数据。其中，根据数据的可获得性，对 7 个指标（即目前难以获得数据，但期望未来加入的指标）进行了剔除，五大类指标共有 41 个具体初始指标。关于具体指标的筛选和验证，请参考 201 页表 6 中对指标体系的具体说明。

2. 缺失值处理

由于统计手段和相关资料不足等因素，部分指标的初始数据不能全部找到，因此某些年份的缺失值需进行补充处理，对非年度统计的指标值，我们采用官方普查的数据补充，而对于个别年份（通常是最近的年份）获取不到的数据，我们选择采用相近年份的数据补充，即维持与以往最近年份的一致性。

3. 标准化处理

指标体系中具体指标既包括绝对量指标，又包括比率指标，需要对指标做标准化处理，才能有比较意义。对此，该部分采用百分制标准化方法，即将 2010 ~ 2015 年的指标值统一标准化为 0 ~ 100。对正向指标的标准化值，采用公式 B = 100 × （X − Xmin）／（Xmax − Xmin）计算；对于负向指标的标准化值，采用 B = 100 − 100 × （X − Xmin）／（Xmax − Xmin）计算。其中，初始指标的实际值用 X 表示，Xmax 和 Xmin 表示所选择时间序列数据的最大值和最小值（这里为 2010 ~ 2015 年里的最大值和最小值）。倘若所选定时间序列范围的数据都等值，最大值和最小值的确定，采用对实际值 X 上浮 110% 为最大值，下浮 90% 为最小值。实际值 X 的标准值 B = 50%，既不是 0，也不是 100%，以便影响到加权合成指数的大小。

4. 权重设定

在计算二级、一级和总指标综合值时，采用简单的等权重办法，减少对各项指标的人为影响。

二　中国国家级可持续发展指标体系数据验证结果分析

1. 中国可持续发展状况稳步得到改善

从总指标的趋势上看，2010～2016 年总指标整体上呈现先降低再逐年稳定增长状态，其中2011 年达到最低点，此后出现持续增长状态，其原因是资源环境、消耗排放、治理保护等方面在2011 年后得到重视，可持续发展指标不断上升。其中，2010 年总指标数值为 34.37，到 2016 年该指标已上升为 87.71（见图 1）。从变动幅度看，2011 年出现了下降趋势，2011 年比 2010 年降低了 33.48%。2012 年和 2013 年改善幅度较大，分别较 2011 年和 2012 年提升了 81.79% 和 39.49%，2013 年之后可持续发展指数涨幅有所放缓，2014 年、2015 年和 2016 年分别为 15.42%、19.94% 和 9.29%。究其原因，2011 年可持续发展指数出现下降，主要是由于资源环境、消耗排放和治理保护三个一级指标出现下降。进一步分析，2011 年降雨量相比往年严重偏少，全国范围内出现大旱，严重影响了水资源、湿地等资源环境生长，导致资源环境指标较低。此外，2011 年以前雾霾天气还未引起人们重视，环境污染、生态与气候恶化还未引起全国自上而下的高度重视，经济增长与 GDP 成为政府追求的主要目标，其投入治理、减少排放的措施还未严格实施，出现了消耗排放和治理保护的指标下降。因此，2011 年可持续发展指标较低。从实际情况看，2011 年“资源环境”、“消耗排放”和“治理保护”三个一级指标得分均低于 2010 年，整体拉低了总指标的数值，从中可以得出 2011 年的可持续发展面临较大压力。另外，2011 年气候干旱导致生态恶化和环境污染问题集中爆发，致使相应的治理措施和目标难以奏效。可以说，治理保护与消耗排放已经成为这一时期的重要短板，需要政府拿出壮士断腕的勇气和决心，彻底向环境污染宣战，实施最严格的环保制度。

从一级指标的趋势（见图 2）上看，2010～2016 年“社会民生”指标增长最快，其次是“经济发展”指标。“资源环境”、“消耗排放”、“治理保护”的指标总体上也呈先下降再上升趋势，其中“治理保护”在 2011 年

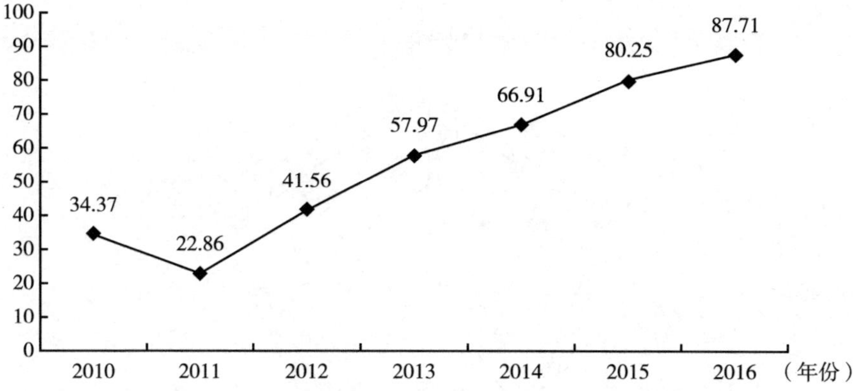

图 1　中国可持续发展指数总指标走势（2010～2016）

和 2016 年分别相比上年有较明显的下降。从总指标构成（雷达图，见图 3）上看，2016 年，一级指标综合值从大到小依次为“社会民生”“经济发展”“消耗排放”“资源环境”“治理保护”。

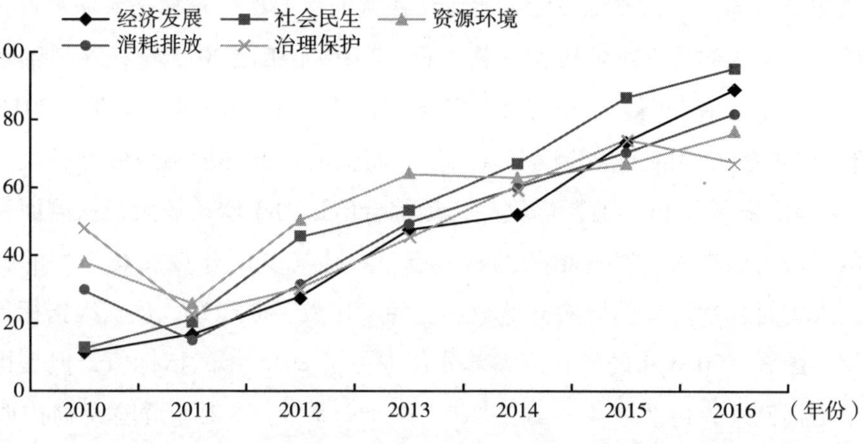

图 2　中国可持续发展指数一级指标走势（2010～2016）

具体讲，2016 年“社会民生”指标接近 100，意味着最近几年社会福利领域逐年改善。相比而言，“资源环境”指标呈现增长较缓慢的态势，2015 年“资源环境”指标数值为 66. 85，到 2016 年增长到 75. 91，这突出

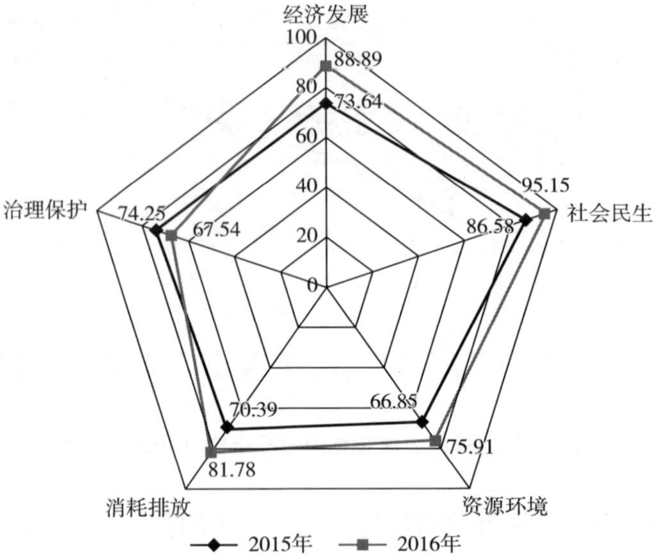

图 3　中国可持续发展指数一级指标构成雷达图（2015～2016）

反映在指标选择上，资源环境主要反映在耕地、湿地、森林、人均水资源等指标上，受气候条件影响较大。总体看，2016 年相比 2015 年，除“治理保护”一级指标有较明显的下降外，其余指标均优于 2015 年。表明，2016 年“治理保护”方面的工作并没有做到位，面临的资源环境挑战依然较大。另外，“经济发展”和“消耗排放”指标综合值近两年增长较大，从侧面说明中国经济正在进入中高速增长的新常态，在生态文明建设加紧趋严的背景下，人类对自然环境的影响开始减弱，污染排放不断趋好。从二级指标的构成雷达图看，2016 年的指标值大部分包围住了 2015 年的指标值，但是也有几个指标例外，包括“均等程度”、“国土资源”、“工业危险废物排放”、“治理投入”、“固体废物处理”、“减少温室气体排放”等（见图 4）。这些指标中后 3 个与“治理保护”相关，“均等程度”、“国土资源”和“工业危险废物排放”则分别属于“社会民生”、“资源环境”和“消耗排放”，意味着 2016 年工作并没有做到位，涉及环境资源和治理保护等方面的压力依旧较大，面临的资源环境的挑战仍然严峻。

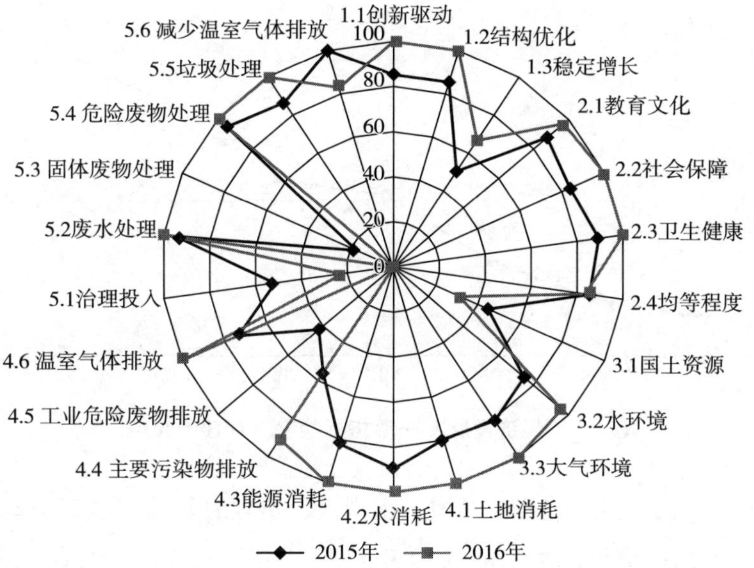

图4　中国可持续发展指数二级指标构成雷达图（2015～2016）

2. 中国经济发展局面正在不断趋好

从经济发展一级指标综合值走势看，自2010年连续三年出现明显的改善迹象，指标增长较快，而2013～2014年，仅仅增长了9.33%，但从2014年到2016年，经济发展指标增长速度均在20%以上，这意味着2015～2016年中国经济发展出现了趋好反弹迹象，进一步反映我国经济结构经过前几年调整转型，经济增长新动能得到恢复，说明了中国进入中高速增长的新常态后，经济结构与经济增长不断趋好（见图5）。

在“经济发展”一级指标构成中包含3项二级指标，包括“创新驱动”、“结构优化”和“稳定增长”等。从一级指标“经济发展”项下的3个二级指标综合值走势可以解释2015年和2016年“经济发展”综合值为何出现快速上升。从2010年至2016年的分项趋势看，“创新驱动”、“结构优化”两项二级指标综合值都呈现向上增长趋势。其中“创新驱动”二级指标综合值的增幅最快，且呈现近似直线增长态势，这说明我国经济仍具有较大的潜在活力，在支持创新创业方面投入较大，获得的效果也相当明显。

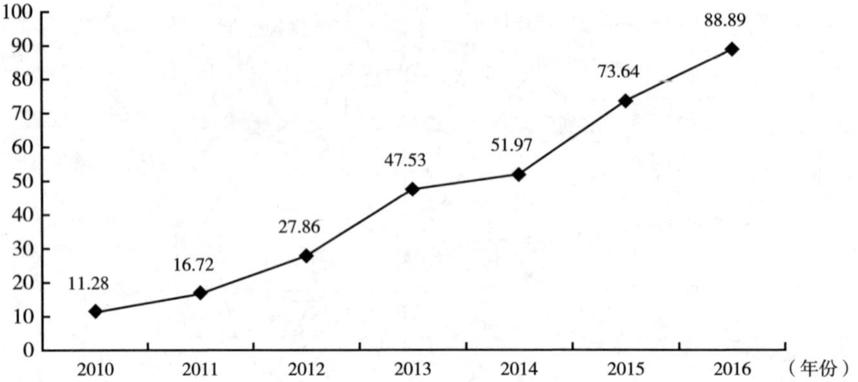

图5　“经济发展”一级指标趋势（2010～2016）

“结构优化”二级指标综合值的增幅也很大，增幅总量与“创新驱动”几乎相等，但“结构优化”指标从2010年到2011年增长较慢，说明经济结构调整具有一定波动性，受政策影响较大，我国推动经济结构转型升级不断趋好。显然，“稳定增长”一项指标综合值从2010年到2016年呈现下降，然后急剧增长，再下降，接着快速增长的态势，前几年我国发展态势出现了下降的风险，而“创新驱动”“结构优化”政策的实施，催生了经济稳定增长的动力，随着经济结构转型与创新驱动能力不断增加，稳定经济增长指标也不断提高。其中，“稳定增长”二级指标主要侧重于经济增长、城镇登记失业率和全员劳动生产率提高情况，在这些方面2012年与2014年增速均出现了小幅下滑，反映在合成指标数值上2012年相应较2011年出现下降，2014年相应较2013年出现下降。“结构优化”二级指标涉及信息等新兴产业、现代服务业和高技术产业在国民经济结构中的比重，这些年我国经济结构优化取得一定的进步，如2013年的该项指标综合值较2010年的综合值提高了42.41（见图6）。总体上看，我国经济发展朝着创新驱动和结构优化的方向发展，但可能要经历结构调整的阵痛，因为结构调整不仅受到国际经济环境的影响，而且与创新驱动的能力和方向有关。令人欣喜的是，“创新驱动”这项综合指标表现不错，需要我国进一步发挥创新创业的积极作用，促进经济增长和结构优化，使“经济发展”这一一级指标实现稳定增长，增强经济发展的可持续能力。

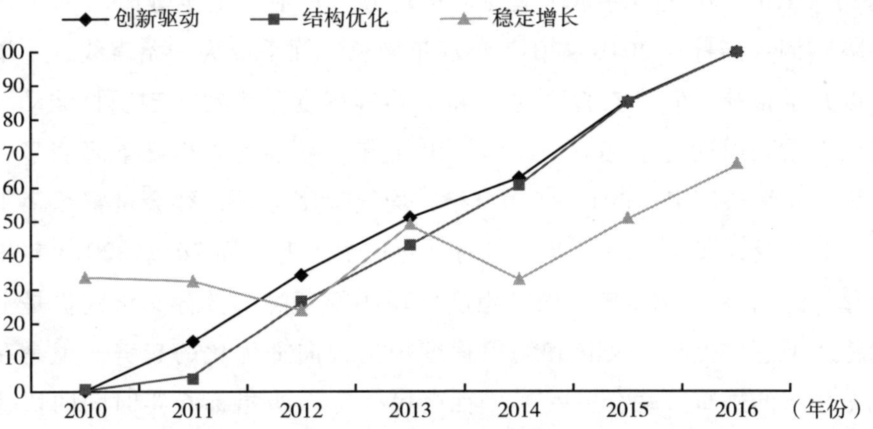

图 6　“经济发展”项下二级指标趋势（2010～2016）

3. 中国在社会民生方面的进步十分明显

社会民生一级指标走势几乎呈现直线上升态势。以 2010 年的 12.50 为起点，直至升至 2016 年的 95.15，由此看出六年间每年都有进步，且每年递增幅度大致相似（见图 7）。

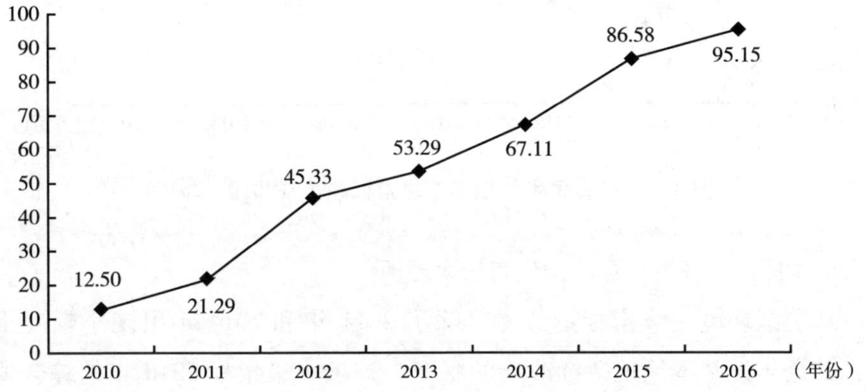

图 7　“社会民生”一级指标趋势（2010～2016）

从分级指标（二级指标折线图，见图 8）上看：“社会民生”一级指标项下的 4 个二级指标（“教育文化”“社会保障”“卫生健康”“均等程度”）2010～2016年总体均呈现增长趋势。其中“卫生健康”和“社会保障”两项指标在2010～2015年逐年增长，几乎成为一条直线，年增长幅度几乎相等，但“教育文化”和“均等程度”走势出现明显波动，并且两者波动周期几乎相反，2010～2011年，社会均等程度下降明显，而教育文化增长明显，2011～2015年，均等程度上升，社会贫富差距不断缩小。相反，2010～2012年，教育文化明显上升，而2012～2013年出现明显下降趋势。2016年，均等程度出现小幅下降，教育文化则仍是上升趋势。但总体上教育文化和均等程度均呈现向上优化的趋势，正是在这五个领域的进步，联合造就了“社会民生”一级指标6年时间的快速增长劲头。

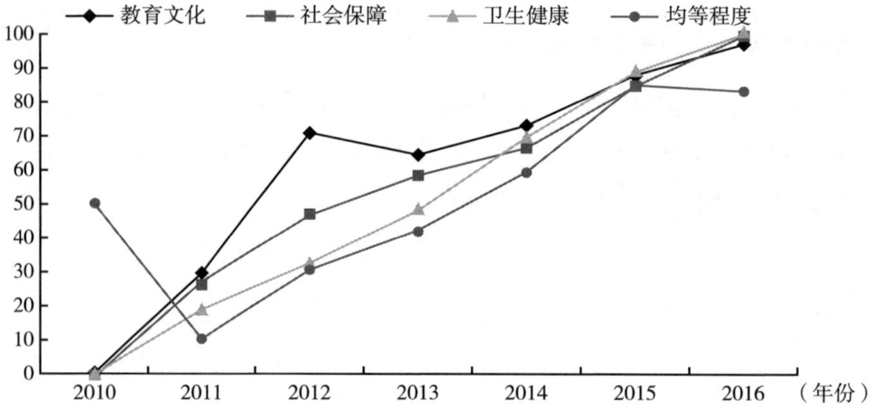

图8 “社会民生”项下二级指标趋势（2010～2016）

4. 中国资源环境承载能力仍有较大短板

从资源环境一级指标走势看，除了2011年和2014年出现小幅度下降外，其余年份基本呈现持续改善的状况。该项一级指标2010年的综合值达到38.01，而2011年下降到25.81。随着2012年加大资源治理和环境保护的力度，再加上降雨量显著增加，2012年资源环境指标迅速恢复超过2010年的水平，达到50.37。2013年该指标继续增长，相比2012年增加了13.63，达到63.90。2014年，该指标综合值出现微小幅度下降，达到

62.90。此后两年，该指标持续上升。该项指标的走势反映出我国资源环境保护得到改善，其中2011年可能是资源环境状况最坏的情况，而从2012年开始资源环境状况基本呈逐步改善趋势，2016年该指标达75.91，说明了在资源环境保护方面得到进一步提高（见图9）。

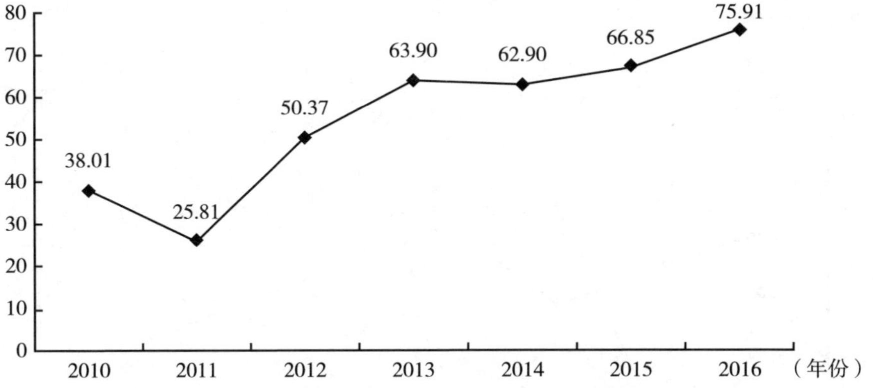

图9　“资源环境”一级指标趋势（2010～2016）

一级指标“资源环境”项下共有3项二级指标，涉及国土资源、水环境、大气环境。从各项指标五年走势看，3个二级指标涨跌趋势并不一致，其中“大气环境”二级指标综合值在2010～2016年持续上升，且在2016年达到6年内的峰值100，这意味着各个城市都非常重视城市环境的改善，并在几年内取得不错的成效。“国土环境”二级指标综合值呈现下降、增长、再下降的缓慢下降趋势，2011～2012年国土资源持续下降，从2010年的67.51降低到2012年的45.28，降低了22.23，主要原因是2011年出现全国范围内的气候干旱，导致人均水资源量和人均湿地面积呈现显著下降趋势，并且影响森林面积等，这一影响一直持续到2012年。2013年该指标出现回升至68.34，随后又出现持续性的下降，2016年该指标降至31.43。因此，国土资源指标综合值受气候等影响较大，波动性较强。“水环境”指标综合值在2011年陷入最低点后又迅速上升，其中2010年水环境指标综合值为46.53，2011年最低点为4.51，降低了42.02。但2012年又迅猛上升到73.43，主要是2012年降雨量比2011年增加许多，导致水环境指标改变较大。此后3年，水环境指标一直徘徊在65~75，2016年该指标达到最高值96.31，说明水环境指标整体稳定，并且有向好的趋势，2011年出现下降主要是气候干旱导致（见图10）。从资源利用和环境保护这两个侧面可以看出，当前我国资源节约利用和环境保护进一步改善，但仍需要重视。

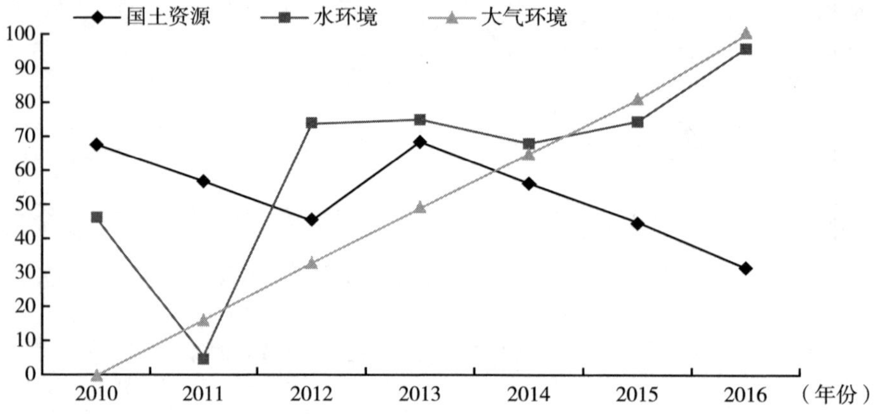

图10 “资源环境”项下二级指标趋势（2010~2016）

5. 中国经济社会活动的消耗排放影响依然较大

从“消耗排放”一级指标看，2011年达到最低点14.96后，此后几年，人类对自然的影响有所改善，说明人类对环境的排放影响逐渐减缓，并且增速较为平稳，2016年达到81.78（见图11）。相比而言，2016年“消耗排放”一级指标表现比较理想，但仍然具有一定提升空间。

一级指标“消耗排放”项下包括“土地消耗”、“能源消耗”、“水消耗”、“主要污染物排放”、“温室气体排放”和“工业危险废物产生量”等六项二级指标。从2010~2016年二级指标综合值走势看，其中六项二级指标均呈折线增长的趋势，且波动幅度较大。其中“土地消耗”、“水消耗”、“能源消耗”指标综合值均逐年改善，由于这三个指标是负向指标，其越大说明越好，即单位土地经济效益越高，单位GDP水耗量越少，单位GDP能

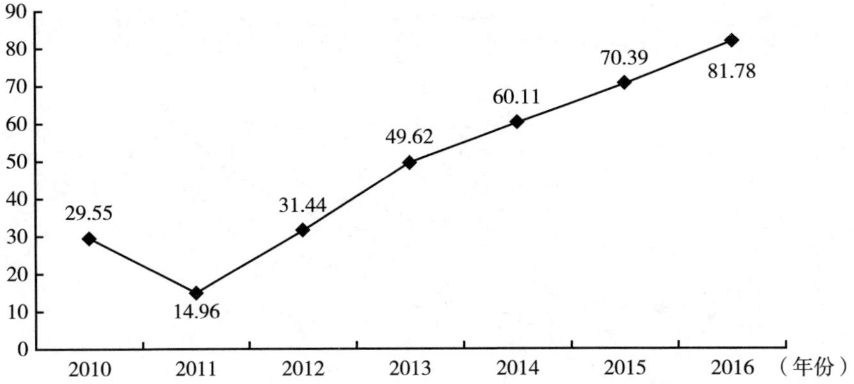

图 11　“消耗排放”一级指标趋势（2010～2016）

源消耗量越少。因此，土地、水资源和能源的集约化利用越来越好，单位资源经济效益越来越显著。这三个指标连续 6 年出现增长，意味着能源消耗增速放缓，一方面反映中国经济增速放缓带动能源消耗增速下降；另一方面也印证了中国经济结构调整正在加速，不再依靠高能源消耗支撑经济成长，同时意味着在土地资源管理和水资源管理方面正沿着集约化的道路前进。相比较而言，“温室气体排放”和“主要污染物排放”走势反映了两者的治理成果显著，两者在 2011 年下降到最低点后，此后一直保持快速上升，改善成果显著。2016 年达到最高值，分别为 100 和 90. 66，说明“温室气体排放”和“主要污染物排放”消耗排放治理成效非常好。但“工业危险废物产生量”却出现了明显的波折，其从 2010 年的 100，降低到 2011 年的低谷为 5. 34，此后至 2013 年连续上升至 56. 37，2013 年之后出现下降，2016 年降至最低值 0，表明需要今后着重加大该方面治理（见图 12）。总体看，“消耗排放”这一二级指标综合值近五年在某些方面有些改善，但在工业危险废物产生量排放方面表现并不如意，仍需要加强对工业危险废物产生量的治理。

6. 中国治理保护领域治理成效逐渐显现

从对环境污染和生态恶化的治理修复过程看，2011 年之后，该指标基

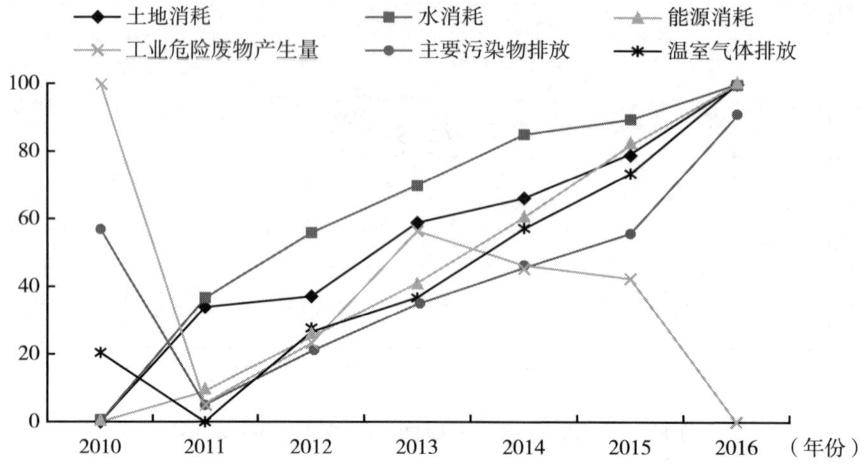

图 12　“消耗排放”项下二级指标趋势（2010～2016）

本呈现上升趋势，2015 年该指标达到最高值 74.25，相比该指标在 2011 年的最低值 22.70 上升了 51.55，2016 年略有下降，指标值为 67.54（见图 13）。表明近几年治理保护效果显著，这意味着我国治理保护的难度降低，效果开始凸显，这也从另一个侧面表明，当环境污染治理和生态修复过程到一个关键时期时，持续改善空间不大，治理保护需要加大实施力度，并把治理保护目标作为硬约束目标，不放松对目标规划实施的强度。随着生态文明建设顶层设计进入落地实施的关键阶段，预计未来几年我国在治理保护领域会有较大进步空间，治理保护成效将逐渐显现。

“治理保护”一级指标项下涉及治理投入、废水处理、危险废物处理、固体废物处理、垃圾处理和减少温室气体排放六个二级指标。从各项二级指标的走势看，2010～2016 年 6 年时间，只有“废水处理”和“垃圾处理”这两项指标呈现逐年改善的状况，且在 2016 年接近 100 的满分值，说明我国在废水处理和垃圾处理方面取得成效显著。但是其他四项二级指标走势并不容乐观。其中“治理投入”在 2010 年达到最高分 98.19，但 2011 年和 2012 年呈现明显下降，随后 2013 年和 2014 年虽有小幅改善，但是改善的

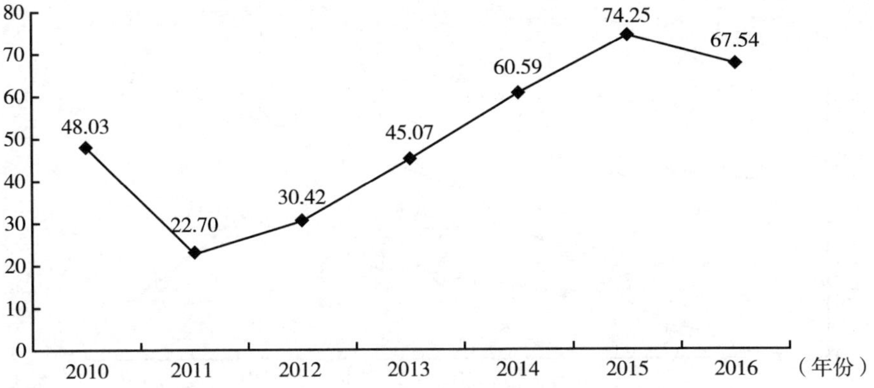

图 13 "治理保护"一级指标趋势（2010～2016）

趋势并不明显，2015 年改善幅度较大，达到最高值 51.55，但随后在 2016 年再次出现明显下降，降至 22.35。这说明还需要加大可持续治理的投入力度，无论是财力、物力还是人力方面。相比而言，在危险废物处理方面虽然经过较大波折，但在 2016 年达到满分 100。前几年由于投入、设施、技术改进等措施的不断应用，虽然导致前几年出现明显下降，但这两年迅速上升，并达到满分，说明前几年的治理成效显著。在减少温室气体排放方面，呈现波动上升趋势，2015 年达到最高点 100，2016 年有所下降，降至 82.86，表明在温室气体方面总体治理成效明显，但仍需继续提高对温室气体治理的力度。固体废物处理方面出现了波动下降的趋势，虽然 2010 年达到最高点，但 2011 年急剧降低到 13.17。虽然此后几年缓慢上升，但上升幅度不大，2013 年达到 46.06，之后几年连续下降，2016 年降至最低点 0（见图 14）。表明目前并没有全面完成治理任务，该指标甚至呈现极度恶化迹象，这需要国家和社会都着力加大重视程度，切实付诸行动，履行固体废物治理责任。未来，我国要致力于治理能力现代化，将会需要在治理保护能力方面取得显著成效。该项指标走势给出的信号是，我国在治理保护环节的治理成效开始逐渐显现。

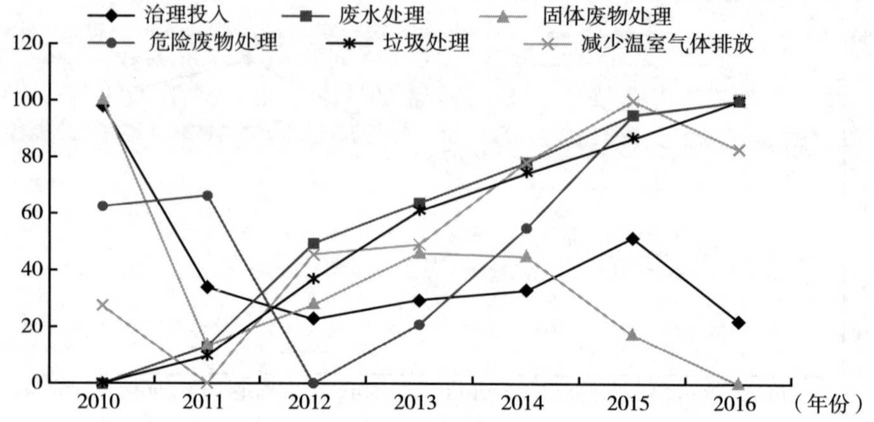

图 14　“治理保护”项下二级指标趋势（2010～2016）

B.4 中国省级可持续发展指标体系数据验证分析

郭 栋 张焕波 马 雷 王 佳*

摘 要： 中国省级可持续发展指标体系数据验证分析显示：4个直辖市及东部沿海省份的可持续发展排名比较靠前。以2017年为例，北京、上海、浙江、江苏、天津、广东、重庆、山东、福建、安徽等省市居前10位。北京、上海、天津、江苏、重庆等省市除了在资源环境方面不太占优外，经济社会、环境治理等方面都走在前列。青海、甘肃、新疆等省份排名较为靠后，可持续发展水平不高。东部地区两个直辖市北京、上海与浙江省分列前三强。中部地区安徽排名最高，该省份从2016年的第21位一路升至2017年的第10位。西部地区除了重庆排名第7位，其余省份可持续发展综合排名均在前十名之外。从经济发展、社会民生、资源环境、消耗排放和治理保护五大分类指标来看，省级区域可持续发展具有明显的不均衡特征。以各地一级指标排名的最大值和最小值差的绝对值衡量不均衡程度：高度不均衡（差异值>20）的省级区域有：北京、河南、云南、海南、贵州、青海、天津、福建、安徽、甘肃、新疆和山东；中等不均衡（10<差异值≤20）

* 郭栋，美国哥伦比亚大学地球研究院中国项目主任、可持续发展政策与管理研究中心副主任、副研究员，博士；张焕波，中国国际经济交流中心改革开放处处长、研究员，博士；马雷，哥伦比亚大学地球研究院可持续发展政策与管理研究中心中国项目官员；王佳，中国人民大学硕士研究生。

的省级区域有：陕西、广西、黑龙江、江苏、湖北、内蒙古、河北、湖南、江西、上海、辽宁、广东、四川、宁夏、重庆和吉林；比较均衡（差异值≤10）的省级区域有：浙江、山西。大部分省级区域在可持续发展方面都存在短板，提高可持续发展水平的空间很大。

关键词： 省级可持续发展评价指标体系　数据分析　可持续发展排名

一　中国省级可持续发展体系数据处理

据初步构建的省级可持续发展指标体系，最终使用 5 大类 26 项初始指标（经仔细筛选，资源环境类仅包含 3 个初始指标外，其余 4 类都由多个初始指标构成）。我们在省级排名体系中使用了城市排名体系中不可用的六项指标。这些指标包括："互联网宽带覆盖率"、"城乡人均可支配收入比"、"危险废物处置率"、"单位 GDP 化学需氧量排放"、"单位 GDP 氨氮排放"及"能源强度年下降率"。与大多数城市不同，绝大多数省份的地理覆盖面积大。与城市地理范围相比，省级范围更有可能涉及各种城乡区域、一系列土地使用类型及各种各样的生态区。所以，城乡人均可支配收入比、人均水资源量等指标也被纳入省级排名体系中。此外，我们还对"人均绿地面积"和"研究与发展经费支出占 GDP 比例"这两个指标做出了调整，以反映省级地理范围。由于北京、上海、天津和重庆四个直辖市被视为省级行政区，所以也被列入省级排名。①

我们的加权策略具有创新性，根据各省指标的稳定性来计算初始权重。具体而言，根据 26 个指标中的每个指标 X_i（其中，$i = 1 \sim 26$）在 30 个省、

① 城市和省级边界之间的性质差异以及各组成指标之间的差异意味着城市排名与省份排名之间不具有直接可比性。

直辖市、自治区的绝对值，按如下公式计算第 i 项指标第 y 年的变异系数 CV_{yi}（其中，y 表示年份，$y=1\sim5$；p 表示省份，$p=1\sim30$）：

$$CV_{yi}=\frac{\sigma_{yi}}{\mu_{yi}}=\frac{\sqrt{\sum_{p=1}^{30}(x_{yip}-\mu_{yi})^2}}{\mu_{yi}}$$

接下来，利用下列公式获得每项指标5年的平均变异系数 CV_i：

$$CV_i=\frac{\sum_{y=1}^{5}CV_{yi}}{5}=\frac{\sum_{y=1}^{5}\frac{\sigma_{yi}}{\mu_{yi}}}{5}$$

如果 CV_i 的数值较大，则表示该指标在这些省份的波动很大。

最后，取变异系数 CV_i 的倒数，用其除以所有变异系数倒数的和，按如下公式，计算出每个指标的权重（其中，W_i 是指标 i 的权重）：

$$W_i=\frac{1/CV_i}{\sum_{i=1}^{26}1/CV_i}$$

指标波动性越小，权重就越高。表1列出了5个类别、26个指标的权重。

据此我们采用2012～2016年共计五年的时间序列数据为指标计算权重，同时对2016年、2017年[①] 30个省、自治区、直辖市进行可持续发展评价排名（不含港澳台地区；西藏自治区因数据缺乏未选为研究对象）。

表1　CSDIS省级指标集及权重

类别	#	指标	权重(%)
经济发展（20.9%）	1	城镇登记失业率	5.64
	2	GDP增长率	5.63
	3	第三产业增加值占GDP比例	5.60
	4	全员劳动生产率	2.45
	5	研究与发展经费支出占GDP比例	1.59

① 各年度的最终排名以上一年度公布的数据为基础（例如：2017年的排名是以2016年的数据为基础的）。

续表

类别	#	指标	权重(%)
社会民生 (24.4%)	6	城乡人均可支配收入比	7.41
	7	每万人拥有卫生技术人员数	4.96
	8	互联网宽带覆盖率	4.22
	9	财政性教育支出占 GDP 比重	3.18
	10	人均社会保障和就业财政支出	2.58
	11	公路密度	2.08
资源环境 (7.7%)	12	空气质量指数优良天数	5.07
	13	人均水资源量	1.02
	14	人均绿地(含森林、耕地、湿地)面积	0.97
消耗排放 (13.5%)	15	单位二、三产业增加值所占建成区面积	3.38
	16	单位 GDP 氨氮排放	3.17
	17	单位 GDP 化学需氧量排放	2.32
	18	单位 GDP 能耗	2.17
	19	单位 GDP 二氧化硫排放	1.37
	20	每万元 GDP 水耗	1.14
治理保护 (33.4%)	21	城市污水处理率	14.24
	22	生活垃圾无害化处理率	8.97
	23	工业固体废物综合利用率	4.25
	24	能源强度年下降率	2.39
	25	危险废物处置率	1.96
	26	财政性节能环保支出占 GDP 比重	1.64

二　中国省级可持续发展体系数据验证结果分析

1. 省级可持续发展综合排名

依据 5 大类指标数值，我们计算出 30 个省级可持续发展水平的综合排名。4 个直辖市及东部沿海省份的可持续发展排名比较靠前。以 2017 年为例，北京、上海、浙江、江苏、天津、广东、重庆、山东、福建、安徽等省市居前 10 位。北京、上海、天津、江苏、重庆等省市除了在资源环境方面不太占优外，经济社会、治理保护等方面都走在前列。青海、甘肃、新疆等省份排名较为靠后，可持续发展水平不高。东部地区两个直辖市北京、上海与浙江省分列前三强。中部地区安徽排名最高，该省份从2016年的第21位一路升至2017年的第10位。西部地区除了重庆排名第7位，其余的省份可持续发展综合排名均在前十名之外（表2）。

表2 省级可持续发展综合排名情况

省份	2016年	2017年	省份	2016年	2017年
北　京	1	1	贵　州	20	16
上　海	2	2	广　西	26	17
浙　江	4	3	海　南	13	18
江　苏	5	4	河　北	25	19
天　津	3	5	吉　林	14	20
广　东	8	6	江　西	24	21
重　庆	6	7	云　南	22	22
山　东	11	8	四　川	16	23
福　建	10	9	山　西	27	24
安　徽	21	10	辽　宁	15	25
湖　北	9	11	宁　夏	30	26
河　南	18	12	黑龙江	23	27
湖　南	17	13	青　海	19	28
内蒙古	12	14	甘　肃	29	29
陕　西	7	15	新　疆	28	30

2. 省级可持续发展均衡程度

从经济发展、社会民生、资源环境、消耗排放和治理保护五大分类指标来看，省级区域可持续发展具有明显的不均衡特征。以各地一级指标排名的最大值和最小值差的绝对值衡量不均衡程度如下。

高度不均衡（差异值>20）的省级区域有：北京、河南、云南、海南、贵州、青海、天津、福建、安徽、甘肃、新疆和山东。

中等不均衡（10<差异值≤20）的省级区域有：陕西、广西、黑龙江、江苏、湖北、内蒙古、河北、湖南、江西、上海、辽宁、广东、四川、宁夏、重庆和吉林。

比较均衡（差异值≤10）的省级区域有：浙江、山西（见图1）。

大部分省级区域在可持续发展方面都存在短板，提高可持续发展水平的

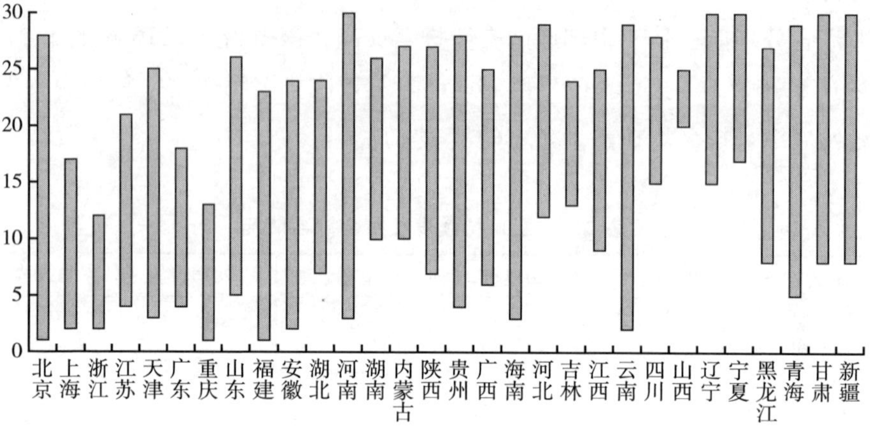

图1　省级可持续发展均衡程度

空间很大。如北京尽管在经济发展和消耗排放指标上高居首位，但在资源环境可持续方面存在短板，排在第二十八位。福建省的资源环境可持续发展指标排名第一，但是经济发展、治理保护指标均存在短板。

3. 五大类一级指标各省主要情况

（1）经济发展

从5项主要反映经济增速和创新发展的指标看，结构调整较早的东部沿海地区经济发展仍然处于领先地位，而东北地区和中西部地区经济发展相对滞后。考虑到经济发展的可持续性主要依赖创新驱动和生产率的提升，反映经济发展综合情况的初始指标中有研究与发展经费支出占GDP比例与全员劳动生产率两项指标反映经济发展的创新要素，而第三产业增加值占GDP的比重反映经济结构调整的情况。再综合考虑经济增速和失业率情况，由此合成计算的一级指标可以反映今后经济发展的可持续性。以2017年为例，东部沿海地区的北京、上海、天津、广东、江苏、海南、浙江、甘肃、湖北、重庆等省市位居前列，湖北、重庆作为中西部结构调整较早的地区经济发展表现也相当不错，而西南地区经济发展可持续性较差一些，如云南、广西等省份经济发展后劲不足（见表3）。

表 3　省级经济发展类分项排名情况

城市	2017 年单项指标排名	城市	2017 年单项指标排名
北　京	1	青　海	16
上　海	2	安　徽	17
天　津	3	江　西	18
广　东	4	云　南	19
江　苏	5	广　西	20
海　南	6	山　西	21
浙　江	7	内蒙古	22
甘　肃	8	福　建	23
湖　北	9	吉　林	24
重　庆	10	宁　夏	25
新　疆	11	湖　南	26
贵　州	12	黑龙江	27
山　东	13	四　川	28
陕　西	14	河　北	29
河　南	15	辽　宁	30

（2）社会民生

从 6 项考核社会民生发展水平的指标看，直辖市和东中部大省社会发展水平较高，少数民族地区的民生改善空间较大。这说明很多医疗、教育等社会资源向特大城市集中，少数民族地区的医疗卫生、文化教育和社会保障水平仍待进一步提高。从 2017 年的社会民生综合排名看，北京、浙江、上海、江苏、天津、海南、湖北、新疆、福建、河南等省份居分项排名前 10 位，而西部大省如广西、内蒙古、云南、甘肃等省份排名靠后，相对社会发展水平滞后。这是今后需重点补齐的短板之一（见表 4）。

表 4　省级社会民生类分项排名情况

城市	2017 年单项指标排名	城市	2017 年单项指标排名
北　京	1	海　南	6
浙　江	2	湖　北	7
上　海	3	新　疆	8
江　苏	4	福　建	9
天　津	5	河　南	10

续表

城市	2017 年单项指标排名	城市	2017 年单项指标排名
重　庆	11	宁　夏	21
山　东	12	青　海	22
江　西	13	陕　西	23
河　北	14	安　徽	24
四　川	15	广　西	25
辽　宁	16	湖　南	26
吉　林	17	内蒙古	27
广　东	18	贵　州	28
黑龙江	19	云　南	29
山　西	20	甘　肃	30

（3）资源环境

从人均水资源使用量和森林、耕地、湿地覆盖率看，生态资源条件较好的多为地广人稀的西部及东北部省份。以 2017 年为例，从资源环境一级指标排名看，云南、贵州、青海、广西、黑龙江、江西、内蒙古等中西部省份居前 10 名以内，表明这些地区可利用的生态资源条件较多，生态资源整体的可承载力较高，对自然生态的保护相对到位。而人口密度高和城市化程度高的北京、河南、河北、山东等省市人类对自然环境的影响较大，在资源环境条件方面表现较差。要增加生态环境的承载力，人均水资源量及绿地覆盖率不能太少，否则就会对自然生态造成挤占或破坏，也会使居民的生活质量出现下降，不能维持良性健康的经济社会运行状态（见表 5）。

表 5　省级资源环境类分项排名情况

城市	2017 年单项指标排名	城市	2017 年单项指标排名
福　建	1	黑龙江	8
云　南	2	江　西	9
海　南	3	内蒙古	10
贵　州	4	重　庆	11
青　海	5	浙　江	12
广　西	6	吉　林	13
广　东	7	湖　南	14

续表

城市	2017 年单项指标排名	城市	2017 年单项指标排名
辽　宁	15	山　西	23
新　疆	16	湖　北	24
上　海	17	天　津	25
安　徽	18	山　东	26
四　川	19	陕　西	27
甘　肃	20	北　京	28
江　苏	21	河　北	29
宁　夏	22	河　南	30

（4）消耗排放

从对主要污染物排放的控制情况看，东部沿海地区消耗排放方面较中西部地区做得更好一些。2017 年，北京、上海、天津、江苏、浙江、山东、陕西、福建、广东、河南等省市列前 10 位。其中除陕西和河南外，其余省市均处于东部沿海地区，经济较为发达，多数已将资源消耗的产业转移出去或者通过技术改造降低了消耗排放，单位产值消耗的能源、水资源以及占用的土地资源相对较少，集约化程度普遍较高。相比较而言，仍依靠资源密集型或者劳动密集型产业的中西部地区面临较高的资源消耗和污染物排放，这可能给生态环境的可持续性带来一定压力，从而使其经济发展不可持续（见表 6）。

表 6　省级消耗排放类分项排名情况

城市	2017 年单项指标排名	城市	2017 年单项指标排名
北　京	1	河　南	10
上　海	2	内蒙古	11
天　津	3	湖　北	12
江　苏	4	重　庆	13
浙　江	5	湖　南	14
山　东	6	吉　林	15
陕　西	7	河　北	16
福　建	8	安　徽	17
广　东	9	四　川	18

续表

城市	2017 年单项指标排名	城市	2017 年单项指标排名
广　西	19	山　西	25
海　南	20	黑龙江	26
江　西	21	甘　肃	27
辽　宁	22	青　海	28
贵　州	23	新　疆	29
云　南	24	宁　夏	30

（5）治理保护

2017 年治理保护水平表现优良的多是经济较发达的省份，其中排在前 10 位的省份是重庆、安徽、河南、上海、山东、江苏、浙江、天津、广东、湖南。而相应的经济不发达省份如辽宁、青海、四川等省份治理保护的水平稍低一些（见表 7）。一方面包括京津冀、长三角地区这两年非常重视环保投入和节能降耗，表现在各种资源利用率和废弃物处理率的提升上；另一方面，这些省份的财政收入较高，可以拿出较多的财政资金投入治理，因此治理保护的投入和产出效果相对好一些。相比较而言，西部欠发达地区的财政资金薄弱，能源资源相对丰富，从而在节能降耗和环保投入方面难以与较发达地区相匹敌。总体上看，省级环境治理水平与其经济发展水平和城市管理水平有一定的关系，同时也与各省份的产业结构有很大的关联。依赖资源消耗的中西部省份可能面临的治理保护难度较大一些，即便加大环境治理投入，也不一定能够获得较高的环境治理水平。

表 7　省级环境治理类分项排名情况

城市	2017 年单项指标排名	城市	2017 年单项指标排名
重　庆	1	天　津	8
安　徽	2	广　东	9
河　南	3	湖　南	10
上　海	4	北　京	11
山　东	5	河　北	12
江　苏	6	内蒙古	13
浙　江	7	贵　州	14

续表

城市	2017 年单项指标排名	城市	2017 年单项指标排名
湖　北	15	山　西	23
陕　西	16	吉　林	24
宁　夏	17	江　西	25
福　建	18	黑龙江	26
广　西	19	甘　肃	27
云　南	20	海　南	28
辽　宁	21	青　海	29
四　川	22	新　疆	30

附件一：指标说明

1. 经济发展指标

（1）城镇登记失业率

定义：在报告期末城镇登记失业人数占期末城镇从业人员总数与期末实有城镇登记失业人数之和的比重。

计量单位:%

资料来源及方法：

· 资料源于中国国家统计局。

· 计算：直接获得；无须计算。

政策相关性：

失业者是目前没有工作但有工作能力且正在寻找工作的经济活跃人口。根据定义，如果失业率一直走高，就代表资源分配效率很低。一个城市的失业率是劳动市场反映出来的经济活动最广泛的指标。该指标能表示人口或劳动力的经济活跃程度及能力，其可作为与可持续发展相关的重要的社会经济变量，同时也是导致贫穷的主要原因之一。许多衡量可持续发展的体系都一直包含对失业率的衡量（联合国，2007）。通过衡量失业率，我们可以推断出有多少人能通过税收增加政府收入并促进社会事业及环保活动。

（2）GDP 增长率

定义：国民生产总值增长率。

计量单位:%

资料来源及方法：

· 资料源于中国国家统计局。

· 该指标是用各省份当年的 GDP 指数减去 100 计算得出的。

政策相关性：

GDP 是指所有生产商贡献的增加值的总和，代表的是国内生产总值。因此，GDP 仍然是目前最主要的经济指标。在中国，GDP 增长率是衡量地方政府年度成果的主要指标。许多其他可持续发展指标集都包括 GDP 增长率。一般来说，高经济增长率是经济发展的积极迹象，但同时也与较高的能源消耗、自然资源开发和对环境资源的负面影响有关（联合国，2017）。

（3）第三产业增加值占 GDP 比例

定义：服务业增加值占国民生产总值（GDP）的比例。

计量单位:%

资料来源及方法：

· 资料源于中国知网；

· 该指标是用各省份服务业创造的总价值除以该省份的年度 GDP 计算得出的。

政策相关性：

经济由三大产业构成：第一产业（农业）、第二产业（建筑与制造业）和第三产业（服务业）。经济发展水平的提高一般与劳动力从农业及其他劳动密集型活动向工业并最终向服务业流动的情况有关，一个国家的经济发展阶段与就业人口的明显转移相关。由于更多的人员目前在高工资行业工作，所以，这一转移是代表经济发展的指标之一（江，2004）。由于服务业的回报率在输出和就业方面都比农业和制造业要高，所以，中国不断向服务业（包括零售业、酒店、餐饮、信息技术、金融、教育、社会福利工作、娱乐、公共管理等）的转移表明了中国经济的不断发展。

（4）全员劳动生产率

定义：平均受雇人员所对应的 GDP 数额。

计量单位：万元/人。

资料来源及方法：

· 资料源于省级统计年鉴。

· 该指标是用各省份的年度 GDP 除以每个省份平均受雇人数计算得出的。

政策相关性：

一个城市的经济能力和经济效率可通过查看该市单位受雇人员 GDP 进行评估。GDP 衡量的是经济的输出量；全员劳动生产率可以增加社会生产力，减少贫困，实现经济发展。通过将总生产量分配给单位人口或人均，可衡量各人生产率促进经济发展的程度。它表示的是人均收入增长的速度及资源消耗的速率（联合国，2017）。衡量全员劳动生产率的优点在于可以帮助我们确定获得有经济能力、社会责任心及爱护环境人口所需的工资福利的增加情况。在中国等国家，Kuzent 关于富裕及可持续发展的假设已得到证实。一旦人口生产率提高且收入增加，经济发展与更加持续进步的政策之间存在直接关联（Apergis，2014）。

（5）研究与发展经费支出占 GDP 比例

定义：政府在研究与实验发展方面投入占 GDP 总额的比例。

计量单位：%

资料来源及方法：

· 资料源于中国知网。

· 该指标是用各省的研究与发展经费支出除以年度 GDP 计算得出的。

政策相关性：

是指研究与发展经费支出占地区 GDP 的比例。研究与发展是“研究与实验发展”的简称，一般是指新思想及技术的学术性和非学术性研究与发展。它指的是科学技术领域的创新活动，旨在增加知识量，并使用这些知识创造新应用，包括基础研究、应用研究和实验发展。研究与发展经费支出的增加可实现必要的新型技术创新，为中国的农业机械化、制造业及服务性行业提供支持并促进这些行业的发展。由于现在技术可被用于使经济发展更为透明、更易实现，环境更具弹性，社会福利体系得到改进，通过这些新技术可进一步扩大可持续发展目标的三重底线，从而实现生活方式及卫生事业向上发展。增加的研究与发展经费可以创造新领域的就业机会，带来更大的知识储备，支持教育发展，并以对社会问题更加科学的理解方式改进社会文化实践。通过衡量某个省份的该指标，我们可以评估该省份是如何以更为包罗万象的方式来帮助其发展的。

2. 社会民生指标

（6）城乡人均可支配收入比

定义：某省份城市地区总体/平均人均收入与农村地区总体/平均人均收入的比值。

计量单位：比值

资料来源及方法：

· 资料源于中国国家统计局。

· 计算：人均收入（城市）/人均收入（农村）

政策相关性：

农村地区收入的不断增加也说明了该地区经济活动及发展的不断提升。通常，随着工农业发展，农村地区修建越来越多的公路、铁路等，该地区及其人口会变得更加富足，在社会体系及社会福利方面所占的份额也就越大。由于人们的可支配收入增加，他们可以将资金用于孩子的教育，增加医疗保健支出以及对健康、幸福和获得良好教育起到关键作用的基础设施支出。如果与城市地区收入相比，农村地区收入在不断增加，则表示经济结构更加公平，居民可以享受到更加优质的生活。所有这些要素对于实现可持续发展至关重要。一旦人们实现了经济和社会富足，他们接受到的良好教育可促使其在环境改善方面做出投入。同时，有了更多的可支配收入，他们可以参与环境保护活动，由于优先考虑事项不同，该活动通常不会在贫困地区执行。于是，可支配收入比指标能以一种定量方式解释经济公平是如何帮助实现可持续发展目标的。

（7）每万人拥有卫生技术人员数

定义：每万人拥有卫生技术人员数。

计量单位：人数

资料来源及方法：

·资料源于中国国家统计局。

·计算：卫生技术人员的数量除以居民人数再乘以10000

政策相关性：

卫生技术人员的分布情况是可持续发展的一个重要指标。许多需求相对较低的发达地区拥有的卫生技术人员数量较多，而许多疾病负担大的欠发达地区必须设法应对卫生技术人员数量不足的问题。随着中国城市化的发展，许多卫生技术人员由农村转向城市，导致这些人员在农村地区的大量缺失。因此，通过采取具体措施（如下面的措施）可为城市提供公共卫生服务打造新环境，这会对城市工作者及居民的长期健康起到关键作用。衡量居民人均卫生技术人员数量的另一个方面就是该指标与环境卫生之间的关联程度。该数字可以帮助我们了解对抑制环境退化所需的更有效的政治及技术措施的需要，正导致对卫生技术人员以及对创建避免环境污染带来健康问题的可持续健康地区的工作的更大需求。最后，每万人拥有卫生技术人员数还是衡量一个国家经济发展或下滑的一个指标。当经济明显发展时，政府有能力增加医疗支出，而且可使公民平等享受卫生技术人员的服务及医疗护理。所以，该指标向我们概述了中国各地区的发展情况。

（8）互联网宽带覆盖率

定义：利用互联网宽带普及率衡量的互联网宽带覆盖率。

计量单位:%

资料来源及方法：

·资料源于中国国家统计局。

·该指标是用可接入互联网的家庭数目除以总家庭数（包括集体户）获得的。

政策相关性：

互联网宽带覆盖率代表某省份可接入互联网的人数。在中国，互联网接入受到严格管控，但上网在公众相互交流、参与经济活动及获得福利及娱乐（如医疗保健和接触社会媒体及娱乐）方面发挥着重要作用。由于宽带可实现新产品及服务的创新，打造新市场通道，所以接入互联网可带来宏观经济、微观经济甚至是个人收益。企业利用互联网可获得更加高效、自动化的生产方法，从而降低运作成本。个人可获得更多知识，了解对其发展必要的权利和授权。通过衡量一省（或其人民）的互联网接入程度，我们可以衡量该省份及其人民是否能够基本接入对宏观—微观—个人经济发展起关键作用的公用设施，这是衡量可持续发展情况的重要指标。

（9）财政性教育支出占 GDP 比重

定义：政府在教育方面的支出占 GDP 总额的比例。

计量单位：%

资料来源及方法：

· 资料源于中国国家统计局。

· 该指标是用财政性教育支出除以年度 GDP 计算得出的。

政策相关性：

政府财政性教育支出代表政府致力于投资人力资本发展，可用于评估与其他公共投资相比，政府对教育的优先考虑程度如何。基础教育的发展可以增加就业，缓解贫困，而投资中等教育可以增加服务行业的参与度，从而促进经济的发展。联合国认为教育是促进社会各方面可持续发展的催化剂，迫切需要增加教育事业方面的投资。根据世界银行和联合国教科文组织，2010年，中国报告的识字率高达 95%。尽管识字率看起来很高，但绝大多数受教育群体都受雇于农业和对专业技术及教育有要求的制造业。通过对未来劳动力进行教育投入（15 ~ 24 岁的人群，占人口比例的 14% 左右），政府也在增加可能更了解目前全球市场状况、环境，以及对建设可持续发展地区必要的社会文化服务的极大需要的人口数量。教育支出可决定一个普通大众是否更有可能在不断发展的服务业中获得高收入工作。这本身就是对经济发展的促进，而且人们的高收入又能以税收及社会服务费形式回到社会中来。受过良好教育的劳动力群体可增加在可持续发展方面拥有更多专长的教育工作者、医疗工作者及法律和经济分析师的数量。

（10）人均社会保障和就业财政支出

定义：社会保障及就业方面的人均支出。

计量单位：元/人

资料来源及方法：

·资料源于中国知网。

·该指标是用各省份市政府在社会保障和就业方面的财政支出除以常驻居民的数量计算得出的。

政策相关性：

该指标衡量的是社会保障网覆盖的人口数并指明退休后可获得国家养老金的对象。它代表的是在一个富裕的社会里，许多人都可以将资金投入养老金系统和/或政府投入相应资源来对那些在资金投入方面能力有限或无能力的人员提供支持。政府在社会服务方面的支出对于那些处于劣势地位人群来说至关重要，包括低收入家庭、老人、残疾人、病人及失业者。在中国城市化迅速发展的进程中，大量农村劳动力涌向城市，许多实体和企业必须进行结构重组和改革，这就导致了大量人口失业。因此，政府在社会保障和养老金方面的支出就显得非常重要（ILO，2015）。该指标与失业率和 GDP 指标一样，代表着中国的社会财富及经济发展情况，可用于确定由于财务障碍甚至年老或身体残疾原因而无法进入社会企业的人员数，及整体的可持续发展情况。与失业率不同，对社会保障支出的衡量不仅可以揭示目前失业人口的数量，还可表明因缺乏能力而无法对经济发展做出贡献，无法对卫生、教育及环境改善做出贡献，事实上还会导致社会收入减少的人口比例。

（11）公路密度

定义：单位土地面积对应的公路里程数。

计量单位：公里/百平方公里

资料来源及方法：

·资料源于中国知网和中国国家统计局。

·该指标是用各省份的公路里程数除以对应土地总面积计算得出的。

政策相关性：

公路密度是表示某个省份开通公路里程数的指标。由于公路开通量表示的是一个地区物资、知识及文化的交流情况，同时也代表其境内居民的可达性，因此其对一个省的整体发展至关重要。公路密度增加，可通过交易和运输来增加经济活动，同时实现文化观念及知识的交流。公路开通可以使许多农村居民到达经济区，在那里担任劳动者、技术人员/工人，甚至可以交换家庭手工业制品，从而增加了对经济活动的参与度。随着公路面积增加，人们可以享受医院、学校等社会体系资源以及对人们的整体福利必不可少的娱乐基础设施。尽管公路预示着经济及社会发展的美好前景，但公路也会对环境造成直接和间接的负面影响。在公路建设中，水泥的使用会造成大量温室气体的产生，对生物多样性及生态系统的正常运作起关键作用的自然景观的减少，车辆拥堵情况增加，进而产生有害烟雾及空气污染物，增加与碳相关的气候变化。这样，尽管公路面积的增加意味着经济和社会发展的进步，但也预示着负面的环境影响，可以让我们更好地了解一个省可持续发展的情况。

3. 资源环境指标

（12）空气质量指数优良天数

定义：空气质量指数达到优良标准的天数。

计量单位：天数

资料来源及方法：

·资料源于中国知网。

·计算：采用加权平均法，使用各省现有的人口数据及城市空气质量指数达到优良标准的天数。

政策相关性：

空气污染是重要的公共健康威胁。在中国，自 1982 年以来开始对环境空气质量进行监管，对总悬浮颗粒物、二氧化硫、二氧化氮、铅和苯并芘的排放加以限制。在 1997 年和 2000 年，分别对该标准做了改进。2012 年，中国发布了一项新的环境空气质量标准，将 PM 2. 5 列在受限名单中。如果人们长期暴露在高浓度的细微颗粒和其他物质环境，会对健康造成不利影响（包括死亡），对中低收入人群、儿童及老人等弱势群体的影响尤为严重。由于政府必须在污染减轻设施方面投入资金，并设法应对有空气污染相关疾病治疗需求的较多人群，空气污染还会造成经济成本的增加。通过查看可持续发展的三重底线，空气污染（或满足空气质量标准的天数）可表明在环境保护方面的进步，使我们了解管制手段，同时帮助预测社会福利甚至是经济发展的退化情况。空气质量差和空气污染与肺病、健康状况不佳及生产力下降直接相关（张等人，2010）。由于房地产市场疲软、劳动生产率下降、城市经济活动减弱，环境污染甚至会减缓经济发展的速度（陈等人，2008）。

（13）人均水资源量

定义：人均可用水资源量。

计量单位：立方米水/人

资料来源及方法：

·资料源于中国知网。

·计算：各省份的总水量除以居民数。

政策相关性：

人均水资源量是指在一定时期内某地区通过降雨及地下水重新补充可使每个人获得的地表水径流量，不包括过境水（李 & 潘，2012）。对水资源的可持续及有效管理至关重要。为提供人口所需的水资源，政府需要对各个部门做出规划。对水资源的适当管理是保证可持续发展、减少贫困及实现公平的重要要素，而且方便使用供水装置与民生改善息息相关。因此，了解个人获取水资源量的增加或减少是非常有益的，它可以向我们表明政府是否拥有经济能力提供用水装置并不惜费用成本对其进行维护。除经济繁荣程度之外，使用水资源还是一项重要的人权，因此该指标可帮助确定享受这一基本权利的人口数。人均水资源，或水资源的增加还预示对环境资源的开发情况，该量化及上面描述的其他量化对于了解可持续发展至关重要（如果存在对水资源提供的社会生态服务的过度开采）。

（14）人均绿地面积

定义：城市人均绿地面积。

计量单位：公顷/万人

资料来源及方法：

· 资料源于中国知网。

· 计算：用森林、湿地和耕地的面积总和除以居民数量再乘以10000。

政策相关性：

根据世界卫生组织定义，城市绿地面积是社会活动参与、娱乐及民生保障的基础。《中国统计年鉴》定义了绿色工程的总面积，包括公园绿地、生产绿地、受保护的绿地以及附属于各机构的绿地。城市绿地可以过滤空气污染，方便体育运动，改进心理健康。由于城市中心需要投入相应的财力和物力来维持绿地环境，作为维持生物多样性和防治污染及随机事件的乐土，绿地面积的变化预示着一座城市经济重点的变化，会对城市给人们的生活及生态服务带来的社会活力造成正面或负面影响。由于树木可以产生氧气，帮助过滤有害的空气污染（包括空中悬浮颗粒物），所以绿地还具有卫生及环境效益，是保持生物多样性的避风港，还可保证必要及重要生态系统的有效运行。

4. 消耗排放指标

（15）单位二三产业增加值所占用建成区面积

定义：单位二三产业增加值所占用的建成区面积。

计量单位：平方千米/十亿元

资料来源及方法：

· 资料源于中国国家统计局。

· 计算：用省份建成区面积除以单位二三产业增加值总额。

政策相关性：

“建成区面积”是指包括人们开发或改造的地点及空间在内的环境，

如建筑、公园及交通系统。近年来，公共卫生研究扩大了“建成区”的定义，将健康的食品通道、社区花园及精神健康可走性和可骑行性包含在内（李等人，2012）。中国经济主要由三大产业组成：农业、建筑及制造业和服务业。随着向更为专业的行业及技术岗位的不断转变，制造和服务行业企业所需的基础设施也在成比例地增加。每增加 1 元人民币对应的建成区面积是指这些行业所带来的单位收入对应的工业和商业面积数。该指标可帮助我们了解一个地区的经济发展情况以及经济发展帮助人们获得享受社会服务的公平机会的方式，同时其还可指通过景观利用及改造对环境带来的直接影响。

（16）单位 GDP 氨氮排放

定义：单位人民币增加值对应的氨氮排放量。

计量单位：吨/万元

资料来源及方法：

· 资料源于中国国家统计局。

· 计算：用各省的氨氮排放总量除以其年度 GDP。

政策相关性：

氨氮排放物是大气中空气污染及温室气体的重要组成部分。氨氮排放会造成各种各样的空气污染问题，从雾霾到酸雨，甚至会严重危害人类健康。氨氮氧化物还是危害极大的温室气体，所带来的温室气体影响是二氧化碳气体的若干倍。随着工业及农业活动的增加，氨氮排放量也在不断增多。尽管经济活动意味着经济增长，但它们还表明着负面的环境影响。这些环境影响对经济活动和社会福利而言都是不利的。因为，对环境造成的不利影响越多，各省份就必须在基础设施、医疗保健及应对措施方面增加支出，社会经济繁荣也因此会受到极大阻碍。尽管该指标非常具体，却陈述了是否存在对经济增长有害的副产品的更为有效的输出/管理方法。

（17）单位 GDP 化学需氧量排放

定义：单位人民币增加值对应的化学需氧量排放。

计量单位：吨/万元

资料来源及方法：

·资料源于中国国家统计局。

·计算：用各省的化学需氧量排放总量除以其年度 GDP。

政策相关性：

化学需氧量（COD）是衡量水在有机物质分解及无机化学物质（如氨氮）氧化过程中消耗氧气的能力。进入水体的化学废物/无机废物越多，分解化学物质所需的氧气也就越多。在农业及工业经济活动不断增加的同时，GDP 也在随之增加，但废物所造成的污染很可能也在增加。尽管经济得到发展，废物却成为制约可持续发展的负面外因。因此，如果 COD 随着 GDP 的增加而增多，中国就必须学习如何以更有效、更经济的方式控制排放量。反之，如果 COD 能够保持在原水平，这就意味着各省份已实现有效及可持续的废物处理及处置了。

（18）单位 GDP 能耗

定义：单位 GDP 能耗。

计量单位：吨/万元

资料来源及方法：

·资料源于省级统计年鉴。

·计算：部分数据是未进行计算直接获取的；部分数据是各省消耗的能源总量（单位：吨）除以其年度 GDP 计算得出的。

政策相关性：

能源是城镇及城市发展的必要资源。但就可持续发展而言，协调能源的必要性及需求是一项挑战。由于绝大多数能源产生自不可再生来源，需要进行大量的自然资源开采，所以，能源产生及利用会造成严重的环境及健康影响。通过衡量一座城市的人均能源消耗量，我们可以了解关于该城市发展进程的若干问题。一般来讲，对于中国等工业化国家，城市地区的经济增长及发展与较高的人均能源消耗量直接相关（Tamazian 等人，2009）。随着对商品及能源需求的增加，对自然资源和不可再生能源（如化石燃料）的开采量也会达到同样多的程度，因为这样可以较为方便地满足更高需求。这些资源消耗量的增加实际上通过多种方式对一个地区的整体可持续发展造成了不利影响。首先，化石燃料消耗产生的排放物不仅会对与全球变暖相关的长期环境健康造成危害，而且还会因短期污染的危害及不利影响而对人类健康及社会发展构成直接影响（Gregg 等人，2008）。作为生产力提高指征的能源消耗量的增加还可表示高度建成的城市区域（参见“单位二三产业增加值所占用建成区面积”），基础设施和建成区密度的增加使可通行能力增强，但会降低生活质量（Koen，2003）。由此来看，人均能源消耗量可表示经济发展，但也可作为代表有害的城市扩张及可再生自然资源过度开采的指标之一。

（19）单位 GDP 二氧化硫排放

定义：单位人民币增加值对应的二氧化硫排放量。

计量单位：吨/万元

资料来源及方法：

·资料源于中国国家统计局。

·计算：用各省份的二氧化硫总排放量除以其年度 GDP。

政策相关性：

二氧化硫一般是在发电及金属冶炼等工业生产过程中产生的。含硫的燃料（如煤和石油）在燃烧时会释放二氧化硫。高浓度的二氧化硫与多种健康及环境影响相关，如哮喘及其他呼吸疾病。二氧化硫排放是导致PM 2.5 浓度较高的罪魁祸首。二氧化硫还能影响能见度，造成雾霾，而雾霾是存在于中国城市的一个非常猖獗的问题。高浓度的二氧化硫会对人体健康及环境卫生造成危害。最终，这些排放物会对城市的可持续发展带来负面影响。该指标之所以被采用，是因为它重点指明了：①满足日益富裕的不断增多人口需求的工业部门的发展；②与二氧化硫污染相关的健康问题及医疗保健相关的支出在不断增加；③由于与相关烟雾排放的增多及空气质量的恶化，导致城市活动受到阻碍。尽管这些变量代表经济增长，但由于卫生质量及城市活动的下降，以及工业活动不利影响的增加，最终阻碍了一个地区的整体可持续发展。

(20) 每万元GDP对应的水耗

定义：每万元GDP对应的水耗。

计量单位：立方米/万元。

资料来源及方法：

· 资料源于中国知网。

· 计算：用各省份的水资源总消耗量（单位：立方米）除以其年度GDP。

政策相关性：

该指标衡量的是一座城市水资源的利用效率，等于其消耗的总水量除以GDP。无论城市规模如何，城市都会消耗大量的自然资源，包括水资源。由于水是有限资源，对于健康的生态系统及人类生存至关重要，所以如果能更加有效地使用水资源，就可以促使城市发展更具持续性。对于全面可持续发展而言，水资源消耗会对环境造成影响，但同时也是经济发展和社会进步的指征。人们有了更强的经济能力之后，就能更方便地使用必要的基础设施，但在对自然资源过度消耗的过程中，也会对环境造成负面影响。

5. 治理保护指标

(21) 城市污水处理率

定义：城市污水处理率。

计量单位：%

资料来源及方法：

· 资料源于中国知网。

· 计算：直接获得；无须计算。

政策相关性：

污水处理率是指报告期内由污水处理厂处理的生活污水与污水量的比值。处理方式包括氧化、生物气体消化及湿地处理系统。中国城市化的加速发展导致水消耗速度加快，反过来又导致城市污水排放量的增加。因此，废水或污水处理是走环境友好发展之路的重要环节。如果废水和废物得不到处理，就会造成多种环境及健康危害。随着中国的经济增长及城市空间的增加，未经处理的生活废物的增多会对可持续发展造成阻碍（何等人，2006）。通过将该指标应用于框架，可以清晰看到城市发展情况以及与废物相关的直接的社会及环境影响。

（22）生活垃圾无害化处理率

定义：生活垃圾处理率。

计量单位:%

资料来源及方法：

· 资料源于中国国家统计局。

· 计算：直接获得；无须计算。

政策相关性：

当生活垃圾被丢入垃圾场或水道时，会对环境卫生造成严重影响并构成对社区的危害（特别是城市人口密集的地方）（段等人，2008）。无害化处理的目的是在废物送入环境之前，从生活废物中清除所有固体和有害的废物元素。从性质上看，这种将这些元素送入环境的方式是纯有机、无污染且可进行生物降解的。随着中国城市人口的不断增加，赚取高额工资的人口的需求也在不断增加，自然资源的开采数量和所产生的废物量直接相关（刘等人，2015）。这反过来会对环境寿命产生重大的不利影响，而且由于污染加剧，还会严重影响城市空间。如果该等废物的处理量增加，城市水道及绿地被污染的可能性就会降低，并会减轻直接影响城市空间社会福利的污染对人口健康的负面影响。该指标还详细衡量了城市居住压力是如何阻碍或加快可持续发展的。

（23）工业固体废物综合利用率

定义：工业固体废物的综合利用率。

计量单位:%

资料来源及方法：

· 资料源于中国知网。

· 计算：用各省使用的工业废物总量除以所产生的工业废物总量。

政策相关性：

工业固体废物包括工业企业在生产过程中产生的液体残留物，包括危险废物、灰、尾料、放射性残留物及其他废物。综合利用率是指通过再利用、处理及回收方式可提取有用材料或可转化为有用资源、能源或其他材料的固体废物的数量（李 & 潘，2012）。由于工业生产会产生成吨的固体废物，所以对某些废物的回收再利用可降低自然资源的消耗程度，减少成本并减轻固体废物处理对环境的影响。由于工业化的不断发展，中国制造业不断占据农业的地位。随着不断增长人口及中产阶级的需求的不断增加，工业对自然资源的开采及废物产出。这些固体废物再利用量的增加可抵消之前的废物产出，并降低因废物而带来的环境和城市压力，从而促进城市的可持续发展并减少自然资源的开采量。

（24）能源强度年下降率

定义：单位 GDP 对应的能源强度下降率。

计量单位：%

资料来源及方法：

·资料源于中国国家统计局、省级统计年鉴及 2015 年各省能源强度公告。

·计算：部分数据是未进行计算直接获得的；部分数据是利用下列公式计算得出的：（1 - GDP 的能源消耗强度）/（1/GDP 增长率 +1）。

政策相关性：

能源强度下降可使能源系统更有效，从而保证能源输出高于能源消耗，且人均资源利用率保持稳定，即使人口出现增长。在加利福尼亚，有一个名为“罗森菲尔德效应”的现象，这是一个经验事实而非理论：自 20 世纪 70 年代到 21 世纪中期，加利福尼亚的人均用电量一直保持平稳，尽管整个国家的人均用电量增加了将近 50%。根据罗森菲尔德博士研究，随着时间推移，新的技术突破使得电器与其之前的同等产品相比变得更加高效和耐用。例如，1974 年冰箱问世时，该冰箱产品型号耗电量是 2001 年生产冰箱的四倍。由于电器效率更高，可以节省更多的能源，因此降低了电器运行所需的人均电费。如果中国的各省份通过技术改进来提高所有能源系统的效率，经济发展和人口增长就不会构成潜在的负面环境影响。能源系统有效性的提高意味着公用设施组织及个人的能源成本降低，进而减少公共支出。这样来看，能源强度下降指标有助于衡量一个省份在提高能源基础设施效率方面的进展，是降低环境及自然资源消耗的指征之一。

（25）危险废物处理率

定义：工业危险废物处理率。

计量单位:%

资料来源及方法：

· 资料源于中国知网。

· 计算：用各省份处理的危险废物总量除以其产生的危险废物总量。

政策相关性：

危险废物是指因其毒性、传染性、放射性或可燃性等属性对人类、其他生物体或环境的健康构成实际危险或潜在危害的废物。该类废物的处置对于保持清洁、健康的环境至关重要，危险废物的产出减少会预示着一个国家工业活动的减少、工业流程中清洁生产的引入、消费者习惯的改变或国家危险废物法律的变化。对环境无害的危险废物管理系统的引进意味着降低了危险废物暴露程度，从而对健康及环境风险也减轻了。该指标可用于衡量一个省份实施废物管理以及执行有效的长期政策从而实现更佳的社会公平及环境正义性的方式。

（26）财政性节能环保支出占 GDP 比重

定义：政府的财政性节能环保支出占 GDP 总额的比重。

计量单位:%

资料来源及方法：

· 资料源于中国知网。

· 计算：各省的财政性节能环保支出除以其年度 GDP。

政策相关性：

环保支出包括在环境管理、监控、污染控制、生态保护、植树造林、能源效率方面的支出及对可再生能源的投资。环境保护是可持续发展的重要组成部分。随着中国城市化的发展，产生了许多环境问题，包括空气污染、水污染及水土流失。这些问题不仅危害公众健康，而且自然资源的消耗会限制未来的经济发展。正如我们之前提到的，Kuzent 关于富裕及可持续发展的假设在中国等国得以证明。因此，如果环保支出增加，则表示对环保工作的倾向增加。从长远来看，环保支出是一项有利的投资。因为，随着环境弹性及寿命的增加，环境得到更加有效的保护，能够再生并提供自然资源、生态系统服务，进而防止造成随机及灾难性的环境事件。

B.5

中国100个大中城市可持续发展指标体系数据验证分析

郭 栋 Kelsie DeFrancia 马 雷 王 佳 王安逸*

摘 要： 中国100个大中城市可持续发展指标体系数据验证分析显示：作为中国经济最发达地区，北京、上海、珠江三角洲城市群及东部沿海城市的可持续发展排名比较靠前。尤其，与内陆地区的工业化城市相比，沿海城市有更好的环境质量。在大力快速发展经济的同时，中西部地区城市面临着严峻的环保压力，资源环境、消耗排放、治理保护等指标相对落后，导致它们可持续发展水平排名靠后。从经济发展、社会民生、资源环境、消耗排放和治理保护五大分类指标来看，城市区域可持续发展同样具有明显的不均衡特征。大部分城市区域在可持续发展方面都存在短板，提高可持续发展水平的空间很大。在经济发展方面，中国东部沿海的主要城市表现最佳。在社会民生方面，排名靠前的城市大部分都位于内陆，除珠海和武汉之外，其他在社会民生方面领先的城市均位于经济发展排名前十开外，经济发展与社会民生并不同步，说明一些城市过度关注经济发展，而忽视了民生，这一定程度反映了当前我国发展不平衡不充分的问题。在资源环境方面，资

* 郭栋，美国哥伦比亚大学地球研究院中国项目主任、可持续发展政策与管理研究中心副主任、副研究员，博士；Kelsie DeFrancia，美国哥伦比亚大学地球研究院可持续发展政策与管理研究中心助理主任；马雷，美国哥伦比亚大学地球研究院可持续发展政策与管理研究中心中国项目官员；王佳，中国人民大学硕士研究生；王安逸，美国哥伦比亚大学地球研究院博士后研究学者。

源环境较好的城市主要集中在广东、广西、福建、江西等省份，这些城市一般生态环境比较优良，自然景观比较丰富。在消耗排放方面，水和能源、二氧化硫排放量及废水排放量等指标表现突出的城市多数是大城市，这些拥有重要经济活动的人口中心在资源节约及排放控制技术方面也一直保持前列。在治理保护方面，济南、石家庄、郑州等城市近些年都是环保压力较大的城市，特别是在空气质量方面，但是在环境治理方面也投入了巨大的努力，排名靠前。

关键词： 城市可持续发展评价指标体系　数据分析　可持续发展排名

一　引言

强调和关注可持续发展是解决复杂及相互关联的全球问题的一种方式，同时，可持续发展本身也是目前全球各国公认的发展目标。减少排放、促进全球经济社会和资源环境的可持续发展是各国的共同责任，并且中国的贡献尤为重要。尽管中国政府已致力于制定可持续发展战略，但快速发展的中国经济仍然使得可持续发展成为一个具有挑战性的任务。为严谨评估中国城市的可持续发展进程，需要制定标准化体系来衡量和管理可持续发展。为实现该需求，我们根据中国城市独特的经济社会和资源环境的发展状态，建立了一个新的衡量和评价可持续发展指标框架。

我们根据前述中国可持续发展指标体系（CSDIS，China Sustainable Development Indicator System），综合多种方法，设计了一套稳健的对中国城市可持续发展表现进行比较的指标框架及指标集。该指标集按主题范围将指标分类并同时考虑各领域间的因果关系，其内容涵盖中国城市可持续发展的经济、社会、环境和制度等方面。我们把对中国和国际现有框架的研究和比较分析也包含在内，制定出一个由如下五个主题范围组成的框架：

①经济发展；②社会民生；③资源环境；④消耗排放；⑤治理保护。根据这些类别中的22个指标，我们对中国100个大中型城市的可持续发展表现进行了排名。

构建这样一个指标体系，我们希望达到三个方面的目标：一是能够支撑中国参与全球可持续发展的国际承诺，为中国更好地参与全球环境治理提供决策依据；二是对中国宏观经济发展的可持续程度进行监测和评估，为其制定宏观经济政策和战略规划提供决策支持；三是对城市级的可持续发展状况进行考察和考核，为健全城市政绩考核制度提供帮助。

二 背景：可持续发展指标体系

可持续发展概念正式提出三十多年来，其内涵不断丰富，许多机构都提出了自己的看法，并设计了可持续发展指标体系，但目前仍然缺乏一套广泛共识的可持续发展指标体系。可持续发展指标定义广泛，决策者在确定如何衡量、管理及提高可持续性表现时会面临诸多困难。从长远来看，我们希望将可持续发展指标纳入地方政府、企业绩效考核系统。但是，在此之前，必须就一套可持续性指标体系达成共识。

尽管可持续发展的观念在中国得到广泛认可，但可持续发展指标的应用仍然处于早期阶段。与美国的情况类似，由于缺少对可持续发展指标数量及适用性的明确定义，政府、企业及社会组织在选择指标方面的随意性很强，不利于对可持续发展进行有意义的比较。这样，决策者在评估和比较不同组织的可持续发展表现及提供明确的标准化政策时就会变得越发困难。因此，我们需要一套标准化且成熟的可持续发展指标及监管框架来跟踪、衡量及报告可持续发展进程。

可持续发展指标不仅可以引导中国经济发展，还可促进环境政策的执行。可持续发展指标能够定义质量，评估可持续发展政策的影响及挑战，同时实现跨城市和地区的比较。城市在实现国家可持续发展目标方面发挥着不可或缺的作用。一方面，市级政府在制定地方法规时遇到的阻碍相对较少；

另一方面，城市民众会更积极地参与和支持他们所居住城市的可持续发展，因为他们切身感受到当地环境的影响。关于为何城市在实现可持续发展方面发挥重要作用，最令人信服的理由就是城市对我们今天看到的环境问题负主要责任。城市的快速发展（包括城市人口及规模）导致庞大的生态足迹产生。本文描述的框架就是基于我们持有的信念：实现国家可持续发展目标最合理的方式是从城市开始。

三 中国城市可持续发展指标体系

中国可持续发展指标体系（CSDIS）根据 2016 年、2017 年中国 70 座、100 座城市的可持续发展表现，对这些城市进行了排名。我们的框架包括 22 项指标，代表可持续发展的五大类别：①经济发展；②社会民生；③资源环境；④消耗排放；⑤治理保护。

我们所采用的方法基于下列原理。

第一，透明性：记录所有指标、来源及加权方法，以保持最严格、最科学的可复制性标准。

第二，基于规范的数据完整性检查：所有源数据都要进行统计学审查，查看数据波动是否存在异常。同时从多个资料来源渠道对所有数据的重要部分进行人工检查。当存在数据完整性问题时，排名体系中将不再包含该问题指标和/或城市。

第三，基于实证的加权法：不预先对指标和各分类指标指定任何权重。每个指标的权重通过该指标 5 年内的纵向稳定性来确定。对于在一段时期内各城市排名相对稳定的指标，我们分配较高的统计权重。相应地，年与年之间城市排名有普遍显著差异的指标，在指数组成中被赋予较低权重，因为这些指标中城市排名的大幅波动可能反映的是指标本身统计口径或方法的变化，因而降低了它的纵向可比性。我们的加权算法可以被视为对原始指标数据基于其稳定性进行的修正，以最大限度地保存最终指标集的纵向可比性。

第四，排名次序：排名系统并未向任何城市分配综合得分，也并未有意暗示城市 A 在可持续发展表现方面是城市 B 的 1.5 倍。

第五，非参数法：如有可能，我们的方法避开了对指标联合分布的先验假设。

1. 框架建立

在建立 CSDIS 时，我们首先对选定的多边机构、非政府组织及私营企业（参见附件一）提出的现有国际上主要的多种可持续发展表现指标框架展开全方位评估。

这些框架的汇总方法在分数分配基数、不同类别指标对应的权重以及对目标衡量的重点强调上存在很大差异。许多指标体系在所使用的权重方面并不透明；即使是透明的，权重的选择也缺乏依据。另外，许多排名体系并不限于排名，还主张对城市打分，因此在城市比较中潜在地宣传了一种未经试验的距离指标。此处以被赋予分数（分数为城市在多个类别下表现的总得分）的城市可持续发展指标为例。由于每座城市都会获得一个分数，则暗示得分为 1500 的城市比得分为 1000 的城市要表现优异 50%。但是，得分是一种具有潜在可变性及所选择指数呈现横向分布的人为假象。如果增加横向标准偏差比较高的指数的权重，就会扩大综合分数的范围，并使排名发生改变。因此，使用一种透明方法来确保统计学上干扰较多的指数在整体指数组成中保持较低权重是十分重要的。其他框架假设每个类别/每个指数获得的权重相同。尽管这种方法似乎未对可持续发展的各方面做人为的权衡，但实际上，对类别和/或指标的选取即决定了权重，并且无任何科学依据。此外，一些框架并不能揭示潜在权重，只是简单列出了类别范围及组成指标。

我们的方法及基本原理旨在通过建立创新指标体系来解决上述问题。该体系考虑到随时间和地理位置变化而造成的数据波动性，而现有的大多数可持续发展指标体系都没能做到这一点。

在定义我们所采用框架的指标类别（经济发展、社会民生、资源环境、消耗排放、治理保护）时，我们首先从大多数体系使用的公认的经济、社会和环境“三重底线”的分类开始。但是，我们也认为，鉴于中国面临的各种各样的环境问题，了解可用环境资源和这些资源流向以及它们在消耗排放方面的影响是非常重要的。由于中国制定了宏伟的环境保护目标且付出极大努力来应对环境恶化问题，所以我们特地另外增加了第五大类，即治理保护。

2. 数据采集

首先，我们为 CSDIS 采集了 87 个候选指标数据，代表可持续发展的各种最常用要素。我们采集了中国国家统计局和其他国家机构定期报告的经济表现数据中 100 个大中型城市 2012 ~2016 年的数据。这些城市人口从 75 万到 3016 万人不等。

这些指标数据来自：中国知网（CNKI）、CEIC 中国数据库、经济预测系统（EPS）及中国指数研究院，以及国家、省、市级统计年鉴、期刊和其他综述文章。

3. 数据合成

在完成第一轮数据采集之后，我们对 87 个候选指标进行了提炼，建立了更为一致的指标体系，该体系根据外源性情景因素（包括环境危机及自然灾害的干扰）进行了调整。而且，我们采纳了经过认证的专家的意见来选取能够反映城市发展过程中最常见问题的指标，包括环境退化、严重依赖自然资源、可承受性、拥堵程度等。我们还根据数据可用性和数据源的可靠性对指标集进行了提炼。

最终，在我们的框架中采用了 22 项指标，且共分为五类：①经济发展；②社会民生；③资源环境；④消耗排放；⑤治理保护，如表 1 所示。附录二给出了每项指标的完整定义及其计算、数据源和政策相关性。

我们总共针对 100 座城市建立一个综合数据库，包含与过去 5 年来官方年鉴中可提供数据的 22 项指标相关的可行数据。为检测报告错误，我们通过计算两个连续年度间的差异，检查了数据系列的波动情况。如果差距超出上年数值的 50% 以上，则在第二轮中对原始数据源进行验证。如果不同的数据源报告的数据有差异，则对这个数据进行调整。

表1　CSDIS 最终指标集（参见附录二中的完整定义）

类别	指标*	
经济发展	第三产业增加值占 GDP 比重	人均 GDP
	财政性科学技术支出占 GDP 比重	GDP 增长率
	城镇登记失业率	
社会民生	房价收入比	每万人拥有卫生技术人员数
	人均社会保障和就业财政支出	人均城市道路面积
	财政性教育支出占 GDP 比重	
资源环境	每万人城市绿地面积	空气质量指数优良天数
	人均水资源量	
消耗排放	单位 GDP 能耗	每万元 GDP 水耗
	单位二三产业增加值所占建成区面积	单位工业总产值废水排放量
	单位工业总产值二氧化硫排放量	
治理保护	财政性节能环保支出占 GDP 比重	工业固体废物综合利用率
	污水处理厂集中处理率	生活垃圾无害化处理率

4. 加权策略

我们的加权策略具有创新性，主要在于根据各座城市各年度指标的平均稳定性来计算初始权重。城市指标的加权方法与 B3 中省级指标的算法有所不同。由于地理范围的缩小，城市指标较省级指标而言更具体，因而也表现出更多的变动。

因此，城市指标的权重分配主要基于指标的纵向稳定性。具体是指随时间推移，一座城市指定指标排名的波动性很小。也就是说，在五年时间内城市排名标准差较小的指标就不太容易产生数据误差。这里选用指标的排名而非绝对值来计算方差，避免了使用其他标准化方法潜在的弊端（详见后文），同时也有利于降低指标极端值对计算权重的影响。如此计算并分配每一指标的权重能使这些指标更准确代表一座城市的可持续发展表现。例如，排名纵向波动最小的指标“城市人均绿地面积”标准差仅为 3 个名次，这意味着，对于每座城市而言，在五年时间内，人均城市绿地面积排名的变化一般相对较小。我们的标准化加权系统为波动性较低的指标分配较大的权重。该方法使得各城市之间的排名更具可比性，且更容易跟踪城市的可持续发展。

具体而言，根据22个指标中的每个指标 X_i（其中，$i = 1-22$）对100座城市进行排名，且时间长度为5年。然后，按如下公式计算每项指标排名的标准差：

$$\sigma_{ci} = \sqrt{\frac{\sum_{j=1}^{5}(R_{cij} - \mu_{ci})^2}{5}}$$

其中，σ_i 表示城市 c 的指标 i 的排名标准差（$c = 1-100$），R_{cij} 表示城市 c 的指标 i 在年度 j 的排名（$j = 1-5$）；μci 表示五年内城市 c，指标 i 的平均排名。

接下来，利用下列公式获得指标标准差 σ_i：

$$\sigma_i = \frac{\sum_{c=1}^{100} \sigma_{ci}}{100}$$

如果 σ_i 的数值较大，则表示该指标排名在这些年份及各城市的波动很大。

最后，取标准差 σ_i 的倒数，用其除以所有标准差倒数的和，按如下公式，计算出每个指标的权重（其中，W_i 是指指标 i 的权重）：

$$W_i = \frac{1/\sigma_i}{\sum_{i=1}^{22} 1/\sigma_i}$$

指标波动性越小，权重就越高。表2列出了五个类别、22个指标的权重。

5. 评分方法

在计算指标权重之后，通常要进行标准化，对不同单位的指标进行汇总，得出综合分数。

最普遍使用的标准化方法，是通过从原始数据中减去平均值，再除以标准差，将各个分数转化为Z－分数。通过将原始分数转化为组平均值标准差的数目，可对单位不同的指标进行比较。原始分数的标准化已广泛应用于标准化测试中，如美国的ACT分数和SAT分数。但是，这种方法也有很多缺点。其中一个缺点是原始分数和转化后分数之间存在非线性关系。接近平均值一个相对较小的变化会导致转化后分数的重大变化，而偏离平均值的较大变化会导致转化后分数的微小变化。这种分布不均对于城市的可持续发展排名并非最好。

另外，常用的标准化方法为极差标准化。该方法涉及通过从原始数据中减去最小值，然后再用该差值除以最大值和最小值之间的差，来对原始数据进行转化。其他与可持续发展相关的指数［如环境效能指数（EPI）和城市中国计划（UCI）］已采用该方法。但是，重调对异常值或极端值非常敏感。当基础数据呈正态化分布时其表现最好（Allen 等人，2001）。通过观察数据，我们发现许多指标（如污水排放量）分布十分不均。

我们由此决定首先按城市在各个指标的表现对其进行排名，然后将这些排名用作原始分数。总分为 22 个指标排名的加权算术平均值。因此，与其他城市相比，最终分数越低，可持续发展表现就越好；而最终分数越高，可持续发展表现就越差。

表 2　CSDIS 指标集及权重

类别	#	指标	权重(%)
经济发展(27.44%)	1	人均 GDP	8.26
	2	第三产业增加值占 GDP 比重	3.12
	3	城镇登记失业率	3.10
	4	财政性科学技术支出占 GDP 比重	2.66
	5	GDP 增长率	1.98
社会民生(26.72%)	6	房价－人均 GDP 比	7.29
	7	每万人拥有卫生技术人员数	6.42
	8	人均社会保障和就业财政支出	4.91
	9	财政性教育支出占 GDP 比重	4.90
	10	人均城市道路面积	4.00
资源环境(10.87%)	11	每万人城市绿地面积	9.96
	12	人均水资源量	4.60
	13	空气质量指数优良天数	1.77
消耗排放(26.75%)	14	每万元 GDP 水耗	6.77
	15	单位 GDP 能耗	6.52
	16	单位二三产业增加值占建成区面积	5.60
	17	单位工业总产值二氧化硫排放量	5.60
	18	单位工业总产值废水排放量	3.57
治理保护(8.22%)	19	污水处理厂集中处理率	2.87
	20	财政性节能环保支出占 GDP 比重	2.43
	21	工业固体废物综合利用率	2.27
	22	生活垃圾无害化处理率	1.38

四　城市排名

1. 城市排名结果

排名显示，作为中国经济最发达地区，北京、上海、珠江三角洲城市群及东部沿海城市的可持续发展排名比较靠前。尤其，与内陆地区的工业化城市相比，沿海城市有更好的环境质量。在大力快速发展经济的同时，中西部地区城市面临着严峻的环保压力，资源环境、消耗排放、治理保护等指标相对落后，导致它们可持续发展水平排名靠后。

表 3 给出了 2017 年[①] 100 座城市的可持续发展综合排名的结果。

表 3　2017 年中国城市可持续发展综合排名

城市	2017 年	城市	2017 年	城市	2017 年	城市	2017 年
珠　海	1	拉　萨	13	克拉玛依	25	温　州	37
北　京	2	厦　门	14	福　州	26	大　连	38
深　圳	3	上　海	15	宜　昌	27	海　口	39
杭　州	4	苏　州	16	贵　阳	28	芜　湖	40
广　州	5	济　南	17	包　头	29	太　原	41
青　岛	6	郑　州	18	惠　州	30	乌鲁木齐	42
武　汉	7	烟　台	19	扬　州	31	南　昌	43
长　沙	8	南　通	20	徐　州	32	潍　坊	44
无　锡	9	合　肥	21	西　安	33	重　庆	45
宁　波	10	成　都	22	金　华	34	榆　林	46
南　京	11	三　亚	23	长　春	35	沈　阳	47
天　津	12	呼和浩特	24	昆　明	36	九　江	48

① 各年度的最终排名以上一年度公布的数据为基础（例如：2017 年的排名是以 2016 年的数据为基础的）。

续表

城市	2017 年	城市	2017 年	城市	2017 年	城市	2017 年
北　海	49	郴　州	63	开　封	77	平顶山	87
兰　州	50	临　沂	64	岳　阳	78	大　理	88
南　宁	51	黄　石	65	南　阳	79	曲　靖	89
泉　州	52	绵　阳	66	遵　义	76	固　原	90
银　川	53	韶　关	67	开　封	77	保　定	91
蚌　埠	54	常　德	68	岳　阳	78	泸　州	92
石家庄	55	牡丹江	69	南　阳	79	海　东	93
西　宁	56	济　宁	70	怀　化	80	乐　山	94
秦皇岛	57	安　庆	71	铜　仁	81	锦　州	95
襄　阳	58	赣　州	72	湛　江	82	宜　宾	96
唐　山	59	桂　林	73	大　同	83	齐齐哈尔	97
吉　林	60	许　昌	74	丹　东	84	渭　南	98
洛　阳	61	汕　头	75	邯　郸	85	南　充	99
哈尔滨	62	遵　义	76	天　水	86	运　城	100

2. 城市可持续发展均衡程度

与省级可持续发展均衡程度相同，从经济发展、社会民生、资源环境、消耗排放和治理保护五大分类指标来看，城市区域可持续发展同样具有明显的不均衡特征。如图 1 所示的各市指标排名极值，大部分城市区域在可持续发展方面都存在短板，提高可持续发展水平的空间很大。如可持续发展综合表现排在第一位的珠海，其五大类发展较为均衡，而排在第二、第三位的北京、深圳市在经济发展、资源环境、消耗排放和环境治理四大分类中均领先于多数城市，但是，其在社会民生方面仍存在短板。以各城市一级指标排名的最大值和最小值差的绝对值衡量不均衡程度：不均衡度最大的是泉州市，差异值为 95；不均衡度最小的是珠海市，差异值为 7。

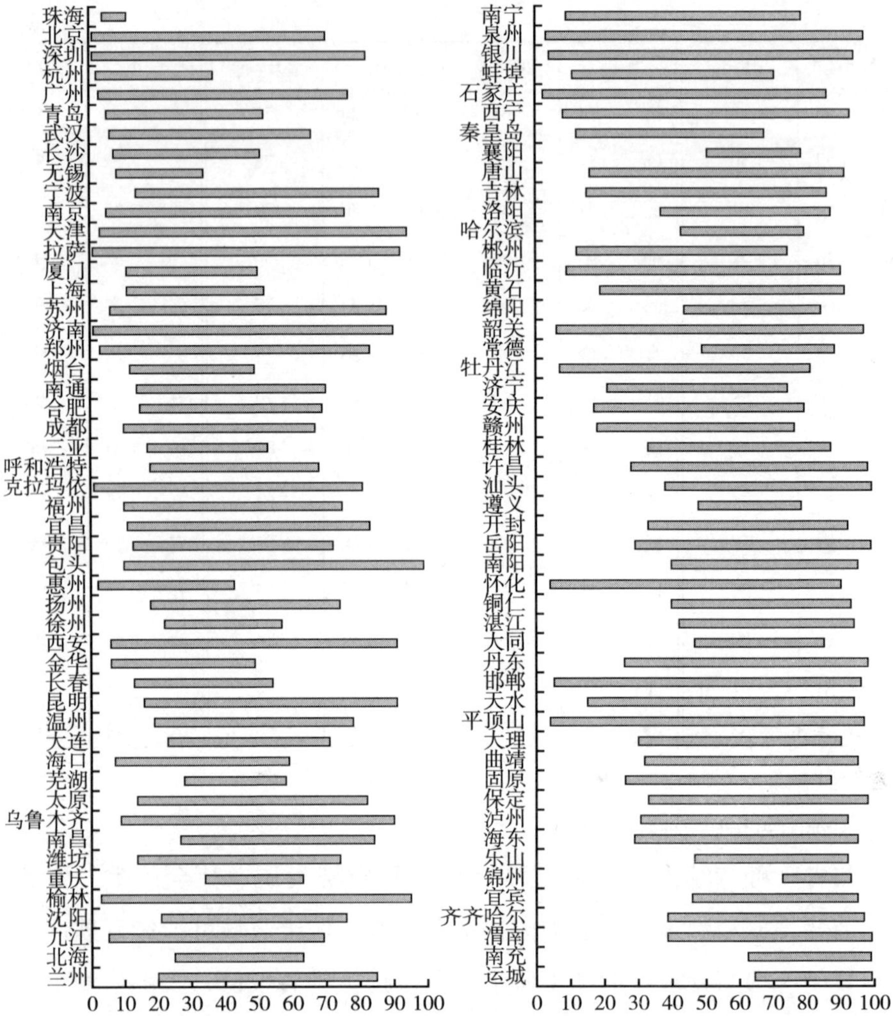

图1　中国市级可持续发展均衡程度

3. 五大类一级指标各城市主要情况

（1）经济发展：中国东部沿海的主要城市在经济发展方面表现最佳。北京作为中国首都，在经济表现方面一直是排名前列的城市之一。珠海自改革开放以来，通过政策创新、企业技术创新、加大奖励科技人才，经济发展迅速（见表4）。

表4　2017 年经济发展质量领先城市

城市	2017 年	城市	2017 年
深圳	1	苏州	6
杭州	2	珠海	7
广州	3	无锡	8
北京	4	天津	9
南京	5	武汉	10

（2）社会民生：在社会民生方面排名靠前的城市大部分都位于内陆。除珠海和武汉之外，其他在社会民生方面领先的城市均位于经济发展排名前十开外。经济发展与社会民生并不同步，这说明一些城市过度关注经济发展，而忽视了民生。这一定程度反映了当前我国发展不平衡不充分的问题（见表5）。

表5　2017 年社会民生保障领先城市

城市	2017 年	城市	2017 年
克拉玛依	1	武　　汉	6
拉　　萨	2	青　　岛	7
榆　　林	3	西　　宁	8
银　　川	4	乌鲁木齐	9
珠　　海	5	包　　头	10

（3）资源环境：与人们普遍认知一样，资源环境较好的城市主要集中在广东、广西、福建、江西等省份，这些城市一般生态环境比较优良，自然景观比较丰富。拉萨、克拉玛依由于人口较其他城市人口更稀少，人均绿地与人均水资源量排名较为靠前（见表6）。

表6　2017 年生态环境宜居领先城市

城市	2017 年	城市	2017 年
拉　　萨	1	韶　　关	6
惠　　州	2	牡 丹 江	7
泉　　州	3	克拉玛依	8
怀　　化	4	南　　宁	9
九　　江	5	福　　州	10

（4）消耗排放：在资源有效利用，如水和能源、二氧化硫排放量及废水排放量等指标上表现突出的城市多数是大城市，这些拥有重要经济活动的人口中心在资源节约及排放控制技术方面也一直保持前列（见表7）。

表7　2017年节能减排效率领先城市

城市	2017年	城市	2017年
北京	1	西安	6
深圳	2	长沙	7
天津	3	广州	8
珠海	4	郑州	9
青岛	5	成都	10

（5）治理保护：济南、石家庄、郑州等城市近些年都是环保压力较大的城市，特别是在空气质量方面，但是在环境治理方面也投入了巨大的努力，排名靠前（见表8）。

表8　2017年环境治理保护领先城市

城市	2017年	城市	2017年
济　南	1	金　华	6
石家庄	2	海　口	7
郑　州	3	长　沙	8
平顶山	4	临　沂	9
邯　郸	5	珠　海	10

五　城市说明

本部分概述了CSDIS体系中排名的100座城市在不同可持续发展领域的表现；该城市的最高及最低指数排名；人口、地理及发展状况简述。这些城市按排名降序详述如下。

1. 珠海

土地面积:2199 平方千米 人口:177 万 GDP:2564.73 亿元人民币	珠海位于广东省珠江口的西南部,濒临南海,与香港相距 36 海里,并与澳门相接。珠海属南亚热带与热带过渡型海洋性气候,冬夏季风交替分明。创新引领工业较快增长,尤其是先进制造业、装备制造业、高技术制造业、精密机械制造、生物医药等。对外贸易活跃,2017 年完成外贸进出口额 2990.12 亿元。因海域广,海岛众多,海洋资源和水资源丰富。同时太阳能资源丰富。(珠海人民政府,2017)

珠海的整体可持续发展表现排在第 1 位。珠海在“人均城市道路面积”、“生活垃圾无害化处理率”和“财政性科学技术支出占 GDP 比例”方面表现最佳,分别排在第 1 位、第 1 位和第 4 位。但是,其在“财政性节能环保支出占 GDP 比重”、“工业固体废物综合利用率”、“房价 - 人均 GDP 比”以及“财政性教育支出占 GDP 比重”方面表现较差,分别排在第 45 位、第 45 位、第 48 位和第 60 位。

2. 北京

土地面积:16411 平方千米 人口:2173 万 GDP:25670 亿元人民币	北京是中国首都,也是公认的国家政治、经济、教育和文化中心。北京是主要的交通枢纽中心,是许多发达行业的聚集地,包括房地产、信息技术、金融服务、进出口业务及汽车制造行业,其中,服务业将近占该市 GDP 的 80%。经济发展一直保持良好态势,但由于其快速发展,空气质量成为严重问题。为解决该问题,北京于 21 世纪初以来关闭了很多工业实体。北京市人口受教育程度很高,大学生数量是全国平均水平的七倍。(香港贸发局,2017;Leese,2009;庞,2009)

北京在整体可持续性方面排名第二。北京在“第三产业增加值占 GDP 比例”、“单位 GDP 能耗”、“每万人拥有卫生技术人员数”、“人均社会保障和就业财政支出”和“单位工业总产值二氧化硫排放量”方面表现良好,分别排在第 1 位、第 1 位、第 2 位、第 2 位和第 2 位。但是,北京在“空气质量指数优良天数”、“人均水资源量”和“房价 - 人均 GDP 比”方面表现较差,分别排在第 90 位、第 91 位和第 97 位。

3. 深圳

土地面积:2050 平方千米 人口:1191 万 GDP:19490 亿元人民币	深圳是一个沿海城市,地处广东省南部,与香港一水之隔。自 20 世纪 70 年代开始与西方进行贸易交往以来,它一直是世界上发展最快的城市之一,并于 1980 年被中国政府指定为中国的第一个经济特区。深圳便利的港口使之成为贸易和交通枢纽,也成为重要的创新及技术中心。深圳服务业和工业发展强劲,但在 GDP 快速增长的同时,也面临着高昂的环保成本。因此,不断增加环保投资成为支持深圳社会经济发展的重要条件(香港贸发局,2017;美国国会图书馆,2015;谭,2008)

深圳的整体可持续发展表现排在第 3 位。具体而言，深圳在“人均 GDP”、“财政性科学技术支出占 GDP 比例”、“每万人城市绿地面积”、“单位工业总产值二氧化硫排放量”和“生活垃圾无害化处理率”方面表现优异，均排在第 1 位。但是，深圳在“财政性教育支出占 GDP 比重”、“人均水资源量”、“工业固体废物综合利用率”以及“房价 - 人均 GDP 比”方面表现较差，分别排在第 75 位、第 75 位、第 95 位和第 96 位。

4. 杭州

土地面积:16596 平方千米 人口:919 万 GDP:11310 亿元人民币	杭州是中国的七朝古都之一,浙江省省会,长江三角洲地区经济最繁荣的城市之一。第二产业(主要是制造业)在杭州 GDP 中占很大比重,且该市大力支持企业发展和外商投资。另外,杭州拥有丰富的文化传统,以拥有众多旅游景区和历史遗迹而闻名。旅游业是该市服务业的重要支柱。(香港贸发局,2017;美国国会图书馆,2015;庞,2009)

杭州整体可持续性排名第四，具体而言，杭州在“生活垃圾无害化处理率”、“每万人拥有卫生技术人员数”、“城镇登记失业率”和“单位二三产业增加值占建成区面积”方面表现良好，分别排在第 1 位、第 3 位、第 6 位和第 6 位。但是，杭州在“工业固体废物综合利用率”、“财政性教育支出占 GDP 比重”以及“单位工业总产值废水排放量”方面表现较差，分别排在第 65 位、第 72 位和第 85 位。

5. 广州

土地面积:7435 平方千米 人口:1404 万 GDP:19550 亿元人民币	广州是中国南部省份广东省的省会,是中国最繁荣的城市之一。该市位于珠江水系两条河流的交汇处,是重要的交通枢纽和领先的商业港口。它还是重要的地区和国际贸易中心,服务业和汽车产业发达。广州为亚热带气候、近似盆地地形。20 世纪 80 ~90 年代快速发展的城市化重塑了该市的面貌。一直以来,广州都是华南地区的文化、政治和经济中心。(香港贸发局,2017;庞,2009)

广州的整体可持续发展表现排在第 5 位。该市在“每万人城市绿地面积”、“人均 GDP”和“第三产业增加值占 GDP 比例”方面表现良好，分别排在第 2 位、第 5 位和第 5 位，但在“生活垃圾无害化处理率”、“财政性教育支出占 GDP 比重”和“财政性节能环保支出占 GDP 比重”方面表现较差，分别排在第 83 位、第 97 位和第 99 位。

6. 青岛

土地面积:10654 平方千米 人口:920 万 GDP:10010 亿元人民币	青岛是中国的一个主要海港,位于山东半岛南部。第二产业产值占青岛市 GDP 的 40% 左右,主要有电子、石油化工、食品饮料加工。青岛啤酒,中国最大的啤酒生产商,就坐落于此。服务业特别是旅游业是青岛 GDP 的重要组成部分,青岛还拥有丰富的自然资源。(香港贸发局,2017;庞,2009)

青岛的整体可持续发展表现排在第 6 位。该市在“生活垃圾无害化处理率”、“每万元 GDP 水耗”、“单位工业总产值二氧化硫排放量”和“单位工业总产值废水排放量”方面表现良好，分别排在第 1 位、第 3 位、第 5 位和第 5 位，但在“财政性教育支出占 GDP 比重”、“财政性节能环保支出占 GDP 比重”和“人均水资源量”方面表现较差，分别排在第 62 位、第 91 位和第 99 位。

7. 武汉

武汉的整体可持续发展表现排在第 7 位。具体而言，武汉在“生活垃圾无害化处理率”、“人均社会保障和就业财政支出”和“财政性科学技术支出占 GDP 比例”方面表现卓越，分别排在第 1 位、第 8 位和第 9 位。但是，在“空气质量指数优良天数”、“财政性教育支出占 GDP 比重”和“财政性节能环保支出占 GDP 比重”方面，分别排在第 79 位、第 82 位和第 86 位。

土地面积:8494 平方千米 人口:1077 万 GDP:11910 亿元人民币	武汉是湖北省省会,长江三角洲地区经济最发达的城市之一,还是中国最重要的内陆港口城市之一。尽管最初武汉是作为中国的重工业基地建立,但其在科研、教育及旅游业方面也很发达。虽然经济发展速度比中国其他城市要慢,但武汉商业繁荣。该市享有平坦地势及水资源的环境优势,但这些特点也使武汉成为洪水泛滥的重灾区。(香港贸发局,2017;Leese,2009;庞,2009)

8. 长沙

土地面积:11819 平方千米 人口:765 万 GDP:9360 亿元人民币	长沙是湖南省省会,紧邻湘江。1992 年,政府在这里建立了国家经济技术开发区,长沙也因此成为湖南省的经济、政治和文化中心。这里的交通设施得到改善,并在其与湖南其他城市之间形成了“经济圈”,并贡献该省 GDP 的 70% 以上。随着经济和社会的快速发展,长沙在城市土地综合利用方面发生了很大的变化,该市目前主要关注未来发展所需土地的承载能力。(香港贸发局,2015;庞,2009;吴,2014)

长沙的整体可持续发展表现排在第 8 位。该市在“生活垃圾无害化处理率”、“房价 - 人均 GDP 比”、“单位工业总产值二氧化硫排放量”和“单位工业总产值废水排放量”方面表现良好，分别排在第 1 位、第 2 位、第 3 位和第 3 位，但在“空气质量指数优良天数”、“每万人城市绿地面积”和“财政性教育支出占 GDP 比重”方面表现较差，分别排在第 57 位、第 67 位和第 95 位。

9. 无锡

土地面积:4627 平方千米 人口:653 万 GDP:9210 亿元人民币	无锡市位于长江三角洲地区的江苏省。无锡是中国最富裕的地区之一,第二产业产值将近占该市 GDP 的一半。该地区与上海有着紧密的经济联系,交通基础设施良好,教育水平高且以旅游业闻名。但是,由于高度的工业化及能源消耗强度大,导致该市空气质量下降,平均温度上升。(香港贸发局,2017;庞,2009;夏等人,2004)

无锡的整体可持续发展表现排在第9位。具体而言，无锡在“生活垃圾无害化处理率”、“人均GDP”和“人均城市道路面积”方面表现良好，分别排在第1位、第4位和第6位。但是在“GDP增长率”、“空气质量指数优良天数”和“财政性教育支出占GDP比重”方面表现较差，分别排在第72位、第74位和第99位。

10. 宁波

土地面积：9816平方千米 人口：788万 GDP：8690亿元人民币	宁波是浙江省的一个沿海城市，中国对外开放的首批沿海城市之一。宁波被认为是中国最繁荣的城市之一，目前已成为主要的航运及渔业中心。但是，其所处的地理位置决定了该市由于城市面积扩大、气候变化及预测海平面上升，其面临沿海洪水泛滥的风险会有所增加。工业仍是该市主要的经济驱动，古寺庙和湖泊使旅游业成为该市第三产业的重要组成部分

宁波的整体可持续发展表现排在第10位。该市在“生活垃圾无害化处理率”、“单位二三产业增加值占建成区面积”和“财政性科学技术支出占GDP比例”方面表现良好，分别排在第1位、第10位和第12位，但在“GDP增长率”、“污水处理厂集中处理率”和“财政性节能环保支出占GDP比重”方面相对落后，分别排在第80位、第87位和第89位。

11. 南京

土地面积：6587平方千米 人口：827万 GDP：10500亿元人民币	南京是江苏省省会，亚洲内陆地区最大的港口，是重要的东西部交通动脉。南京是江苏省的贸易和教育中心。该市工业产业规模庞大，其中，重工业占据核心地位，金融业是在该市占据重要地位的第三产业的最重要的支柱。城市化推动了南京经济和社会的快速发展，但也带来了诸多环境问题，特别是与水资源相关的问题。（香港贸发局，2017；庞，2009；熊 & 陈，2015）

南京的整体可持续发展表现排在第11位。该市在“生活垃圾无害化处理率”、“每万人城市绿地面积”和“人均GDP”方面表现良好，分别排在第1位、第4位和第8位，但在“空气质量指数优良天数”、“财政性教育支出占GDP比重”和“污水处理厂集中处理率”方面表现较差，分别排在

第76位、第84位和第98位。

12. 天津

土地面积：11917 平方千米 人口：1562 万 GDP：17890 亿元人民币	天津是一个沿海城市，距离北京50英里。位于渤海湾，是中国最大的经济区之一。天津坐落于中国众多新型国家发展战略的中心，是京津冀一体化发展战略的组成部分。该战略是中国国家主席习近平提出的经济发展计划的重要部分。天津是重要的港口城市及工业中心，服务业和旅游业发展迅速。（香港贸发局，2017）

天津在整体可持续性方面排名第12位，具体而言，该市在“人均社会保障和就业财政支出”、“单位二三产业增加值占建成区面积”和“工业固体废物综合利用率”方面表现良好，分别排在第5位、第7位和第7位，但在“空气质量指数优良天数”、“生活垃圾无害化处理率”和“人均水资源量”表现较差，分别排在第84位、第90位和第95位。

13. 拉萨

土地面积：29600 平方千米 人口：636 万 GDP：424.95 亿元人民币	拉萨是西藏自治区的省会，是西藏的政治、经济、文化和宗教中心。拉萨位于西藏高原的中部，喜马拉雅山脉北侧。拉萨全年多晴朗天气，降雨稀少，年日照时间3000小时以上，被称为“日光城”。拉萨是藏传佛教圣地，唐卡、藏戏、青稞酒、酥油茶等具有宗教和民族特色。近年来，拉萨成为国际旅游城市，成为新的经济增长点

拉萨整体可持续发展表现排在第13位。该市在“人均城市道路面积”、“财政性节能环保支出占GDP比重”、“财政性教育支出占GDP比重”和“人均水资源量”方面表现良好，分别排在第2位、第2位、第4位和第4位，但在“生活垃圾无害化处理率”、“单位二三产业增加值占建成区面积”和“工业固体废物综合利用率”方面表现较差，分别排在第93位、第98位和第98位。

14. 厦门

厦门的整体可持续发展表现排在第14位。具体而言，该市在“单位工业总产值二氧化硫排放量”、“空气质量指数优良天数”和“财政性节能环保支出占 GDP 比重”方面表现良好，分别排在第 4 位、第 5 位和第 6 位，但在“生活垃圾无害化处理率”、“房价 - 人均 GDP 比”和“单位工业总产值废水排放量”方面表现较差，分别排在第 78 位、第 92 位和第 96 位。

土地面积：1575 平方千米 人口：392 万 GDP：3780 亿元人民币	厦门是中国第一批五大经济特区之一，是福建省南部的沿海城市及商业中心。其港口提供了一个国内重要的交通网络。厦门规模最大的行业是电子业，主要的国际投资商都在该领域投资。该市还在工程机械生产方面居于领先地位。厦门市以其独特的文化、建筑、温和的气候及相对较低的污染而闻名。（香港贸发局，2017；庞，2009）

15. 上海

土地面积：6340.5 平方千米 人口：2420 万 GDP：28180 亿元人民币	长期以来，上海一直是长江三角洲核心地带重要的商业和金融中心。上海市在不断扩张，原来的厂房、仓库和农田都变成了高级商业和金融中心。上海为亚热带季风气候，上海港一年四季不结冰，是中国规模最大的港口之一。第三产业产值占上海 GDP 的绝大部分，上海在中国重工业发展中发挥着重要作用。随着经济的快速发展，上海一直面临着越来越突出的环境压力。为提高城市的生活标准，上海已在环境保护方面取得了重大进步。（香港贸发局，2017；庞，2009；鲁，2014）

上海的整体可持续发展表现排在第 15 位。该市在“人均社会保障和就业财政支出”、“单位二三产业增加值占建成区面积”和“生活垃圾无害化处理率”方面表现良好，均排在第 1 位，但在“人均城市道路面积”、“城镇登记失业率”和“房价 - 人均 GDP 比”方面表现较差，分别排在第 89 位、第 96 位和第 99 位。

从 2016 年到 2017 年，上海的可持续发展总体排名下降了 10 位，其中“城镇登记失业率”的个人排名显著下降。这主要是由于 2017 年 CSDIS 指标集计算方法的升级。与 2016 年的数据相比，2017 年的“城镇登记失业率”数据更加准确，涵盖了更精确的城市范围和更大的绝对值。与此同时，“房价 - 人均 GDP 比”和“人均城市道路面积”的排名也有所不同。同时下降主要原因还包括 2017 年新增的 30 个城市的两个指标总体上都高于上海。

16. 苏州

土地面积：8657.32 平方千米 人口：1065 万 GDP：1548 亿元人民币	苏州位于长江三角洲中部，江苏省东南部，东邻上海市，南接浙江省。太湖的主要水域位于苏州境内，为当地提供充足淡水资源。苏州市地形平坦，位于亚热带海洋性季风气候区，农业区位优越。同时，苏州市拥有丰富的自然和历史旅游资源，是一座远近闻名的旅游城市

苏州的整体可持续发展表现排在第 16 位。具体而言，该市在"生活垃圾无害化处理率"、"人均 GDP"和"人均城市道路面积"方面表现良好，分别排在第 1 位、第 3 位和第 5 位，但在"财政性节能环保支出占 GDP 比重"、"污水处理厂集中处理率"和"财政性教育支出占 GDP 比重"方面表现较差，分别排在第 77 位、第 85 位和第 94 位。

17. 济南

土地面积：8177 平方千米 人口：723 万 GDP：6540 亿元人民币	济南是山东省省会，是该省主要的交通枢纽和商业中心。自 20 世纪 90 年代以来，济南经济增长率很高，可与上海相匹敌。济南工业发达，服务业也发展迅速，其中旅游业对服务业的贡献突出。济南四季分明，夏季炎热潮湿，冬季寒冷干燥。（香港贸发局，2017；庞；2009）

济南的整体可持续发展表现排在第 17 位。具体而言，该市在"生活垃圾无害化处理率"、"工业固体废物综合利用率"和"每万人拥有卫生技术人员数"方面表现良好，分别排在第 1 位、第 6 位和第 8 位，但在"财政性教育支出占 GDP 比重"、"人均水资源量"和"空气质量指数优良天数"方面表现较差，分别排在第 80 位、第 81 位和第 98 位。

18. 郑州

土地面积：7446 平方千米 人口：972 万 GDP：8110 亿元人民币	郑州是河南省省会，华中地区的商业、金融、交通及资源分配中心。郑州是一个快速发展的城市，工业部门产值占 GDP 的 40% 以上，其主要行业领域包括食品加工、汽车制造及信息技术。近年来，郑州的空气污染比较严重，研究显示，郑州的日常颗粒物（PM2.5）浓度约为 96%，年度平均值超出国家标准。（香港贸发局，2017；江等人，2017）

郑州在整体可持续性方面排名第18位，具体而言，该市在“生活垃圾无害化处理率”、“污水处理厂集中处理率”和“每万人拥有卫生技术人员数”方面表现优异，分别排在第1位、第3位和第10位。但其在“财政性教育支出占GDP比重”、“人均水资源量”和“空气质量指数优良天数”方面表现较差，分别排在第85位、第96位和第99位。

19. 烟台

土地面积:13748平方千米 人口:706万 GDP:6930亿元人民币	烟台位于山东半岛中部。第二产业，主要是汽车及船舶制造业，是该市的经济驱动力量。而且，烟台的旅游业也发挥了重要作用。烟台以怡人的气候和美丽的风景而闻名，拥有国家公园、自然保护区等主要景点。（香港贸发局，2017）

烟台的整体可持续发展表现排在第19位。其在“生活垃圾无害化处理率”、“每万元GDP水耗”和“房价-人均GDP比”方面表现良好，分别排在第1位、第5位和第6位，但在“财政性教育支出占GDP比重”、“财政性节能环保支出占GDP比重”和“人均水资源量”方面表现较差，分别排在第89位、第92位和第97位。

20. 南通

土地面积:8001平方千米 人口:730万 GDP:6770亿元人民币	南通市位于长江入海口的北部，江苏省东南部，由苏通大桥和崇启大桥分别与苏州市和上海市相接。改革开放之初，南通成为中国首批进一步对外开放的14个沿海港口城市之一。该市在生态环保方面表现优异，拥有纺织之乡、建筑之乡、教育之乡等城市荣誉。过去，南通市曾是农业中心，现今其制造业基础雄厚，代表产业有造船业、金属冶炼、精细化工等

南通的整体可持续发展表现排在第20位。其在“生活垃圾无害化处理率”、“单位GDP能耗”和“城镇登记失业率”方面表现良好，分别排在第1位、第7位和第9位，但在“财政性教育支出占GDP比重”、“污水处理厂集中处理率”和“财政性节能环保支出占GDP比重”方面表现较差，分别排在第69位、第74位和第96位。

21. 合肥

土地面积：11408 平方千米 人口：787 万 GDP：6270 亿元人民币	合肥是安徽省省会，长江和淮河之间的一座内陆城市。合肥的地理位置使之成为连接华中地区和沿海地区的重要区域。合肥拥有安徽省规模最大的工业基地，主要的工业细分领域包括汽车制造、设备制造及信息技术产业。（香港贸发局，2017）

合肥的整体可持续发展表现排在第 21 位。其在“生活垃圾无害化处理率”、“财政性科学技术支出占 GDP 比例”和“单位 GDP 能耗”方面表现良好，分别排在第 1 位、第 3 位和第 3 位，但在“财政性节能环保支出占 GDP 比重”、“工业固体废物综合利用率”和“财政性教育支出占 GDP 比重”方面表现较差，分别排在第 66 位、第 77 位和第 88 位。

22. 成都

土地面积：12119 平方千米 人口：1592 万 GDP：12170 亿元人民币	成都是四川省省会，是四川盆地西缘的一座内陆城市。成都是中国西部地区主要的商业、金融、交通及通信中心。从 1993 年到 1998 年，随着府南河的疏浚及河岸沿线公园的修建，该市的景观、环境及生活状况得到很大的提高。府南河是一条环绕成都市的河流。成都的工业规模相当大，但成都经济是以服务业为主。许多高校、研究机构都坐落于此。另外，成都的旅游业也很发达。（香港贸发局，2017；庞，2009）

成都的整体可持续发展表现排在第 22 位。其在“生活垃圾无害化处理率”、“单位二三产业增加值占建成区面积”和“每万人拥有卫生技术人员数”方面表现良好，分别排在第 1 位、第 12 位和第 14 位，但在“空气质量指数优良天数”、“财政性节能环保支出占 GDP 比重”和“财政性教育支出占 GDP 比重”方面表现较差，分别排在第 82 位、第 88 位和第 90 位。

23. 三亚

土地面积：1920 平方千米 人口：75 万 GDP：480 亿元人民币	三亚曾是中国最南端的城市，位于海南岛南端，以其美丽的海滩和沿海风景而闻名。三亚拥有发达的旅游设施，构成了该市 GDP 的重要部分。可惜的是，研究显示人类活动，包括与港口活动及生活垃圾排放相关的活动，使三亚附近土壤的重金属含量上升。（香港贸发局，2017；甘，2015）

三亚的整体可持续发展表现排在第 23 位。该市在“工业固体废物综合利用率”、“生活垃圾无害化处理率”和“单位工业总产值废水排放量”方面表现良好，都排在第 1 位，但在“人均城市道路面积”、“房价 - 人均 GDP 比”和“污水处理厂集中处理率”方面表现较差，分别排在第 85 位、第 94 位和第 97 位。

24. 呼和浩特

土地面积：17224 平方千米 人口：309 万 GDP：3170 亿元人民币	呼和浩特是内蒙古自治区的首府，是连接北京与中国西北地区的重要通道及枢纽城市。工业部门产值占该市 GDP 的 20% 以上，乳品加工是呼和浩特主要产业之一。该市还拥有亚洲最大的热力发电厂之一，旅游业是其第三产业的重要组成部分。（香港贸发局，2017）

呼和浩特的整体可持续发展表现排在第 24 位。具体而言，该市在“生活垃圾无害化处理率”、“房价 - 人均 GDP 比”、“第三产业增加值占 GDP 比例”和“每万人城市绿地面积”方面表现良好，分别排在第 1 位、第 5 位、第 6 位和第 6 位。但在“单位工业总产值二氧化硫排放量”、“工业固体废物综合利用率”和“财政性教育支出占 GDP 比重”方面表现较差，分别排在第 92 位、第 94 位和第 96 位。

25. 克拉玛依

土地面积：7733 平方千米 人口：42 万 GDP：620 亿元人民币	克拉玛依位于新疆准噶尔盆地西北边缘。克拉玛依石油天然气、油砂矿、煤层气、油页岩、盐、煤炭等自然资源极为丰富，使得克拉玛依成为国家重要的石油城市，是丝绸之路上的重要一环。克拉玛依致力于建设油气生产、炼油化工等工业基地，同时大力发展新兴产业，如：金融、信息、旅游等。旅游资源丰富，多次举办新疆国际旅游节，特色景点有世界魔鬼城、黑油山等

克拉玛依的整体可持续发展表现排在第 25 位。其在“城镇登记失业率”、“人均 GDP”、“人均城市道路面积”和“每万人城市绿地面积”方面表现良好，分别排在第 1 位、第 2 位、第 3 位和第 3 位，但在“GDP 增长率”、“第三产业增加值占 GDP 比例”和“单位 GDP 能耗”方面表现较差，

分别排在第96位、第99位和第99位。

26. 福州

土地面积：12154平方千米 人口：760万 GDP：6200亿元人民币	福州是福建省的省会及规模最大的城市之一，是一座沿河的港口城市，过去以温泉、茉莉和榕树而闻名。福州市是1986年最早获批经济技术开发区的城市之一，再加上来自海峡两岸投资，使福州成为中国最繁荣的城市之一。福州规模最大的产业是电子和信息技术业，机械产业发展迅速，一大部分来自台湾地区的投资。重工业继续发展，水电等清洁能源是该地区发展的重要资源。（香港贸发局，2017；庞，2009）

福州的整体可持续发展表现排在第26位。其在“空气质量指数优良天数”、“单位工业总产值废水排放量”和“工业固体废物综合利用率”方面表现良好，分别排在第4位、第6位和第14位，但在“生活垃圾无害化处理率”、“人均社会保障和就业财政支出”和“财政性节能环保支出占GDP比重”方面表现较差，分别排在第74位、第78位和第100位。

27. 宜昌

土地面积：21084平方千米 人口：413万 GDP：3710亿元人民币	宜昌位于湖北省长江沿岸，以中国规模最大的水力发电基地而闻名。葛洲坝和三峡大坝都坐落于此，后者还是全球最大的水力发电站。水力发电对宜昌的工业发展起促进作用，产值占宜昌GDP的一半。三峡大坝还是主要的旅游景点，促进了宜昌服务业的发展。（香港贸发局，2017）

宜昌整体可持续发展表现排在第27位。其在“生活垃圾无害化处理率”、“房价－人均GDP比”和“城镇登记失业率”方面表现良好，分别排在第1位、第3位和第8位，但在“单位GDP能耗”、“第三产业增加值占GDP比例”和“工业固体废物综合利用率”方面表现较差，分别排在第83位、第96位和第100位。

28. 贵阳

贵阳的整体可持续发展表现排在第28位。该市在“GDP增长率”、“污水处理厂集中处理率”和“房价－人均GDP比”方面表现良好，分别排在第3位、第8位和第9位，但在“人均社会保障和就业财政支出”、“生活垃圾无害化处理率”和“工业固体废物综合利用率”方面表现较差，分别排在第82位、第84位和第96位。

土地面积:8034平方千米 人口:470万 GDP:3160亿元人民币	贵阳是一座内陆城市,贵州省省会,贵州的经济、文化、教育和科技中心。贵阳以自然景观及独特的民族风情而闻名。旅游业是该市大型服务行业的主要组成部分。贵阳是中国“循环经济城市”和“低碳城市”项目的试点城市之一,这两个项目是国家推行低碳发展战略的组成部分。(香港贸发局,2017;方,2017)

29. 包头

土地面积:27768平方千米 人口:286万 GDP:3870亿元人民币	包头位于中国北方,是内蒙古自治区最大的工业城市,也是该地区的第二大经济城市。包头拥有丰富的矿产资源,特别是金属,其最大的工业产业由钢铁、铝业加工及设备制造等组成。研究显示,农田及耕地所占的比例已超过森林和草地,这造成了包头的土地退化问题。(香港贸发局,2017;郝&任,2006)

包头的整体可持续发展表现排在第29位。该市在“房价－人均GDP比”、“人均社会保障和就业财政支出”和“人均GDP”方面表现良好，分别排在第1位、第4位和第6位，但在“城镇登记失业率”、“工业固体废物综合利用率”和“财政性教育支出占GDP比重”方面表现较差，分别排在第87位、第93位和第100位。

30. 惠州

土地面积:11200平方千米 人口:478万 GDP:3410亿元人民币	惠州位于广东省东南部,是珠三角地区的一座历史文化名城。惠州以丰富的自然资源而闻名,该市及附近有900多个景点,使得旅游业成为该市的重要产业。惠州还是中国主要的沿海港口城市,拥有大型工业产业,对全市GDP的贡献率达到一半以上。(香港贸发局,2017)

惠州的整体可持续发展表现排在第30位。其在“生活垃圾无害化处理率”、“人均水资源量”和“空气质量指数优良天数”方面表现良好，分别排在第1位、第11位和第12位，但在“人均社会保障和就业财政支出”、

“第三产业增加值占 GDP 比例”和“财政性节能环保支出占 GDP 比重”方面表现较差，分别排在第 60 位、第 75 位和第 84 位。

31. 扬州

土地面积：6591 平方千米 人口：449 万 GDP：4450 亿元人民币	扬州位于江苏省，京杭大运河西岸，曾是北京和长江流域之间主要的运输路线。扬州拥有丰富的历史文化遗产，吸引了众多游客，但与在该省的其他附近城市相比，却较少被外国游客得知，这可能是由于其经济落后于那些周边城市。扬州的经济主要由重工业和轻工业组成，是重要的省级石油化工基地。（香港贸发局，2017；庞，2009）

扬州的整体可持续发展表现排在第 31 位。其在“生活垃圾无害化处理率”、“单位二三产业增加值占建成区面积”和“单位 GDP 能耗”方面表现良好，分别排在第 1 位、第 3 位和第 8 位，但在“人均社会保障和就业财政支出”、“每万人城市绿地面积”、“每万人拥有卫生技术人员数”和“财政性教育支出占 GDP 比重”方面表现较差，分别排在第 71 位、第 71 位、第 75 位和第 86 位。

32. 徐州

土地面积：11765 平方千米 人口：867 万 GDP：5319.9 亿元人民币	徐州位于江苏省西北部，京杭大运河沿岸。徐州独特的地理位置使其成为重要的能源转运港口。第二产业是该市经济的主导产业，包括：装备制造、能源及食品加工业。水资源是该市经济繁荣的主要因素。历史上，徐州曾遭遇过严重的水患，但在过去数十年，一直致力于恢复其供水系统。（香港贸发局，2017；戴 & 沈，2013）

徐州的整体可持续发展表现排在第 32 位。其在“生活垃圾无害化处理率”、“城镇登记失业率”和“单位 GDP 能耗”方面表现良好，分别排在第 1 位、第 9 位和第 9 位，但在“人均社会保障和就业财政支出”、“财政性节能环保支出占 GDP 比重”和“空气质量指数优良天数”方面表现较差，分别排在第 67 位、第 69 位和第 78 位。徐州市 2016～2017 年度可持续发展综合排名下降 14 位，其中，单项排名下滑最严重的指标是“财政性节能环保支出占 GDP 比重”，主要由于 2017 年新添加 30 座城市导致排名自身发生变化。

33. 西安

土地面积:9983 平方千米 人口:883 万 GDP:6280 亿元人民币	西安是陕西省省会,位于欧洲和东亚间的丝绸之路上。由于西安独特的地理位置,西安人口高度国际化和多样化,这也使西安成为该省充满朝气的政治、经济和文化中心。尽管西安人口的受教育程度很高,但也有很多西安人选择到沿海省份工作,西安也深受其苦。西安的服务业占其GDP的60%,这是西安经济最重要的组成部分。由于西安在历史上占据重要地位,所以该市的旅游产业规模很大。(香港贸发局,2017;庞,2009)

西安的整体可持续发展表现排在第33位。该市在“单位工业总产值二氧化硫排放量”、“第三产业增加值占GDP比重”和“每万人拥有卫生技术人员数”方面表现良好,分别排在第8位、第10位和第11位,但在“财政性教育支出占GDP比重”、“空气质量指数优良天数”和“人均社会保障和就业财政支出”方面表现较差,分别排在第87位、第91位和第100位。2016~2017年西安可持续发展整体排名下降11位;在指标排名中,“人均社会保障和就业财政支出”、“财政性教育支出占GDP比重”、“空气质量指数优良天数”、“财政性节能环保支出占GDP比重”下降幅度较大。除了2017年新增30个城市之外,这也反映了西安自身这些指标的下降。比如,“人均社会保障和就业财政支出”从2016年的1091元下降到2017年的399元,年度“空气质量指数优良天数”从251天下降到192天。此外,“每万人城市绿地面积”排名下降的原因还包括指标体系对指标计算方法的更新,导致指标排名本身发生变化。

34. 金华

土地面积:10942 平方千米 人口:552 万 GDP:3680 亿元人民币	金华是一座内陆城市,位于浙江省中部。金华拥有丰富的森林资源,畜牧业是金华的主要产业之一。金华的工业部门几乎占其GDP的40%,而旅游业是其服务业的主要支柱。(香港贸发局,2017)

金华的整体可持续发展表现排在第34位。其在“生活垃圾无害化处理率”、“工业固体废物综合利用率”和“财政性科学技术支出占GDP比例”

方面表现良好，分别排在第1位、第21位和第22位。但在“单位二三产业增加值占建成区面积”、“GDP增长率”和“人均社会保障和就业财政支出”方面表现较差，分别排在第69位、第76位和第83位。

35. 长春

土地面积：27711平方千米 人口：754万 GDP：5990亿元人民币	长春是吉林省省会，以拥有众多高校、科研院所及汽车制造业而闻名。长春土壤肥沃，农业发达，是中国规模最大的粮仓，生产的粮食占全国粮食总产量的6%。旅游业也是其第三产业的重要组成部分。研究显示，长春土地利用的社会经济和环境效益在平稳提升，不过环境效益的稳定性稍差。（香港贸发局，2016；苏等人，2016）

长春的整体可持续发展表现排在第35位。其在“单位工业总产值废水排放量”、“工业固体废物综合利用率”和“房价－人均GDP比”方面表现良好，分别排在第2位、第9位和第14位，但在“城镇登记失业率”、“财政性教育支出占GDP比重”和“生活垃圾无害化处理率”方面表现较差，分别排在第78位、第93位和第94位。

36. 昆明

土地面积：21473平方千米 人口：673万 GDP：4300亿元人民币	昆明是云南省的省会及主要的旅游胜地。其以温和的气候和众多民族而著称，国家级旅游景点包括滇池和石林。旅游业是昆明第三产业最重要的支柱，占该市GDP的一半以上。昆明还是云南省的政治、经济及文化中心，与东南亚国家进行贸易往来的重要枢纽。（香港贸发局，2017；美国国会图书馆）

昆明的整体可持续发展表现排在第36位。该市在“空气质量指数优良天数”、“每万人拥有卫生技术人员数”和“人均城市道路面积”方面表现良好，分别排在第3位、第5位和第14位，但在“生活垃圾无害化处理率”、“单位工业总产值二氧化硫排放量”和“工业固体废物综合利用率”方面表现较差，分别排在第80位、第91位和第97位。昆明可持续发展的整体排名从2016年到2017年下降了21位，其中“单位工业总产值二氧化硫排放量”，“单位工业总产值废水排放量”，“工业固体废物综合利用率”，

和“生活垃圾无害化处理率”都显示明显下降。同时排名的下滑也因为在2017年添加了其他30个城市。

37. 温州

土地面积：12065平方千米 人口：918万 GDP：5100亿元人民币	温州市位于浙江省东南岸，是中国第一个建立市场经济的省份，拥有强大的国内及国际商业网络。长期以来，一直是中国人口最密集的地区之一。该地区的80%以上为山地地形，造成了可耕地面积有限。制鞋和旅游是该市重要的经济产业，旅游景点包括南溪河景区和雁荡山。（香港贸发局，2017；庞，2009）

温州的整体可持续发展表现排在第37位。其在“生活垃圾无害化处理率”、“单位GDP能耗”和“城镇登记失业率”方面表现良好，分别排在第1位、第14位和第17位。但在“财政性节能环保支出占GDP比重”、“房价－人均GDP比”和“人均社会保障和就业财政支出”方面表现较差，分别排在第83位、第89位和第97位。

38. 大连

土地面积：13237平方千米 人口：699万 GDP：6810亿元人民币	大连位于辽东半岛南端，是重要的工业、贸易、旅游港口城市。由于中国东北大部分贸易都流经该港口，所以大连是重要的船运及物流中心。尽管大连过去是一个重型制造业城市，但其正努力将自己打造成为一个高科技和商业中心，其服务业现在占全市GDP的一半以上。大连与其他主要城市相比，房价普遍较低，且大连美丽的海岸线，可以吸引众多游客。（香港贸发局，2017；美国国会图书馆，2015；Leese 2009）

大连的整体可持续发展表现排在第38位。其在“生活垃圾无害化处理率”、“人均社会保障和就业财政支出”和“每万元GDP水耗”方面表现良好，分别排在第1位、第3位和第14位，但在“GDP增长率”、“财政性教育支出占GDP比重”和“单位工业总产值废水排放量”方面表现较差，分别排在第89位、第98位和第98位。从2016年到2017年，大连可持续发展整体排名下降了11位；在指标排名中，排名的“GDP增长率”，“财政性

教育支出占 GDP 比重”，和“单位工业总产值废水排放量”都显著下降，但主要原因是 2017 年新添加的 30 个城市导致排名的变化，而不是指标从 2017 年开始下降。比如，尽管大连的“GDP 增长率”从 2016 年的 4.2% 上升到 6.5%，“财政性教育支出占 GDP 比重”从 1.4% 上升到 1.6%，但 30 个新增城市在这些指标上更具竞争力。

39. 海口

土地面积:2305 平方千米 人口:224 万 GDP:1260 亿元人民币	海口是海南省(热带岛屿省份)省会。其农业主要为热带水果和植物，旅游业是海口大型服务业的最重要组成部分。作为一座港口城市，海口是海南省的政治、经济、文化及运输中心。海南岛一半以上的贸易都经过其港口。研究显示，在过去五年时间里，海口旅游业的碳排放量有所下降，这表明该市正在努力推进低碳旅游。(香港贸发局，2017；庞，2009；严，2017)

海口整体可持续发展表现排在第 39 位。其在“生活垃圾无害化处理率”、“第三产业增加值占 GDP 比重”和“城镇登记失业率”方面表现良好，分别排在第 1 位、第 2 位和第 2 位。但其在“每万人城市绿地面积”、“人均城市道路面积”和“每万元 GDP 水耗”方面表现较差，分别排在第 73 位、第 81 位和第 100 位。

40. 芜湖

土地面积:6026 平方千米 人口:367 万 GDP:2700 亿元人民币	芜湖位于安徽省东南部，属于亚热带湿润性季风气候区，降水量丰沛。它位于长江下游地区，青弋江自东南向西北穿城而过，汇入长江，河湖水网密布。芜湖市区位条件优越，交通体系完备便捷，人民思想开放包容。20 世纪 90 年代，芜湖市成为国家沿江开放城市，政府大力鼓励创新、创业

芜湖的整体可持续发展表现排在第 40 位。其在“生活垃圾无害化处理率”、“财政性科学技术支出占 GDP 比例”、“GDP 增长率”和“人均城市道路面积”方面表现良好，分别排在第 1 位、第 2 位、第 9 位和第 9 位，但在“财政性节能环保支出占 GDP 比重”、“第三产业增加值占 GDP 比例”和

"每万元 GDP 水耗"方面表现较差，分别排在第 78 位、第 81 位和第 82 位。

41. 太原

土地面积:6988 平方千米 人口:434 万 GDP:2960 亿元人民币	太原是一座内陆城市,山西省省会。太原拥有丰富的矿产资源,是中国最大的煤矿开采中心,是工业产业主要部分,另外还包括冶金、石油化工、电力等。但是,以批发、零售和金融为主导的服务业是太原经济最大的推动因素。(香港贸发局,2017)

太原的整体可持续发展表现排在第 41 位。其在"每万人拥有卫生技术人员数"、"生活垃圾无害化处理率"和"第三产业增加值占 GDP 比例"方面表现良好，分别排在第 1 位、第 1 位和第 8 位，但在"空气质量指数优良天数"、"污水处理厂集中处理率"、"工业固体废物综合利用率"和"人均水资源量"方面表现较差，分别排在第 81 位、第 81 位、第 87 位和第 89 位。

42. 乌鲁木齐

土地面积:14876 平方千米 人口:352 万 GDP:2460 亿元人民币	乌鲁木齐是中国西北部新疆维吾尔自治区的首府,位于天山脚下。曾是丝绸之路上重要的枢纽,现为中亚主要的贸易和配送中心。服务业是乌鲁木齐主要的经济驱动产业。乌鲁木齐拥有丰富的森林和草地资源以及化石燃料、矿物质和风能等能源。(香港贸发局,2017)

乌鲁木齐的整体可持续发展表现排在第 42 位。其在"第三产业增加值占 GDP 比重"、"每万人拥有卫生技术人员数"和"每万人城市绿地面积"方面表现良好，分别排在第 3 位、第 4 位和第 7 位，但在"单位工业总产值二氧化硫排放量"、"单位工业总产值废水排放量"、"污水处理厂集中处理率"、"生活垃圾无害化处理率"和"单位 GDP 能耗"方面表现较差，分别排在第 84 位、第 84 位、第 84 位、第 85 位和第 96 位。

43. 南昌

南昌的整体可持续发展表现排在第 43 位。其在"单位 GDP 能耗"、

“GDP 增长率”和“单位工业总产值二氧化硫排放量”方面表现良好，分别排在第 5 位、第 19 位和第 20 位，但在“财政性教育支出占 GDP 比重”、“人均水资源量”和“财政性节能环保支出占 GDP 比重”方面表现较差，分别排在第 77 位、第 94 位和第 98 位。南昌 2016～2017 年可持续发展总体排名下降 18 位，其中“财政性教育支出占 GDP 比重”、“人均水资源量”、“财政性节能环保支出占 GDP 比重”、“生活垃圾无害化处理率”均显著下降。这些下降不仅反映了 2017 年新增 30 个城市相关指标的表现，也反映了南昌相关指标与上年相比的下降。比如，“人均水资源量”从 2016 年的 1740 立方米下降到 2017 年的 141 立方米。

土地面积:7402 平方千米 人口:540 万 GDP:4400 亿元人民币	南昌是一座内陆城市,江西省省会,拥有中国内陆规模最大的港口之一。南昌是江西省的政治、文化和经济中心,为附近城市提供货运服务。南昌的工业产业占该市 GDP 的 40% 以上,汽车业是其最重要的产业。(香港贸发局,2017)

44. 潍坊

土地面积:16100 平方千米 人口:935.7 万 GDP:5520 亿元人民币	潍坊市位于山东半岛中部,以风筝制作闻名于世,被誉为“风筝之都”。该市属于温带大陆性气候区,降水量大,年际变化大。潍坊市是“一带一路”沿线城市,当地政府大力投资建成方便快捷的现代交通体系网。当地矿产资源丰富多样,但水资源不足,干旱天气进一步恶化了水资源短缺问题

潍坊整体可持续发展表现排在第 44 位。其在“生活垃圾无害化处理率”、“房价 - 人均 GDP 比”和“每万元 GDP 水耗”方面表现较好，分别排在第 1 位、第 11 位和第 16 位，但在“空气质量指数优良天数”、“人均社会保障和就业财政支出”和“人均水资源量”方面表现较差，分别排在第 87 位、第 91 位和第 93 位。

45. 重庆

重庆的整体可持续发展表现排在第 45 位。其在“GDP 增长率”、“人均社会保障和就业财政支出”和“财政性节能环保支出占 GDP 比重”方面表现良好，分别排在第 4 位、第 10 位和第 16 位。但在“城镇登记失业率”、“每万人城市绿地面积”和“人均城市道路面积”方面表现较差，分别排在第 82 位、第 89 位和第 92 位。

土地面积：82400 平方千米 人口：3048 万 GDP：17740 亿元人民币	重庆是中国的旧工业基地之一，重工业仍在 GDP 中占有相当大的比例。重庆的经济在 21 世纪初期开始腾飞，当时，修建了很多公共工程，且该城市房地产也迅速发展。近年来，许多顶尖的跨国公司开始在重庆经营业务。不过，重庆面临着快速城市化所带来的问题。三峡大坝项目的生态管理问题在不断发生；2007 年，数百万的人口搬至重庆。重庆绝大多数地区仍属于农村，城市人口占总人口的 60% 左右。（香港贸发局，2017；庞，2009）

46. 榆林

土地面积：43578 平方千米 人口：338 万 GDP：2770 亿元人民币	榆林市位于陕西省最北部，与山西、宁夏、甘肃，内蒙古相邻。地貌大体以长城为界，北部为草滩，南部为黄土丘陵。煤、气、油、盐等资源优势明显。第二产业实力突出。榆林地处中西部接合地区，多条重要铁路、高速公路汇聚于此。榆林是一个以汉族为主的少数民族杂居地区，生活着回族、藏族、蒙古族、维吾尔族等 35 个少数民族。（榆林人民政府，2017）

榆林的整体可持续发展表现排在第 46 位。其在“人均社会保障和就业财政支出”、“房价 - 人均 GDP 比”和“人均城市道路面积”方面表现良好，分别排在第 9 位、第 16 位和第 19 位，但在“单位 GDP 能耗”、“生活垃圾无害化处理率”和“第三产业增加值占 GDP 比例”方面表现较差，分别排在第 90 位、第 91 位和第 93 位。

47. 沈阳

土地面积：13308 平方千米 人口：829 万 GDP：5550 亿元人民币	沈阳是辽宁省省会，中国东北主要的工业中心之一，东北地区的教育中心。尽管沈阳由于大型国有企业重组而遭受了严重的经济危机，但目前该市是辽宁省规模最大的工业生产基地，并作为通往其他主要省份及城市的交通枢纽。但是，研究也显示，沈阳土壤中的重金属含量超出平均值。（香港贸发局；庞，2009；孙等人，2010）

沈阳的整体可持续发展表现排在第 47 位。具体而言，该市在“人均社会保障和就业财政支出”、“第三产业增加值占 GDP 比例”和“每万人拥有卫生技术人员数”方面表现良好，分别排在第 7 位、第 22 位和第 24 位。但其在“财政性教育支出占 GDP 比重”、“单位 GDP 能耗”和“GDP 增长率”方面表现较差，分别排在第 76 位、第 98 位和第 99 位。沈阳从 2016 年到 2017 年的可持续发展整体排名下降了 24 位，其中“GDP 增长率”、“财政性教育支出占 GDP 比重”、“单位 GDP 能耗”都出现了显著下降，主要是由于在 2017 年将其他 30 个城市加入后，排名下降。此外，“人均城市道路面积”排名下降的原因还包括指标体系对指标计算方法的升级，导致排名本身发生变化。

48. 九江

土地面积：18887 平方千米 人口：485 万 GDP：2100 亿元人民币	九江位于江西省北部，长江沿岸。九江港是长江流域最大的港口之一，为其他主要城市提供货运和客运服务。九江的工业部门产值占该市 GDP 的 45%，主要产业包括冶金、纺织、石油化工和造船。（香港贸发局，2017）

九江的整体可持续发展表现排在第 48 位。其在“生活垃圾无害化处理率”、“污水处理厂集中处理率”和“人均水资源量”方面表现良好，分别排在第 1 位、第 4 位和第 8 位，但在“每万元 GDP 水耗”、“工业固体废物综合利用率”和“城镇登记失业率”方面表现较差，分别排在第 77 位、第 84 位和第 85 位。

49. 北海

土地面积：3337 平方千米 人口：164 万 GDP：1010 亿元人民币	北海位于中国西南部的广西省，北部湾沿岸，是连接华南和东南亚的纽带，拥有发达的港口。渔业及石油化工产业是该市的主要产业，北部湾是中国主要的石油及天然气基地之一

北海的整体可持续发展表现排在第 49 位。其在“生活垃圾无害化处理率”、“污水处理厂集中处理率”和“单位 GDP 能耗”方面表现良好，分别

排在第1位、第9位和第12位，但在“第三产业增加值占GDP比例”、“财政性节能环保支出占GDP比重”和“人均社会保障和就业财政支出”方面表现较差，分别排在第97位、第97位和第99位。

50. 兰州

土地面积：13085.6平方千米 人口：370万 GDP：2260亿元人民币	兰州是甘肃省省会，也是“一带一路”的重要节点城市，连接欧洲和中国的交通要道。鉴于其独特的地理位置，兰州成为甘肃重要的商业和配送中心，这使得服务业成为该市经济最大的推动力。兰州还拥有丰富的自然资源，以水果生产闻名。不过，兰州的农业规模相对较小。煤炭是兰州占主导地位的能源，2005年，该市开始实施清洁能源转型计划，旨在增加天然气在公共交通系统中的应用。（香港贸发局，2017；牛等人，2011）

兰州的整体可持续发展表现排在第50位。其在“城镇登记失业率”、“第三产业增加值占GDP比重”和“财政性节能环保支出占GDP比重”方面表现良好，分别排在第7位、第9位和第17位，但在“单位GDP能耗”、“人均水资源量”和“生活垃圾无害化处理率”方面表现较差，分别排在第82位、第100位和第100位。

51. 南宁

土地面积：22099平方千米 人口：706万 GDP：3700亿元人民币	南宁是一座内陆城市，广西壮族自治区的首府，以郁郁葱葱的热带植物而闻名。农业和食品加工是南宁的主要产业，但服务业对这座城市的贡献最大，包括旅游和贸易。研究显示，在过去几十年内，南宁的平均温度明显上升，很可能是由于全球气候变化而造成的。（香港贸发局，2017；李等人，2007）

南宁的整体可持续发展表现排在第51位。其在“每万人城市绿地面积”、“空气质量指数优良天数”和“单位GDP能耗”方面表现良好，分别排在第8位、第16位和第26位。但在“财政性科学技术支出占GDP比例”、“GDP增长率”、“每万元GDP水耗”和“污水处理厂集中处理率”方面表现较差，分别排在第81位、第81位、第84位和第90位。

52. 泉州

土地面积：11015 平方千米 人口：858 万 GDP：6650 亿元人民币	泉州是福建省规模最大的大都市区，位于该省东南部，与台湾海峡相邻。泉州拥有高效的多模式运输体系及国际港口，为货船和客船提供服务。泉州的工业部门产值超过其 GDP 的一半，是福建省规模最大的制造基地。过去，泉州以纺织、服装和鞋类产品而闻名，如今又有了新兴的石油化工产业。（香港贸发局，2017）

泉州的整体可持续发展表现排在第 52 位。其在“城镇登记失业率”、“空气质量指数优良天数”和“人均城市道路面积”方面表现良好，分别排在第 3 位、第 5 位和第 14 位，但在“每万人拥有卫生技术人员数”、“财政性节能环保支出占 GDP 比重”和“人均社会保障和就业财政支出”方面表现较差，分别排在第 94 位、第 94 位和第 98 位。

53. 银川

土地面积：9491 平方千米 人口：219 万 GDP：1620 亿元人民币	银川是宁夏回族自治区的首府，以其历史文化而闻名。银川还拥有著名的自然景观，如沙湖和苏峪口国家森林公园，这使得旅游业成为该市服务业的重要组成部分。银川的工业部门产值几乎占其 GDP 的一半，原油是银川的主要产品之一。在中国所有省会当中，银川的年降雨量最少。（香港贸发局，2017；Leese，2009）

银川的整体可持续发展表现排在第 53 位。其在“每万人拥有卫生技术人员数”、“房价 - 人均 GDP 比”和“人均城市道路面积”方面表现良好，分别排在第 7 位、第 8 位和第 12 位。但在“城镇登记失业率”、“单位 GDP 能耗”和“人均水资源量”方面表现较差，分别排在第 83 位、第 97 位和第 98 位。

54. 蚌埠

土地面积：5952 平方千米 人口：333 万 GDP：1390 亿元人民币	蚌埠位于安徽省东北部，淮河沿岸。京杭大运河将蚌埠港和许多主要城市连接起来，如上海。蚌埠的农业部门发挥了非常重要的作用，对该市的纺织业、食品及饮料制造业起到支持作用。蚌埠的工业部门占该市 GDP 的 40% 以上，且吸引了大量投资来发展其汽车部件和制药工业。（香港贸发局，2017）

蚌埠的整体可持续发展表现排在第 54 位。其在“生活垃圾无害化处理率”、“财政性科学技术支出占 GDP 比例”和“工业固体废物综合利用率”方面表现良好，分别排在第 1 位、第 7 位和第 10 位，但在“每万人拥有卫生技术人员数”、“每万元 GDP 水耗”和“单位二三产业增加值占建成区面积”方面表现较差，分别排在第 79 位、第 81 位和第 85 位。

55. 石家庄

土地面积：15848 平方千米 人口：1078 万 GDP：5930 亿元人民币	石家庄是一座内陆城市，河北省省会。该市是中国主要的生物医药基地之一，其他主要产业包括化工、信息技术及设备制造。从 2008 年至 2011 年，石家庄通过制订计划增加绿地面积，改善交通基础设施，开始着手解决因快速发展及人口增长带来的诸多问题。（香港贸发局，2017）

石家庄在整体可持续性方面排名第 55 位，具体而言，石家庄在“生活垃圾无害化处理率”、“每万元 GDP 水耗”和“污水处理厂集中处理率”方面表现良好，分别排在第 1 位、第 9 位和第 17 位，但在“GDP 增长率”、“人均社会保障和就业财政支出”和“空气质量指数优良天数”方面表现较差，分别排在第 85 位、第 93 位和第 96 位。

56. 西宁

土地面积：7665 平方千米 人口：233 万 GDP：1250 亿元人民币	西宁是青海省省会。20 世纪 80 年代中期以来该地区的城市化和工业化不断增强。该城市以机械、纺织、化工、建筑材料、冶金、皮革及食品加工产业为主，将近占该市 GDP 的 40%。西宁拥有丰富的矿产资源，还是重要的旅游胜地。西宁的城市供水来自湟水谷地，近些年面临化工等行业的污染威胁。（香港贸发局，2017；Leese，2009；郭等人，2010）

西宁的整体可持续发展表现排在第 56 位。其在“GDP 增长率”、“财政性节能环保支出占 GDP 比重”和“每万人拥有卫生技术人员数”方面表现良好，分别排在第 7 位、第 9 位和第 16 位，但在“污水处理厂集中处理率”、“单位工业总产值二氧化硫排放量”和“每万元 GDP 水耗”方面表现较差，分别排在第 94 位、第 95 位和第 99 位。

57. 秦皇岛

土地面积:7467 平方千米 人口:309 万 GDP:1350 亿元人民币	秦皇岛位于河北省,受夏季季风影响,该市为温和的大陆性气候。秦皇岛的港口不结冰,是主要的煤炭运输港。工业部门产值占其 GDP 的 29%,包括玻璃制造、金属冲压和机械。由于旅游业在经济中发挥着重要作用,所以环境保护成为该市未来发展战略的重要考虑因素。(香港贸发局,2017;Leese,2009;冯,2016)

秦皇岛的整体可持续发展表现排在第 57 位。具体而言，秦皇岛在“生活垃圾无害化处理率”、“污水处理厂集中处理率”、“财政性教育支出占 GDP 比重”、“每万元 GDP 水耗”和“财政性节能环保支出占 GDP 比重”方面表现良好，分别排在第 1 位、第 14 位、第 26 位、第 26 位和第 26 位，但在“GDP 增长率”、“人均社会保障和就业财政支出”、“单位工业总产值二氧化硫排放量”和“单位工业总产值废水排放量”方面表现较差，分别排在第 81 位、第 81 位、第 82 位和第 91 位。

58. 襄阳

土地面积:19.724 平方千米 人口:564 万 GDP:3690 亿元人民币	襄阳位于湖北省,汉水将襄阳市分为南北两部分。襄阳最重要的经济支柱是旅游和汽车零部件生产,其为华中地区最重要的汽车零部件生产基地之一。襄阳拥有 2800 年的历史,并有“国家历史文化名城”之称,从而成为湖北省的主要旅游目的地之一

襄阳的整体可持续发展表现排在第 58 位。其在“生活垃圾无害化处理率”、“财政性科学技术支出占 GDP 比例”和“单位工业总产值废水排放量”方面表现较好，分别排在第 1 位、第 18 位和第 24 位，但在“每万人城市绿地面积”、“工业固体废物综合利用率”和“第三产业增加值占 GDP 比例”方面表现较差，分别排在第 86 位、第 90 位和第 94 位。

59. 唐山

土地面积:13472 平方千米 人口:784 万 GDP:6350 亿元人民币	唐山位于河北省东部,有一个向亚洲和欧洲国家提供国内和国际货运服务的区域性港口。唐山的 GDP 为河北省最高,占该省 GDP 总额的 20%。自清朝以来,唐山一直是重要的工业城市,该市有一半以上的 GDP 都来自工业部门。(香港贸发局,2017)

唐山的整体可持续发展表现排在第 59 位。具体而言，该市在“生活垃圾无害化处理率”、“每万元 GDP 水耗”和“污水处理厂集中处理率”方面表现良好，分别排在第 1 位、第 6 位和第 7 位，但在“财政性教育支出占 GDP 比重”、“城镇登记失业率”和“单位 GDP 能耗”方面表现较差，分别排在第 91 位、第 92 位和第 93 位。

60. 吉林

土地面积：27711 平方千米 人口：424 万 GDP：2450 亿元人民币	吉林市位于吉林省中部。该市拥有丰富的物质资源，包括水力、水资源，并是中国金属钼的第二大矿区。工业部门产值占该市 GDP 的 40%；石油化工是规模最大的产业，其后为汽车、冶金和食品加工。尽管吉林水资源丰富，但快速的城镇化严重影响了水资源的质量。地下水是吉林的主要可用水资源，但水质一直在不断恶化，特别是与硝酸盐污染相关的情况。（香港贸发局，2017；庞，2009；严等人，2016）

吉林的整体可持续发展表现排在第 60 位。其在“人均社会保障和就业财政支出”、“房价－收入比”和“每万人拥有卫生技术人员数”方面表现较好，均排在第 15 位，但在“单位工业总产值废水排放量”、“GDP 增长率”和“生活垃圾无害化处理率”方面表现较差，分别排在第 92 位、第 95 位和第 98 位。

61. 洛阳

土地面积：15208 平方千米 人口：680 万 GDP：3820 亿元人民币	洛阳位于河南省西部，是中国的四大古都之一。洛阳铁路网便利，拥有仅次于郑州的河南省第二大工业部门。以先进制造和新材料加工为主的产业占该市 GDP 的 40% 以上。洛阳的某些山区是河南资源最丰富的地区，不过，城区的森林保护体系相对薄弱，森林覆盖率较低。（香港贸发局，2017；孙，2015）

洛阳的整体可持续发展表现排在第 61 位。其在“污水处理厂集中处理率”、“单位工业总产值废水排放量”和“房价－人均 GDP 比”方面表现良好，分别排在第 1 位、第 19 位和第 23 位，但在“城镇登记失业率”、“工业固体废物综合利用率”、“人均社会保障和就业财政支出”和“空气质量指数优良天数”方面表现较差，分别排在第 91 位、第 91 位、第 92 位和第 97 位。

62. 哈尔滨

土地面积：53796 平方千米 人口：962 万 GDP：6100 亿元人民币	哈尔滨是位于中国东北的黑龙江省的省会，是中国为数不多的内陆港口之一。哈尔滨以漫长、寒冷的冬季而著称，这也促进了其知名的旅游业的发展。哈尔滨还是重要的工业中心，和许多国际公司都建立了外贸、经济和技术合作关系。哈尔滨的土壤富含营养，适合种植粮食和其他与纺织相关的作物。哈尔滨是主要的商品粮生产基地，同时还是发展农业贸易的理想地点。（香港贸发局，2017；美国国会图书馆，2015；庞，2009）

哈尔滨的整体可持续发展表现排在第 62 位。其在“工业固体废物综合利用率”、“第三产业增加值占 GDP 比例”和“人均社会保障和就业财政支出”方面表现良好，分别排在第 4 位、第 18 位和第 18 位，但在“每万人城市绿地面积”、“财政性节能环保支出占 GDP 比重”和“生活垃圾无害化处理率”方面表现较差，分别排在第 88 位、第 93 位和第 96 位。

63. 郴州

土地面积：19400 平方千米 人口：471.1 万 GDP：2200 亿元人民币	郴州市位于湖南省东南部，地处南岭山脉与罗霄山脉交错地带，同时长江水系与珠江水系在此分流。郴州四季分明，温暖湿润。郴州第二产业总产值占国内生产总值的约 50%，第三产业比上年同期增长 10.7%。该城交通便利，四通八达，多条铁路和重要公路等纵横。再者，郴州通信发达。它拥有丰富多彩的历史文化资源，是旅游观光的胜地。（郴州人民政府，2018）

郴州的整体可持续发展表现排在第 63 位。具体而言，郴州在“生活垃圾无害化处理率”、“人均水资源量”和“财政性节能环保支出占 GDP 比重”方面表现良好，分别排在第 1 位、第 6 位和第 18 位，但在“每万元 GDP 水耗”、“第三产业增加值占 GDP 比例”和“工业固体废物综合利用率”方面表现较差，分别排在第 79 位、第 85 位和第 85 位。

64. 临沂

土地面积：17191 平方千米 人口：1044.3 万 GDP：4030 亿元人民币	临沂市位于山东省东南部，是全省面积最大的城市。该市邻近黄河与岚山、日照、连云港三大港口，水运交通便捷，包括高速公路、铁路、航空在内的交通体系完善。临沂市属于温带大陆性季风气候区，降水量充沛，但灾害性气候时有发生。地形复杂多样，分为低山丘陵、平原等，为当地发展多种农业种植提供条件。当地矿产资源丰富，动植物种类多

临沂的整体可持续发展表现排在第 64 位。其在“生活垃圾无害化处理率”、“工业固体废物综合利用率”和“城镇登记失业率”方面表现良好，分别排在第 1 位、第 5 位和第 21 位，但在“空气质量指数优良天数”、“每万人拥有卫生技术人员数”和“人均社会保障和就业财政支出”方面表现较差，分别排在第 86 位、第 87 位和第 87 位。

65. 黄石

土地面积:4583 平方千米 人口:246. 55 万 GDP:1310 亿元人民币	黄石市是湖北省副中心城市，位于长江中游南岸地区，是当地铁路、高速公路和河港的枢纽。黄石市是国家工业的发源地之一，建成了华中地区重要的原材料工业基地，同时也是全国资源枯竭转型试点城市。2017 年 6 月，黄石市被命名为国家卫生城市

黄石的整体可持续发展表现排在第 65 位。其在“生活垃圾无害化处理率”、“人均城市道路面积”、“人均社会保障和就业财政支出”和“人均水资源量”方面表现良好，分别排在第 1 位、第 18 位、第 20 位和第 20 位，但在“单位 GDP 能耗”、“第三产业增加值占 GDP 比例”和“每万元 GDP 水耗”方面表现较差，分别排在第 88 位、第 89 位和第 91 位。

66. 绵阳

土地面积:20200 平方千米 人口:481 万 GDP:1830 亿元人民币	绵阳是成都平原城市群的重要节点城市，多条重要铁路和高速公路交汇于此。绵阳市自然资源丰富，分布着多样的野生动植物资源和宝贵的古生物遗迹资源。绵阳是全球生物多样性 25 个重点地区之一，全市建立共 13 个森林和野生动物类型、湿地类型、古生物遗迹类型自然保护区。绵阳市是国家重要的国防军工和科研生产基地。同时绵阳是四川历史文化名城，以古代文化名人李白的故乡而著名。作为“5 · 12”汶川特大地震受灾的主要城市，震后恢复迅速，地震纪念馆也建于此

绵阳的整体可持续发展表现排在第 66 位。其在“生活垃圾无害化处理率”、“人均水资源量”、“每万元 GDP 水耗”和“单位工业总产值废水排放量”方面表现良好，分别排在第 1 位、第 34 位、第 37 位和第 37 位，但在“每万人城市绿地面积”、“城镇登记失业率”和“第三产业增加值占 GDP 比例”方面表现较差，分别排在第 78 位、第 86 位和第 88 位。

67. 韶关

土地面积：18380 平方千米 人口：296 万 GDP：1220 亿元人民币	韶关位于广东省，是仅次于清源的广东第二大城市。该市吸引了外国投资商，包括美国迪尔公司和沃尔玛，这些公司都在这里创建业务。韶关在历史上一直是重工业城市，其工业部门产值占 GDP 的 31%，主要产业包括烟草、玩具、制药、冶金、电力、钢铁及机械。随着珠江三角洲的发展，韶关在工业方面的领先地位在不断下降，并遇到与重新定位发展方向相关的挑战。（香港贸发局，2017；潘等人，2003）

韶关整体可持续发展表现排在第 67 位。其在“人均水资源量”、“生活垃圾无害化处理率”和“财政性节能环保支出占 GDP 比重”方面表现良好，分别排在第 1 位、第 1 位和第 12 位，但在“GDP 增长率”、“每万元 GDP 水耗”和“单位工业总产值废水排放量”方面表现较差，分别排在第 91 位、第 95 位和第 100 位。

68. 常德

土地面积：18189.8 平方千米 人口：584 万 GDP：2950 亿元人民币	常德位于湖南省，拥有高效的交通运输网。其还是重要的农业基地，特别是在农作物和棉花方面。这造就了常德强大的工业部门，产值占该市 GDP 的 40% 以上，主要由食品、纺织及烟草行业组成。（香港贸发局，2017）

常德的整体可持续发展表现排在第 68 位。其在“生活垃圾无害化处理率”、“单位 GDP 能耗”和“单位二三产业增加值占建成区面积”方面表现良好，分别排在第 1 位、第 6 位和第 14 位，但在“每万元 GDP 水耗”、“人均城市道路面积”和“财政性科学技术支出占 GDP 比例”方面表现较差，分别排在第 88 位、第 94 位和第 98 位。

69. 牡丹江

牡丹江的整体可持续发展表现排在第 69 位。其在“生活垃圾无害化处理率”、“工业固体废物综合利用率”和“人均水资源量”方面表现良好，分别排在第 1 位、第 3 位和第 12 位，但在“每万元 GDP 水耗”、“财政性科学技术支出占 GDP 比例”和“污水处理厂集中处理率”方面表现较差，分别排在第 96 位、第 99 位和第 99 位。

土地面积:40435 平方千米 人口:275 万 GDP:1230 亿元人民币	牡丹江位于黑龙江省的东南部,与俄罗斯的边境贸易十分活跃。而且,牡丹江还是一个地区的交通枢纽,其铁路和国家机场可连接到中国的若干主要城市及韩国的首尔。工业部门产值占该市 GDP 的 1/3,包括林业产业、汽车配件、造纸、石油化工、新材料、医药及能源行业。服务业规模更大,重点在于旅游业,包括镜泊湖景区。这是中国唯一一个因火山爆发而形成的熔岩堰塞湖。(香港贸发局,2017)

70. 济宁

土地面积:10684.9 平方千米 人口:840 万 GDP:4300 亿元人民币	济宁是重要的文化城市,位于山东省南部。济宁拥有很多文化名胜,从而使得旅游业成为该市服务部门的重要部分。工业是济宁的主导产业,创造的 GDP 占该市 GDP 的 40% 以上。其丰富的煤炭和淡水资源使得这座城市主要产业(包括煤炭化工、设备制造及能源产业)从中获益

济宁的整体可持续发展表现排在第 70 位。其在“生活垃圾无害化处理率”、“人均城市道路面积”和“污水处理厂集中处理率”方面表现良好，分别排在第 1 位、第 8 位和第 18 位，但在“人均社会保障和就业财政支出”、“单位工业总产值废水排放量”和“空气质量指数优良天数”方面表现较差，分别排在第 88 位、第 88 位和第 91 位。

71. 安庆

土地面积:15398 平方千米 人口:461 万 GDP:1530 亿元人民币	安庆位于安徽省西南部,是长江流域的一个主要港口城市。安庆拥有丰富的矿产资源,是重要的棉花、农作物及水产品生产基地。安庆的工业部门规模很大,产值占安庆 GDP 的 40% 以上。有许多大型企业在该市建立了生产线。(香港贸发局,2017)

安庆的整体可持续发展表现排在第 71 位。其在“生活垃圾无害化处理率”、“人均水资源量”和“工业固体废物综合利用率”方面表现良好，分

别排在第 1 位、第 9 位和第 16 位，但在“单位二三产业增加值占建成区面积”、“每万人拥有卫生技术人员数”和“每万元 GDP 水耗”方面表现较差，分别排在第 86 位、第 93 位和第 94 位。

72. 赣州

土地面积：39400 平方千米 人口：859 万 GDP：2210 亿元人民币	赣州位于江西省南部，是江西省的第二大行政区域。冶金和新型材料、非金属产品加工、机械、食品制造、纺织及电子产业是赣州的主要产业，占 GDP 的 37%。特别地，赣州市以“世界钨都”（稀有金属）及“稀土王国”而闻名，坞和稀土资源非常丰富。（香港贸发局，2017）

赣州的整体可持续发展表现排在第 72 位。其在“生活垃圾无害化处理率”、“人均水资源量”和“单位 GDP 能耗”方面表现良好，分别排在第 1 位、第 3 位和第 4 位，但在“单位工业总产值废水排放量”、“人均 GDP”和“单位二三产业增加值占建成区面积”方面表现较差，分别排在第 93 位、第 96 位和第 97 位。

73. 桂林

土地面积：27809 平方千米 人口：500 万 GDP：2050 亿元人民币	桂林是一座风景名胜城市，位于漓江沿岸，广西壮族自治区的东北部。桂林拥有综合性的交通体系，是地区性贸易和物流中心。桂林的重要产业包括设备制造、电子信息、汽车制造等。服务业是桂林经济的重要组成部分，这主要归功于其旅游业的发展。桂林市是中国最有名的旅游目的地之一，拥有两处国家指定的最高级别的旅游景点。（香港贸发局，2017）

桂林的整体可持续发展表现排在第 73 位。其在“生活垃圾无害化处理率”、“人均水资源量”、“财政性教育支出占 GDP 比重”和“单位工业总产值废水排放量”方面表现良好，分别排在第 1 位、第 2 位、第 28 位和第 28 位，但在“人均社会保障和就业财政支出”、“第三产业增加值占 GDP 比例”和“每万元 GDP 水耗”方面表现较差，分别排在第 84 位、第 86 位和第 98 位。

74. 许昌

土地面积:4996 平方千米 人口:438 万 GDP:2380 亿元人民币	许昌市位于河南省中部,是中原经济区核心城市之一。当地区位条件优越,已经建成便捷的现代交通系统,涵盖高速公路、高铁、航空等多种运输方式。许昌市的主要产业为电力产业和发电设备制造业,同时也是电动机械化科技研发基地。其代表性农产品是烟叶,也发展出烟叶加工生产产业。2015 年,许昌市被评为国家文明城市;2017 年,许昌市被评为全国生态花园城市

许昌的整体可持续发展表现排在第 74 位。具体而言，许昌在“生活垃圾无害化处理率”、“单位工业总产值二氧化硫排放量”和“单位工业总产值废水排放量”方面表现良好，分别排在第 1 位、第 18 位和第 20 位。但是，许昌在“财政性科学技术支出占 GDP 比例”、“人均社会保障和就业财政支出”、“第三产业增加值占 GDP 比例”以及“人均城市道路面积”方面表现较差，分别排在第 89 位、第 89 位、第 92 位和第 95 位。

75. 汕头

土地面积:2199 平方千米 人口:558 万 GDP:2080 亿元人民币	汕头位于广东省东部,韩江三角洲南端,海岛岸线长 167.37 公里,有大小岛屿 82 个。气候属于亚热带海洋性气候,全年温暖潮湿,绿地率达 41%,汕头市致力于打造宜居城市。第二和第三产业产值占市内生产总值的 95% 以上,包括纺织服装、化工塑料、工艺玩具、食品医药等传统优势产业。(汕头人民政府,2018)

汕头的整体可持续发展表现排在第 75 位。该市在“空气质量指数优良天数”、“单位 GDP 能耗”和“GDP 增长率”方面表现良好，分别排在第 13 位、第 18 位和第 24 位，但在“每万人城市绿地面积”、“人均城市道路面积”和“每万人拥有卫生技术人员数”方面表现较差，分别排在第 96 位、第 97 位和第 97 位。

76. 遵义

遵义的整体可持续发展表现排在第 76 位。其在“GDP 增长率”、“财政性教育支出占 GDP 比重”和“污水处理厂集中处理率”方面表现良好，分别排在第 1 位、第 10 位和第 10 位，但在“每万人城市绿地面积”、“人均城市道路面积”和“城镇登记失业率”方面表现较差，分别排在第97位、第98位和第99位。

土地面积:30762平方千米 人口:623万 GDP:2400亿元人民币	遵义位于贵州省,其工业包括煤炭、烟草和酿造业,将近占该市GDP的40%。遵义的农业产业在贵州省发挥着关键作用,占该省谷物产量的1/4和GDP的16%。遵义的服务业以旅游业为主,以瀑布、森林、喀斯特地貌及对中国革命史的重要意义而闻名

77. 开封

土地面积:6266平方千米 人口:455万 GDP:1760亿元人民币	开封市是河南省一座历史名城,是中国古代多朝都城,其中北宋立都于此,给当地留下了深厚的文化遗产。开封市位于长江中下游地区,地形平坦,土壤肥沃,是中原地区经济重要一极。开封市重点发展制造业和旅游业。农业方面,小麦、花生、棉花是主要作物;矿产资源中,煤炭、石油、天然气储量丰富。近几年,开封市政府和人民致力于将该市打造成为一个环境友好型和资源节约型城市

开封的整体可持续发展表现排在第77位。具体而言，开封在“生活垃圾无害化处理率”、“工业固体废物综合利用率”和“单位工业总产值二氧化硫排放量”方面表现卓越，分别排在第1位、第13位和第22位。但是，在“人均水资源量”、“单位二三产业增加值占建成区面积”和“财政性节能环保支出占GDP比重”方面，分别排在第84位、第90位和第90位。

78. 岳阳

土地面积:15019平方千米 人口:568万 GDP:3100亿元人民币	岳阳位于湖南省东北部。洞庭湖桥将岳阳与湖南和湖北的城市连接起来。2015年,其工业部门的产值占该市GDP的45%。石油化工、食品及饮料、回收及处置、建筑材料、纺织、造纸和机械是岳阳的主要产业,共占该市GDP的45%。岳阳还是中国主要的谷物、棉花及石油生产基地之一。(香港贸发局,2017;罗等人,2014)

岳阳的整体可持续发展表现排在第78位。其在“生活垃圾无害化处理率”、“单位二三产业增加值所占建成区面积”和“人均水资源量”方面表现良好，分别排在第1位、第19位和第19位，但在“财政性节能环保支出

占 GDP 比重”、“财政性教育支出占 GDP 比重” 和 “污水处理厂集中处理率” 方面表现较差，分别排在第 87 位、第 92 位和第 95 位。

79. 南阳

土地面积:4627 平方千米 人口:1007 万 GDP:3110 亿元人民币	南阳市位于河南省西南部，是该省面积最大、人口最多的城市，为三面环山、南部开口的盆地，因地处伏牛山以南，汉水以北而得名，是长江、黄河、淮河的自然分水岭。该市历史悠久，文化深厚，伏牛山是当地名胜之一，2006 年被联合国教科文组织命名为世界地质公园。此外，该市还是全国中药材的主产区之一

南阳的整体可持续发展表现排在第 79 位。具体而言，南阳在“污水处理厂集中处理率”、“单位工业总产值二氧化硫排放量” 和 “单位工业总产值废水排放量” 方面表现良好，分别排在第 12 位、第 14 位和第 15 位。但是在“空气质量指数优良天数”、“单位二三产业增加值占建成区面积” 和 “每万人拥有卫生技术人员数” 方面表现较差，分别排在第 88 位、第 89 位和第 90 位。

80. 怀化

土地面积:27600 平方千米 人口:492 万 GDP:1390 亿元人民币	怀化地处湖南省西南部，地处武陵、雪峰山脉之间，雨水充沛，全市森林覆盖率达到 68.8%，是全国九大生态良好区域之一。怀化处于长三角、长株潭与成渝经济圈。同时十多条重要铁路在此交汇。怀化少数民族有 210 万，占全市总人口的 40.5%。汉、侗、苗、土家、瑶等 50 个民族在这方土地上和谐共处。怀化拥有丰富的树木资源、中药材资源以及水果资源。(怀化市人民政府，2018)

怀化的整体可持续发展表现排在第 80 位。该市在“生活垃圾无害化处理率”、“人均水资源量” 和 “财政性教育支出占 GDP 比重” 方面表现良好，分别排在第 1 位、第 5 位、第 14 位，但在“人均 GDP”、“工业固体废物综合利用率” 和 “城镇登记失业率” 方面相对落后，分别排在第 91 位、第 92 位和第 98 位。

81. 铜仁

土地面积：18003 平方千米 人口：314 万 GDP：860 亿元人民币	铜仁位于贵州省东北部，地处武陵山区的腹地。铜仁地质地貌复杂，使得其具有丰富的自然资源，拥有探明储量的矿产有 59 种，年均径流总量的水资源达 128 亿立方米左右。铜仁有汉、侗、土家、苗、仡佬等 29 个民族，少数民族占总人口的 70.45%。铜仁也是中国被誉为戏剧“活化石”的傩戏的文化发源地。同时铜仁是著名的革命老区，是红军长征前全国 8 大红色根据地之一。（铜仁人民政府，2017）

铜仁的整体可持续发展表现排在第 81 位。该市在“GDP 增长率”、“财政性教育支出占 GDP 比重”和“财政性节能环保支出占 GDP 比重”方面表现良好，分别排在第 2 位、第 2 位和第 5 位，但在“人均 GDP”、“每万人城市绿地面积”和“人均城市道路面积”方面表现较差，分别排在第 94 位、第 98 位和第 99 位。

82. 湛江

土地面积：12490 平方千米 人口：727 万 GDP：2580 亿元人民币	湛江位于广东省雷州半岛的东海岸线上，是一座港口城市，为广东主要的国际港口之一。拥有良好的铁路及公路网，是广东省的贸易中心。湛江港设有石油、矿产及集装箱码头，水产业竞争力强。服务业产值占该市 GDP 的 43%，而工业部门产值占 34%。湛江市还是中国蔗糖业的四大基地之一，拥有悠久的蔗糖种植和加工历史。（香港贸发局，2017；丁，2011）

湛江的整体可持续发展表现排在第 82 位。其在“生活垃圾无害化处理率”、“空气质量指数优良天数”和“工业固体废物综合利用率”方面表现良好，分别排在第 1 位、第 10 位和第 11 位，但在“每万人城市绿地面积”、“人均城市道路面积”和“财政性节能环保支出占 GDP 比重”方面表现较差，分别排在第 87 位、第 88 位和第 95 位。

83. 大同

大同的整体可持续发展表现排在第 83 位。该市在“财政性教育支出占 GDP 比重”、“财政性节能环保支出占 GDP 比重”和“第三产业增加值占

GDP比例”方面表现良好，分别排在第9位、第15位和第17位，但在“单位GDP能耗”、“财政性科学技术支出占GDP比例”和“GDP增长率”方面表现较差，分别排在第95位、第97位和第97位。

土地面积:14176平方千米 人口:342万 GDP:1030亿元人民币	大同市位于黄土高原的西北部,是山西省第二大城市。受地质活动影响,大同市地形复杂多样,形成两侧高、中部低、“两山夹一川”的槽形盆地。它地处大陆性半干旱季风气候区,降水量年际变化大,水资源有限。大同市的主要资源为矿产资源,其中煤炭资源位列第一。此外,大同草地面积广阔,野生动植物种类众多

84. 丹东

土地面积:14981平方千米 人口:240万 GDP:750亿元人民币	丹东位于辽宁省东南边界,是中国规模最大的边境城市。入海十分便利,且拥有丰富的自然资源,是主要的出口生产中心。丹东的工业部门包括汽车零部件、造纸、服装、仪表、电子及硼化工产业。(香港贸发局,2017)

丹东的整体可持续发展表现排在第84位。其在“生活垃圾无害化处理率”、“财政性节能环保支出占GDP比重”、“人均社会保障和就业财政支出”和“人均水资源量”方面表现良好，分别排在第1位、第11位、第14位和第14位，但在“GDP增长率”、“单位二三产业增加值占建成区面积”和“污水处理厂集中处理率”方面表现较差，分别排在第98位、第99位和第100位。

85. 邯郸

土地面积:12073.8平方千米 人口:949万 GDP:3360亿元人民币	邯郸市是河北省的历史文化名域,是晋冀鲁豫四省交界地带唯一一座人口超过千万的大城市。其产业基础稳固,农产品以小麦和棉花为主,矿产资源中煤炭和铁矿石资源储量丰富,建成了包括铁路、高速公路、国道、飞机在内的现代化交通体系,为贸易物流集散提供便利条件。邯郸市位于太行山脉东麓冲积平原,自然环境优越,水资源充沛,拥有诸多风景名胜

邯郸的整体可持续发展表现排在第85位。该市在“每万元GDP水耗”、“生活垃圾无害化处理率”和“污水处理厂集中处理率”方面表现良好，分别排在第1位、第1位和第5位，但在“GDP增长率”、“人均社会保障和就业财政支出”和“空气质量指数优良天数”方面表现较差，分别排在第93位、第94位和第94位。

86. 天水

土地面积：14325 平方千米 人口：332.3 万 GDP：590.51 亿元人民币	天水位于甘肃东南部的陕西、甘肃、四川交界处。天水地势西北高，东南低，海拔在1000～2100米。天水是西北地区的重要工业城市，也是国家老工业基地之一，近年来机械制造、电工电器、电子信息、医药食品、能源化工、建筑建材成为六大产业。树种复杂，森林资源丰富，森林覆盖率为45.5%，其中天然林众多。天水是伏羲的故乡，每年农历五月十三日，大型祭祀伏羲典礼的中国传统民俗节庆活动——伏羲文化节在此举办

天水的整体可持续发展表现排在第86位。具体而言，该市在“生活垃圾无害化处理率”、“财政性教育支出占GDP比重”和“财政性节能环保支出占GDP比重”方面表现良好，分别排在第1位、第3位和第13位，但在“每万人城市绿地面积数”、“人均GDP”和“房价－人均GDP比”方面表现较差，分别排在第99位、第100位和第100位。

87. 平顶山

土地面积：8867 平方千米 人口：498 万 GDP：1830 亿元人民币	平顶山位于河南省，拥有便利的交通网络。淡水资源和煤炭资源丰富，为河南省规模最大的煤炭储备中心，储量高达103亿吨。工业产值占GDP的43%，包括设备制造、原化工及化工产品、非金属采矿、有色金属冶金、炼油和焦化。（香港贸发局，2017）

平顶山的整体可持续发展表现排在第87位。其在“污水处理厂集中处理率”、“生活垃圾无害化处理率”和“工业固体废物综合利用率”方面表现良好，分别排在第1位、第1位和第12位，但在“人均社会保障和就业财政支出”、“人均水资源量”、“每万人城市绿地面积”和“空气

质量指数优良天数”方面表现较差，分别排在第 80 位、第 80 位、第 91 位和第 91 位。

88. 大理

土地面积：29459 平方千米 人口：356 万 GDP：970 亿元人民币	大理位于云南省西北部，山区面积占土地总面积的 90% 以上。大理拥有便利的交通体系，工业部门产值占其 GDP 总额的 31%。服务业（主要是旅游业）是最重要的经济贡献力量，占 GDP 的 39%。（香港贸发局，2017；王，2016）

大理的整体可持续发展表现排在第 88 位。其在“空气质量指数优良天数”、“生活垃圾无害化处理率”、“财政性教育支出占 GDP 比重”和“财政性节能环保支出占 GDP 比重”方面表现良好，分别排在第 1 位、第 1 位、第 7 位和第 7 位，但在“每万人拥有卫生技术人员数”、“单位 GDP 能耗”、“人均 GDP”和“每万人城市绿地面积”方面表现较差，分别排在第 91 位、第 91 位、第 93 位和第 95 位。

89. 曲靖

土地面积：28000 平方千米 人口：608 万 GDP：1770 亿元人民币	曲靖地处云南省之东，与贵州、广西相邻。曲靖拥有以煤、磷、铅、锌等为主的 29 种矿产资源和丰富的水能资源，同时以喀斯特地貌等神奇的自然风光而著名。曲靖市以优势特色农业、能源、烟草等为优势产业。曲靖是全国最大的优质烤烟生产基地。同时因为丰富的原煤资源，曲靖成为云南“西电东送”“云电送粤”的重要基地。（曲靖人民政府，2017）

曲靖的整体可持续发展表现排在第 89 位。其在“空气质量指数优良天数”、“财政性教育支出占 GDP 比重”和“GDP 增长率”方面表现良好，分别排在第 7 位、第 8 位和第 25 位，但在“人均 GDP”、“单位工业总产值二氧化硫排放量”和“每万人拥有卫生技术人员数”方面表现较差，分别排在第 89 位、第 99 位和第 100 位。

90. 固原

土地面积：10540 平方千米 人口：122 万 GDP：239.88 亿元人民币	固原位于宁夏回族自治区南部的六盘山地区，是黄土高原的西北边缘，南高北低。同时处于西安、兰州、银川三省会城市所构成的三角地带中心，是政治、经济、文化中心和交通枢纽。同时作为宁南地区中心城市，固原也是国家确定重点扶贫的“三西”地区之一。固原是回族聚居地，据 2016 年数据显示，回族人口 69.44 万人，占总人口的 46.3%。（固原人民政府，2016）

固原的整体可持续发展表现排在第 90 位。其在“财政性教育支出占 GDP 比重”、“生活垃圾无害化处理率”和“财政性节能环保支出占 GDP 比重”方面表现良好，分别排在第 1 位、第 1 位和第 3 位，但在“人均 GDP”、“单位二三产业增加值占建成区面积”和“单位工业总产值二氧化硫排放量”方面表现较差，分别排在第 99 位、第 100 位和第 100 位。

91. 保定

土地面积：22190 平方千米 人口：1163 万 GDP：3480 亿元人民币	保定市位于京津冀核心区，地处河北省中部，是该省人口最多的城市，曾两次被定为河北省首府。保定市现已建成海陆空多维交通网，制造业部门体系完善，包括清洁能源、汽车产业和纺织业。保定市地处太行山山麓，自然环境优越，地形多样。2008 年，保定市由世界自然基金会（WWF）批准加入第一批“中国低碳城市发展项目”

保定的整体可持续发展表现排在第 91 位。其在“每万元 GDP 水耗”、“工业固体废物综合利用率”、“财政性教育支出占 GDP 比重”和“财政性节能环保支出占 GDP 比重”方面表现良好，分别排在第 2 位、第 8 位、第 24 位和第 24 位，但在“城镇登记失业率”、“财政性科学技术支出占 GDP 比例”、“人均社会保障和就业财政支出”和“空气质量指数优良天数”方面表现较差，分别排在第 93 位、第 93 位、第 96 位和第 96 位。

92. 泸州

土地面积：12243 平方千米 人口：430 万 GDP：1480 亿元人民币	泸州位于四川省四川盆地西南部，长江和沱江交汇处。泸州是长江流域的重要港口、四川省规模最大的港口以及成都 - 重庆经济圈重要的商业物流中心。工业是该市的主导产业，其还是中国的白酒生产中心

泸州的整体可持续发展表现排在第92位。其在“生活垃圾无害化处理率”、“GDP增长率”和“财政性教育支出占GDP比重”方面表现良好，分别排在第1位、第11位和第15位，但在“每万元GDP水耗”、“污水处理厂集中处理率”和“第三产业增加值占GDP比例”方面表现较差，分别排在第93位、第93位和第100位。

93. 海东

土地面积：13200平方千米 人口：146万 GDP：422.8亿元人民币	海东处于青海省中部，因位于青海湖之东而得名。北靠祁连山脉，南邻黄河，是河湟文明的发祥地之一，有“海藏咽喉”之称。水资源、太阳能资源、风能等资源丰富。近年来，致力于发展高原特色现代农业。据2016年统计，回、藏、土、撒拉、蒙古族为主的少数民族人口共69万人，占全市总人口的43.9%。（海东人民政府，2016）

海东的整体可持续发展表现排在第93位。该市在“财政性节能环保支出占GDP比重”、“GDP增长率”和“财政性教育支出占GDP比重”方面表现良好，分别排在第1位、第5位和第5位，但在“每万人拥有卫生技术人员数”、“人均城市道路面积”和“每万人城市绿地面积”方面表现较差，分别排在第95位、第100位和第100位。

94. 乐山

土地面积：13282平方千米 人口：326.5万 GDP：1406.58亿元人民币	乐山地处四川盆地与西南山地的过渡地带，坐落在岷江、青衣江、大渡河交汇处。同时处于长江经济带和南丝绸之路上，是西南地区重要的交通枢纽城市，水运、公路、铁路发展迅速。水能资源和矿产资源丰富。乐山境内峨眉山、乐山大佛都享誉中外，旅游资源丰富。乐山方言文化十分多样，包括：乐山方言、夹江方言、自贡方言等

乐山的整体可持续发展表现排在第94位。具体而言，该市在“人均水资源量”、“财政性节能环保支出占GDP比重”和“GDP增长率”方面表现良好，分别排在第13位、第35位和第43位。但在“城镇登记失业率”、“财政性科学技术支出占GDP比例”和“生活垃圾无害化处理率”方面表现较差，分别排在第95位、第96位和第97位。

95. 锦州

土地面积:10301 平方千米 人口:307 万 GDP:1030 亿元人民币	锦州位于辽宁省西南部,是地区性配送贸易和物流中心。工业是锦州经济的主导产业,主要包括钢铁加工、石油化工、农产品加工等产业。研究显示在过去 50 年时间里,锦州的平均温度有所上升,这造成了其生态环境和农业生产的变化。(香港贸发局,2017;张,2008)

锦州的整体可持续发展表现排在第 95 位。其在“生活垃圾无害化处理率”、“人均社会保障和就业财政支出”和“财政性教育支出占 GDP 比重”方面表现较好,分别排在第 1 位、第 13 位和第 50 位,但在“财政性科学技术支出占 GDP 比例”、“单位工业总产值废水排放量”、“每万人拥有卫生技术人员数”和“GDP 增长率”方面表现较差,分别排在第 95 位、第 95 位、第 96 位和第 100 位。

96. 宜宾

土地面积:13282 平方千米 人口:451 万 GDP:1650 亿元人民币	宜宾位于四川盆地南缘,居于长江经济带、南丝绸之路经济带和中印缅孟经济走廊的接合部,多条重要铁路交汇于此形成重要交通枢纽。自然资源丰富,已探明矿产资源 44 种,其中煤炭、天然气、硫铁矿资源突出。同时水能资源、动物资源、旅游资源也很多样。宜宾第三产业增长迅速,比上年增长 10.2%。宜宾作为历史文化名城,2190 多年建城史和 4000 多年酿酒史,是中国酒都,以世界名酒五粮液而闻名。(宜宾人民政府,2017)

宜宾的整体可持续发展表现排在第 96 位。其在“生活垃圾无害化处理率”、“财政性教育支出占 GDP 比重”和“工业固体废物综合利用率”方面表现良好,分别排在第 1 位、第 20 位和第 24 位,但在“单位工业总产值二氧化硫排放量”、“污水处理厂集中处理率”、“第三产业增加值占 GDP 比例”和“单位工业总产值废水排放量”方面表现较差,分别排在第 96 位、第 96 位、第 98 位和第 99 位。

97. 齐齐哈尔

齐齐哈尔的整体可持续发展表现排在第 97 位。其在“财政性教育支出占 GDP 比重”、“空气质量指数优良天数” 和 “工业固体废物综合利用率” 方面表现良好，分别排在第 11 位、第 25 位和第 34 位，但在 “生活垃圾无害化处理率”、“城镇登记失业率” 和 “财政性科学技术支出占 GDP 比例” 方面表现较差，分别排在第 99 位、第 100 位和第 100 位。

土地面积:42500 平方千米 人口:516 万 GDP:1325.3 亿元人民币	齐齐哈尔市地处松嫩平原,东依大庆市,南连吉林省白城地区,西靠内蒙古呼伦贝尔盟,北接黑河市。因市区东南部栖息繁衍着丹顶鹤,该市有着“鹤城”的美誉。过去,当地曾是老工业基地,化工和钢铁产业基础雄厚。此外,齐齐哈尔市还拥有丰富的农牧业资源,绿色农产品产量多,农业发展潜力大。齐齐哈尔旅游资源十分丰富,素以冰雪风光而著称

98. 渭南

土地面积:13000 平方千米 人口:537 万 GDP:1490 亿元人民币	渭南地处关中平原东部,黄河、渭河、洛河交汇处。渭南光照充足,雨量适宜,土地肥沃,是西北重要的农业生态区,盛产苹果、梨、枣等作物。矿产资源丰富,尤其是煤、钼、金等,是国家十大煤炭产地之一。渭南是中华民族的重要发祥地,被称为华夏之根。渭南也是戏曲之乡和民俗之乡,华阴老腔等 12 个项目被列入国家非物质文化遗产保护名录。旅游资源丰富,五岳之一的西岳华山是其中的代表

渭南的整体可持续发展表现排在第 98 位。该市在 “工业固体废物综合利用率”、“财政性教育支出占 GDP 比重” 和 “财政性节能环保支出占 GDP 比重” 方面表现良好，分别排在第 2 位、第 13 位和第 23 位，但在 “每万人城市绿地面积”、“单位 GDP 能耗”、“空气质量指数优良天数” 和 “单位工业总产值二氧化硫排放量” 方面表现较差，分别排在第 94 位、第 94 位、第 95 位和第 98 位。

99. 南充

土地面积:12477 平方千米 人口:640 万 GDP:1650 亿元人民币	南充位于四川省,通过国道、高速公路及机场可到达国内其他地方。南充市是地区性经销业和物流中心,还是四川省人口最多的第二大城市。其主要产业包括石油化工、机械、纺织、农产品加工、建筑材料及能源。(香港贸发局,2017)

南充的整体可持续发展表现排在第 99 位。其在“生活垃圾无害化处理率”、“财政性教育支出占 GDP 比重”和“单位工业总产值二氧化硫排放量”方面表现良好，分别排在第 1 位、第 16 位和第 30 位，但在“人均 GDP”、“第三产业增加值占 GDP 比例”、“城镇登记失业率”和“每万元 GDP 水耗”方面表现较差，分别排在第 95 位、第 95 位、第 97 位和第 97 位。

100. 运城

土地面积：14000 平方千米 人口：531 万 GDP：1220 亿元人民币	运城市坐落于山西省西南部，地处晋陕豫三省交界的黄河“金三角”地带，食盐产量大，得名“盐运之城”，是中国古代文明的发祥地之一。运城市地理区位优越，交通体系完善，现已成为地区物流中心。其农业区位优良，粮食产量丰富。运城市也拥有诸多矿产资源，盐湖镁盐产量位居全国第二，铜矿和玻璃石英砂岩储量分别占全省 95% 和 67%，为当地发展原材料深加工、延伸产业链奠定了良好基础

运城的整体可持续发展表现排在第 100 位。其在“生活垃圾无害化处理率”、“财政性教育支出占 GDP 比重”、“城镇登记失业率”和“财政性节能环保支出占 GDP 比重”方面表现良好，分别排在第 1 位、第 12 位、第 36 位和第 36 位，但在“人均 GDP”、“工业固体废物综合利用率”和“单位 GDP 能耗”方面表现较差，分别排在第 98 位、第 99 位和第 100 位。

附件一：指标说明

表 9　CSDIS 指标集及权重

类别	#	指标
经济发展（27.44%）	1	人均 GDP
	2	第三产业增加值占 GDP 比重
	3	城镇登记失业率
	4	财政性科学技术支出占 GDP 比重
	5	GDP 增长率

续表

类别	#	指标
社会民生（26.72%）	6	房价－人均 GDP 比
	7	每万人拥有卫生技术人员数
	8	人均社会保障和就业财政支出
	9	财政性教育支出占 GDP 比重
	10	人均城市道路面积
资源环境（10.87%）	11	每万人城市绿地面积
	12	人均水资源量
	13	空气质量指数优良天数
消耗排放（26.75%）	14	每万元 GDP 水耗
	15	单位 GDP 能耗
	16	单位二三产业增加值占建成区面积
	17	单位工业总产值二氧化硫排放量
	18	单位工业总产值废水排放量
治理保护（8.22%）	19	污水处理厂集中处理率
	20	财政性节能环保支出占 GDP 比重
	21	工业固体废物综合利用率
	22	生活垃圾无害化处理率

1. 经济发展指标

（1）人均 GDP

定义：人均国内生产总值。

计量单位：元/人。

资料来源及方法：

·数据源于 CNKI《中国城市统计年鉴》。

·该指标是用每个城市的年度 GDP 除以该城市的年末常住人口数计算得出的。

政策相关性：通过查看某市平均每人所对应的 GDP，可评估该市的经济能力和经济效率。GDP 是衡量一座城市经济规模最直接的数据，而人均 GDP 是能反映出人民生活水平的一个标准。通过将总生产量分配给单位人口或计算人均值，可衡量个人产出率促进经济发展的程度。它表示的是人均收入的增长及资源消耗的速度（联合国，2017）。衡量人均 GDP 的优势在于其可以帮助我们确定获得有经济能力、社会责任心和环保意识的人口所需工资福利的增加情况。

（2）第三产业增加值占 GDP 比重

定义：第三产业增加值占国民生产总值（GDP）的比重。

计量单位:%

资料来源及方法：

· 数据源于 CNKI 各省统计年鉴；

· 该指标是用每个城市的第三产业增加值除以该城市的年度 GDP 计算得出的。

政策相关性：经济由三个产业构成：第一产业（农业）、第二产业（建筑与制造业）和第三产业（服务业）。一个国家的经济发展阶段与广泛的就业转移相关，较高的经济发展水平一般与从农业及其他劳动密集型产业活动向工业及最终服务业转移的劳动力的流动情况有关。由于有更多的人员目前在高工资行业就业，所以，该转变是代表经济发展的指标之一（江，2004）。由于服务业的回报率在输出和就业方面都比农业和制造业要高，所以，中国不断向服务业（包括零售业、酒店、餐饮、信息技术、金融、教育、社会工作、娱乐、公共管理等）的转变代表着中国经济在不断发展。

（3）城镇登记失业率

定义：城镇登记失业率。

计量单位:%

资料来源及方法：

· 数据源于 CNKI 各省统计年鉴、各市统计公报。

· 计算方法：直接获得；未计算。

政策相关性：失业者是目前没有工作但有工作能力且正在寻找工作的经济活跃人口。根据定义，如果失业率一直很高，则表明资源分配效率低下。一个城市的失业率是衡量经济活动最广泛的指标，并通过劳动市场反映出来。由于其可指示人口或劳动力的经济活跃及强大程度，该指标可作为与可持续性相关的重要的社会经济变量，同时其也是导致贫穷的主要原因之一。许多可持续发展指标体系都一直在衡量失业率（联合国，2007）。失业率可进一步被用于推断有多少人会通过税收增加政府收入进而促进社会事业及环境保护活动的发展。

（4）财政性科学技术支出占 GDP 比例

定义：政府在科学技术方面支出对应的国民生产总值（GDP）份额。

计量单位:%

资料来源及方法：

·数据源于 CNKI《中国城市统计年鉴》。

·该指标是用各市市政府的财政性科学技术支出总额除以该城市的年度 GDP 计算得出的。

政策相关性：在衡量政府在财政性科学技术方面是否有意愿进行更多投资时（基于任何之前衡量比例的增减），我们可以说明城市是如何在这些领域支持就业并优先发展对经济、社会及环境进步起支持作用的技术的。通过把科学领域的突破转化为对产品和服务的创新，这些产品和服务有可能带来商业机遇，促进长期可持续发展。中国已宣布将在下一轮的五年计划（2016~2020）中加大财政性科学技术支出。通过移除阻碍创新的繁文缛节，消除官僚主义障碍，有望将权利授予科技工作者，进而带来科技发展的迅速转变，帮助推进中国经济的各个领域（黄等人，2004）。

（5）GDP 增长率

定义：国民生产总值增长率。

计量单位:%

资料来源及方法：

·数据源于 CNKI《中国城市统计年鉴》。

·计算方法：直接获得；未计算。

政策相关性：GDP 是指所有生产行业贡献的增加值总和，说明的是国内生产总值。因此，GDP 仍然是目前最主要的经济指标。中国的 GDP 增长率是衡量地方政府年度成果的主要手段。一般来说，高经济增长率被看作经济发展的积极表现，但同时也与高能耗、自然资源开发及对环境资源的负面影响有关（联合国，2017）。因此，将经济增长率评估包含在可持续发展指标体系及许多指标集中是非常重要的，但该指标应该与可持续发展指标相平衡。

2. 社会民生指标

（6）房价－人均 GDP 比

定义：房价与人均 GDP 的比率。

计量单位：房价/人均 GDP（元/元）

资料来源及方法：

· 数据源于中国指数研究院。

· 计算方法：用各城市的年均房价除以人均国内生产总值。

政策相关性：该指标衡量了居民对城市住房的支付能力。城市中不断增长的中产阶级，以及数百万涌入城市的农民工，对住房形成了巨大需求，并推动许多大城市中心住房价格的不断攀升。与普通工人收入相比过高房价给居民带来了沉重的负担，使他们在参加其他社会和经济活动时处于劣势。此外，高昂的房价也会削弱技术工人迁往城市的积极性，从而降低了城市的劳动力和生产力水平。

（7）每万人拥有卫生技术人员数

定义：每万人拥有卫生技术人员数量。

单位：人

资料来源及方法：

· 数据源于 CNKI 各省市统计年鉴、各市统计公报。

· 计算方法：卫生技术人员的数量除以年末常住人口数获得。

政策相关性：卫生技术人员的分布是可持续发展的重要指标。许多需求相对较低的发达地区拥有的卫生技术人员数量较多，而许多疾病负担大的欠发达地区必须设法应对卫生技术人员数量不足的问题。随着中国城市化的发展，许多卫生技术人员由农村转向城市，导致农村相关人员的大量缺失。因此，通过采取具体措施可为城市公共服务的提供打造新环境，这对城市劳动者及居民的长期健康至关重要。

（8）人均社会保障和就业财政支出

定义：在社会保障体系及就业方面的人均支出

单位：元/人

资料来源及方法：

·数据源于 CEIC（数据经核对各省市年鉴、各市财政预算公告进行检查）。

·该指标是用每个城市市政府的社会保障和就业财政支出除以年末常住人口的数量计算得出的。

政策相关性：该指标衡量的是社会保障体系覆盖的人员数目，并指明退休后可获得国家养老金的对象。它代表的是在一个富裕的社会里，许多人都可以将资金投入养老金系统，和/或政府投入相应资源来为那些在资金投入方面能力有限或无能力的人员提供支持。政府在社会服务方面的支出对于那些处于劣势地位人群来说至关重要，包括低收入家庭、老人、残疾人、病人及失业者。随着中国城市化的迅速发展，大量农村劳动力涌向城市，许多实体和企业必须进行重组及结构改革，这就导致大量人口失业。因此，政府在社会保证和养老金方面的支出就显得非常重要（ILO 2015）。

（9）财政性教育支出占 GDP 比重

定义：政府在教育方面的支出占 GDP 总额的比例。

计量单位:%

资料来源及方法：

·数据源于 CNKI《中国城市统计年鉴》。

·该指标是用财政性教育支出除以年度 GDP 总值计算得出的。

政策相关性：政府财政性教育支出代表政府在人力资本发展方面付出的努力，可用于评估与其他公共投资相比，政府在教育方面的优先考虑程度。基础教育的发展可以增加就业率，缓解贫困，而中等教育投资可以增加服务行业参与度，从而促进经济发展。尽管中国报告的识字率高达95%（世界银行，2017），但绝大多数受教育的人群都受雇于农业和对专业技术及教育有要求的制造业。通过对未来劳动力提供教育投入，政府在不断增加很可能会在不断发展的服务业获得高收入工作的人员数量。

（10）人均城市道路面积

定义：人均铺筑道路面积。

计量单位：平方米/人

资料来源及方法：

· 数据源于 CNKI《中国城市统计年鉴》。

· 计算方法：直接获得；未计算。

政策相关性：居住在城市中的富裕中产阶级在日常出行中越来越多地使用汽车，导致大城市的交通拥堵愈加严重。交通拥堵会降低经济的整体效率，因其不仅延误工作、增加运输成本，而且加剧了排放问题，这些都对可持续发展产生了消极影响。由于缺乏直接反映城市交通拥堵的指标，人均道路面积可以作为一个指标，替代任何给定城市中居民可实际使用的道路面积。道路面积大则表示城市发展良好，拥有相互关联更为紧密的基础设施，也预示着其整体的社会经济流动性。

3. 资源环境指标

（11）每万人城市绿地面积

定义：每万市民对应的城市绿地面积。

计量单位：公顷/万人

资料来源及方法：

· 数据源于 EPS 中国城市建设统计年鉴。

· 使用市辖区城市公园或绿地面积除以市辖区年末户籍人口数量获得。

政策相关性：根据《中国统计年鉴》定义，绿地面积指的是绿色项目的总占地面积，包括公园绿地、生产绿地、保护绿地，以及机构周边绿地。根据世界卫生组织定义，城市绿地是社区参与活动、娱乐和生活的基础。城市绿地还能产生氧气，过滤有害空气污染，促进体育锻炼、增进心理健康，是实现生物多样性的乐土。由于城市中心地带为保持绿地面积需要投入大量的资金和资源，该指标的变化可反映城市经济重点的变化，会产生正面或负面的社会和环境影响。

(12) 人均水资源量

定义：人均可用水资源量。

单位：立方米水/人

资料来源及方法：

· 数据源于各省市统计年鉴及各省市水资源公报。

· 计算方法：每座城市的总水量除以年末常住人口总数。

政策相关性：人均水资源量是指在指定时期内某地区通过降雨及地下水重新补充可使平均每个人获得的地表水径流量，不包括过境水（李 & 潘，2012）。对水资源的可持续及有效管理至关重要。为提供人口所需的水资源，政府需要跨多个部门进行规划。大部分水用于农业，但用于公共用途的水资源如果管理不善，将不得不通过更高的能耗和资源消耗方式来满足饮用水的需要。水资源管理得当，是实现可持续增长、减少贫困和增进公平的关键保障。用水问题能否解决，直接关系人们的生活。

(13) 空气质量指数优良天数

定义：空气质量指数达到优良标准的天数。

计量单位：天数

资料来源及方法：

· 数据源于各市环境质量状况公报、各市统计公报。

· 计算方法：直接获得；未计算。

政策相关性：国家空气质量指数优良表示空气质量对于大多数人口来说可以接受，属于中等水平。不过，某些污染物会给少数敏感人群带来健康危险。空气污染严重威胁着公共健康，特别是在中国。自 1982 年以来，中国一直对环境空气质量进行管控，同年，中国设定了总悬浮微粒、二氧化硫、二氧化氮、铅和苯二苯乙烯的限额标准。该标准在 1997 年和 2000 年得到进一步完善。2012 年，中国发布了一项新的环境空气质量标准，该标准设定了 PM2.5 的限额。长期接触高浓度的细颗粒物和其他物质会对健康造成不利影响，甚至导致死亡，对处于劣势的中低收入人群、儿童及老人的影响更为严重。空气污染也会增加政府在消除及减轻污染的基础设施方面以及与空气污染相关的疾病治疗方面的支出，甚至会因劳动生产率下降及城市经济活动减弱而减缓经济发展速度（陈等人，2008）。

4. 消耗排放指标

（14）每万元 GDP 水耗

定义：每万元 GDP 对应的水耗。

单位：吨/万元

资料来源及方法：

· 数据源于各省市统计年鉴及各省市环境质量公报。

· 计算方法：用消耗的总水量除以 GDP。

政策相关性：该指标通过消耗的总水量除以 GDP 的计算，来衡量一座城市水资源的利用效率。无论城市规模如何，城市都会消耗大量的自然资源，包括水资源。由于水是有限资源，对于健康的生态系统及人类生存至关重要，所以如果能够更加有效地使用水资源，就可以使城市发展更具可持续性。

（15）单位 GDP 能耗

定义：单位 GDP 对应的能量消耗。

计量单位：吨/万元

资料来源及方法：

· 数据源于省市统计年鉴和各市统计公报。

· 计算方法：直接获得；未计算。

政策相关性：能源是城市和城市发展的重要资源，但在城市的可持续发展方面，调和能源的必要性和需求是一个挑战。能源生产和使用具有不利的环境和健康影响，在所有可用能源中，煤炭的温室气体排放和健康影响最严重。尽管中国在可再生能源方面取得一些进展，但其绝大多数能源仍来自煤炭和其他化石燃料（Göss，2017）。一般来讲，对于中国这样的工业化国家，经济增长直接与人均能耗增加挂钩（Tamazian，2009），且直接导致自然资源开采量提高以及对气候及环境构成破坏的排放物增加。因此，能耗的减少可指示一座城市社会及环境质量的改善。

（16）单位二三产业增加值所占建成区面积

定义：单位二三产业增加值所占建成区面积

计量单位：平方千米/十亿元

资料来源及方法：

数据源于EPS中国城市建设统计年鉴。

计算方法：用城市的市辖区建成区面积除以市辖区二三产业增加值。

政策相关性：尽管中国仍然是世界上最大的农业经济体，但随着中国城市化的逐渐发展，人们不断从农村和农业地区转向城市，在第二和第三产业工作，或在建筑、制造及服务业工作。这就意味着，我们有必要扩建制造业和服务业企业所需的基础设施。“建成区面积”是指包括人们开发或改造的地点及空间在内的环境，如建筑、公园及交通系统。单位二三产业增加值对应的建成区面积表示二三产业单位价值增加值对应建成区面积数。从经济学角度来看，所创造的增加值越高，则表明离农业经济更远，土地利用更高效且经济绩效得到改进。

（17）单位工业总产值二氧化硫排放量

定义：每增加1元人民币对应的二氧化硫排放量。

计量单位：吨/万元

资料来源及方法：

· 数据源于CNKI《中国城市统计年鉴》。

· 用工业产生的二氧化硫排放量除以年度工业生产总值。

政策相关性：二氧化硫一般是在发电及金属冶炼等工业生产过程中产生的。含硫的燃料（如煤和石油）在燃烧时会释放出二氧化硫。高浓度的二氧化硫与多种健康及环境影响相关，如哮喘及其他呼吸道疾病。二氧化硫排放是导致PM2.5浓度较高的主要因素。二氧化硫可影响能见度，造成雾霾，而雾霾是存在于中国城市的一个非常猖獗的问题。因此，如果二氧化硫排放量增加，则表示该城市的可持续性较差。

（18）单位工业总产值废水排放量

定义：每1元工业增加值对应的工业废水排放量。

计量范围：吨/万元

资料来源及方法：

·数据源于CNKI《中国城市统计年鉴》。

·计算方法：用工业废水排放量除以工业总产值。

政策相关性：所排放的绝大多数废水来自化工、电力和纺织工业，从而导致地下水、湿地和其他自然水体的污染。这种污染会导致水质下降及对环境和健康的不利影响。如果废水排放率高，则表示一座城市优先考虑工业发展，而忽视了生态系统及社区的健康。另外，提高单位增加值工业废水排放量表示废水的排放效率得到提升。

5. 治理保护指标

（19）污水处理厂集中处理率

定义：生活污水处理率。

资料来源及方法：

·数据源于EPS中国城市建设统计年鉴。

·计算方法：直接获得；个别数据计算获得：污水处理总量/污水排放量。

政策相关性：生活污水处理率是指在报告期内污水处理厂处理的生活污水与污水量的比值。处理方式包括氧化、生物气体消化及湿地处理系统。中国城市化的加速发展导致水耗速度加快，反过来又导致城市污水排放量的增加。因此，污水处理是走环境友好型发展之路的重要途径。如果废水和垃圾得不到处理，就会导致严重的环境及健康危害。随着中国经济增长及城市空间的增加，未经处理的生活废物的增加会对可持续发展造成阻碍（何等人，2006）。

（20）财政性节能环保支出占GDP比重

定义：政府的财政性节能环保支出占GDP的比重。

计量单位:%

资料来源及方法:

·数据源于 CNKI 各省市统计年鉴和各市财政预算执行公告。

·计算方法：每座城市的财政性节能环保支出除以其年度 GDP。

政策相关性：环保支出包括环境管理、监控、污染控制、生态保护、植树造林、能源效率方面的支出及可再生能源投资。环境保护是可持续发展的重要组成部分。随着中国城市化的发展，产生了许多环境问题，包括空气污染、水污染及水土流失。这些问题不仅危害公共健康，而且自然资源的消耗还会限制未来的经济发展。因此从长远来看，环保支出是一项有利的投资，其可以提高环境的回弹性和寿命，这样环境得到更加有效的保护，能够再生并提供自然资源、生态系统服务，甚至能防止产生危机及灾难性事件。

（21） 工业固体废物综合利用率

定义：工业固体废物的综合利用率。

计量单位:%

资料来源及方法:

·数据源于 CNKI《中国城市统计年鉴》。

·计算方法：直接获得；未计算。

政策相关性：工业固体废物包括工业企业在生产过程中产生的液体残留物，包括危险废物、灰、尾料、放射性残留物及其他废物。综合利用率是指通过回收、处理及循环利用方式可提取有用材料或可转化为有用资源、能源或其他材料的固体废物的数量（李 & 潘，2012）。由于工业化的发展，在中国，农业的地位正逐渐被制造业取代，而在工业生产中会产生成吨的固体废物，所以对这些废物的回收及重新利用可降低对自然资源的消耗，并减轻因固体废物处理带来的环境影响。

（22） 生活垃圾无害化处理率

定义：生活垃圾无害化处理率。

计量单位:%

资料来源及方法:

· 数据源于 EPS 中国城市建设统计年鉴。

· 计算方法：直接获得；个别数据计算获得：无害化处理量/垃圾清运量。

政策相关性：当生活垃圾被丢入垃圾填埋地或水道时，会对环境卫生造成严重影响并构成对社区的危害（特别是城市人口分布密集的区域）（段等人，2008）。无害化处理的目的是在废物进入环境之前，清除其含有的所有固体和危险废物元素。从性质上看，这种将这些元素送入环境的方式是纯有机、无污染且可进行生物降解的。生活垃圾的随意丢放反过来会对环境寿命产生重大的不利影响，而且会由于污染加剧，还会严重影响城市空间。如果增加该等废物的处理量，城市水道及绿地被污染的可能性就会降低，直接影响城市空间社会福利的污染的负面健康影响也会随之减小。因此该指标还可用于仔细衡量城市压力阻碍或加快可持续发展的程度。

专 题 篇

Topics

B.6
从超越 GDP 到中国可持续发展水平的衡量

刘向东*

摘 要： 国内生产总值（GDP）是世界各国衡量经济发展的普遍指标。作为衡量经济发展的综合指标，GDP 本身有其合理性，而且在全世界范围内被普遍认可。近年来，随着全球科技进步和经济增长模式的转变以及人们对经济发展和人类福利的认识不断加深，世界各国都开始更加重视经济社会的可持续发展质量，GDP 用于衡量经济质量状况的合理性逐渐受到质疑。世界各地的专家们开始论证 GDP 作为衡量经济指标的不足，提出需要考虑的补充要素和超越 GDP 的新指标，越来越多的“超越 GDP”的指标或指标体系被开发出来。近年来，中国

* 刘向东，中国国际经济交流中心经济研究部副部长、副研究员，博士。

许多部门和城市也在研究取代或完善GDP计算模型的办法，探索衡量可持续发展绩效的指标体系，这些探索实践为今后中国开发出具有开创性、突破性的新指标奠定了基础。

关键词： GDP　可持续发展质量　可持续发展评价指标体系

多年来，国内生产总值（GDP）是世界各国衡量经济发展的普遍指标。作为衡量经济发展的综合指标，GDP本身有其合理性，而且在全世界范围内被普遍认可。但是经济社会的发展不止于GDP的增长，也不能只用GDP这一综合指标评判经济发展的好坏。近年来，随着全球科技进步和经济增长模式的转变，世界各国都开始更加重视经济社会的可持续发展质量，GDP用于衡量经济质量状况的合理性逐渐受到质疑。世界各地的专家们开始论证GDP作为衡量经济指标的不足，提出需要考虑的补充要素和超越GDP的新指标。世界主要城市也在探索衡量可持续发展质量的指标系统，并且取得了一定的成果。

一　GDP不足以反映经济社会发展全貌

1. GDP指标的由来及其核算方法

GDP（Gross Domestic Product，国内生产总值），指的是一个国家或地区在给定的时期内所生产提供的最终产品和服务货币价值的总和。

由此定义来看，GDP首先是以产品和服务的当前市场价格来进行衡量的“货币价值”，既包括数量因素，也包括价格因素；其次，GDP衡量的是“最终”产品的市场价值，它的计算不包括中间产品价值；再次，GDP的测算是不考虑所有权而以一个国家或地区的地理界限为界的，一个相对的概念是GNP——国民生产总值，考虑的是一国的国民在给定的时期内所生产提供的最终产品和服务货币价值的总和，无论生产是在境内还是在境外；又次，GDP始终强调的是“生产”的概念，而不是交易概念，日常经济活动中涉及的非生产性交易和与当期生产无关的转移支付都不计入GDP，如买卖股票、政府的转移支付和私人之间的转移支付等；最后，GDP的测算一般还需要加个时间限制，如在一年内、一个季度内或是一个月内等。

从核算方法看，GDP是一个经济体的需求、生产和收入这三个方面的交叉点，故而有三种核算方法，即生产法、收入法和支出法（见图1）。理论上，这三种方法所计算的结果应该是一致的，但是实际中可能由于测量误差存在轻微的差异。

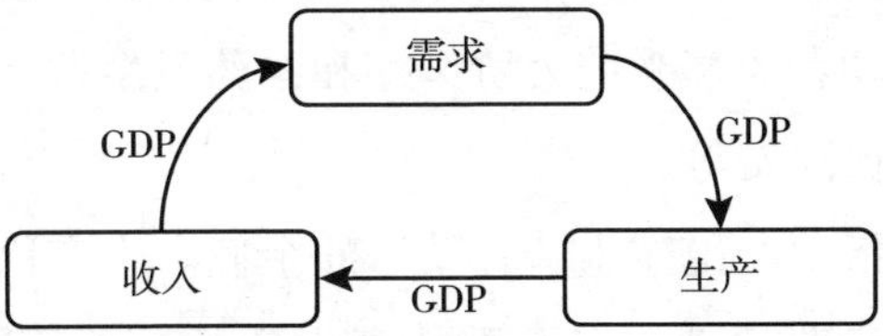

图1　GDP核算的三种方法

（1）生产法

用生产法核算GDP，是先按生产法计算国民经济各产业部门的增加值，然后将其进行加总得到GDP。因此又叫部门法，反映GDP的来源。国民经济各产业部门增加值的计算是从生产过程中创造的产品和服务价值入手，剔除生产过程中投入的中间产品和服务价值，得到其增加值。计算公式如下：

$$增加值 = 总产出 - 中间投入 \qquad（式1）$$

其中，总产出是指在一定时期内生产的所有货物和服务的价值，既包括新增加值，也包括转移价值，反映生产活动的总规模；中间投入是指一定时期内生产过程中消耗和使用的非固定资产货物和服务的价值，反映生产过程中的转移价值；增加值反映一定时期内各生产部门生产经营活动的最终成果。

（2）收入法

用收入法核算GDP，就是从收入分配的角度，把生产要素在生产中所得到的各种收入相加来计算GDP，即把劳动所得到的工资、土地所有者得到的地租、资本所得到的利息以及企业家才能得到的利润等相加来计算GDP。这种方法又叫作要素支付法、要素成本法。

按收入法计算GDP的公式可看成：

$$GDP = 工资 + 利息 + 利润 + 租金 + 间接税和企业转移支付 + 折旧 \quad (式2)$$

在我国的统计实践中，收入法计算GDP分为四项：

$$GDP = 劳动者报酬 + 生产税净额 + 固定资产折旧 + 营业盈余 \quad (式3)$$

其中，劳动者报酬是指劳动者因从事生产活动所获得全部报酬，包括劳动者获得的各种形式的工资、奖金和津贴，既包括货币形式的，也包括实物形式的，还包括劳动者所享受的公费医疗和医药卫生费、上下班交通补贴费和单位支付的社会保险费等。

生产税净额，指生产税减生产补贴后的余额。生产税指政府对生产单位生产、销售和从事经营活动，以及因从事生产活动使用某些生产要素（如固定资产、土地、劳动力）所征收的各种税、附加费和规费。生产补贴与生产税相反，是指政府对生产单位的单方面的收入转移，因此视为负生产税，包括政策亏损补贴、粮食系统价格补贴、外贸企业出口退税等。

固定资产折旧，是指一定时期内为弥补固定资产损耗按照核定的固定资产折旧率提取的固定资产折旧。它反映了固定资产在当期生产中的转移价值。

营业盈余，是指常驻单位创造的增加值扣除劳动报酬、生产税净额和固定资产折旧后的余额。它相当于企业的营业利润加上生产补贴。

（3）支出法

用支出法核算GDP，就是从产品的使用出发，把一定时期内购买的各项最终产品的支出加总而计算出的该时期生产的最终产品的市场价值，反映本期生产的GDP的使用及构成。在现实生活中，产品和劳务的最后使用，主要是居民消费、企业投资、政府购买和净出口。因此，根据支出法，GDP的计算公式可写成：

$$GDP = C + I + G + (X - M) \quad (式4)$$

其中，C 表示居民消费，包括购买耐用消费品和非耐用消费品的支出以及用于医疗保健、旅游、理发等劳务方面的支出；I 表示总投资，是企业增加或更新资本资产（包括厂房、机器设备、住宅及存货）的支出，包括重置投资与净投资之和；G 表示政府购买，是指各级政府购买物品和劳务的支出，它包括政府购买军火、军队和警察的服务及政府机关办公用品与办公设施、实施诸如道路等公共工程、开办学校等方面的支出；（X－M）表示净出口，是出口和进口之间的差额。

2. GDP 指标发展历程及其合理性

GDP 最早是由俄裔美国著名经济学家西蒙·史密斯·库兹涅茨（Simon Smith Kuznets，1971 年诺贝尔经济学奖得主）领导的团队在 20 世纪 30 年代开发的，主要目的是精确地测量经济活动，从而为恰当地刺激政策提供依据。当时，美国正经历经济大萧条时期，为了使经济恢复，美国政府采纳了凯恩斯主义思想，开始对经济进行积极的需求管理。当时作为政策基础的国民收入的统计数据严重缺失，因此美国商务部委托库兹涅茨开发了一套完整的国民账户体系，GDP 指标应运而生。

GDP 指标在世界真正开始流行是在第二次世界大战之后。作为布雷顿森林会议（the Bretton Woods Conference）的重要成果，国际货币基金组织（IMF）和世界银行（WB）在第二次世界大战后重建过程中发挥了重要作用。IMF 的主要职责是监察货币汇率和各国贸易情况，提供技术和资金协助，确保全球金融制度运作正常。世界银行最初的目的主要是帮助欧洲国家和日本在第二次世界大战后的重建，以及辅助非洲、亚洲和拉丁美洲等欠发达地区或国家的经济发展。虽然理论上 IMF 和世界银行作为世界性的组织应该倾听各个国家不同的声音，但实际上由于政治经济实力的强大，美国在这两大机构中一直占据着主导地位，美元、美国经济以及美国政策成为世界标准，从而 GDP 指标也成为 IMF 和世界银行长期以来衡量各个国家经济发展水平的主要测度指标。虽然 20 世纪 70 年代后，随着布雷顿森林体系的瓦解，IMF 和世界银行进行了改建，但是 GDP 仍然是世界上衡量经济发展进程的使用最广泛的指标。

GDP 指标之所以能够在世界范围内得到广泛持久的应用，除了 IMF 和世界银行的大力推广外，其自身也有一些好的性质。首先，GDP 本身是非常简单又好用的经济指标，能够在经济管理中发挥极其重要的作用。例如，GDP 能够反映国民经济发展变化情况，为国家以及各个地区经济发展战略目标和宏观经济政策提供重要工具和依据。其次，GDP 的统计比较容易，其具有统计数据准确、重复计算少等优点。最后，在一定水平以下，GDP 和一些基本的社会福利有较强的相关性。例如，一般来说，在某个阈值水平以下，一个国家的 GDP 水平越高，则该国的识字率越高，人们的营养和保健也越好，寿命也会更长等。由于以上种种原因，GDP 指标在全球范围内得到广泛流行和使用，成为许多人心中衡量经济发展和社会福利水平的尺度。

3. GDP 不足以反映经济社会发展全貌

自 20 世纪 60 年代以来，人们逐渐意识到 GDP 指标存在许多缺陷，将其作为衡量经济发展水平和社会福利指标的做法遭到许多批评，批评者中甚至有一些是 20 世纪最受人尊敬的经济学家和诺贝尔奖得主，如库兹涅茨（1941）、加尔布雷思（1958）、萨缪尔森（1961）、诺德豪斯和托宾（1972）、戴利（1977）、阿罗等（1995）。总结起来，将 GDP 作为衡量经济发展水平和社会福利的指标，存在以下几点明显的局限性。

一是未能包含所有的经济活动及其产出。GDP 指标并没有包含所有的经济活动，如未能反映科技发展带来的产出。例如，家庭经济、志愿者服务等未发生支付的行为和地下经济等非正式的经济活动。特别是家庭妇女养育小孩、照顾老人和病人等家庭工作和志愿者为人们无偿提供的服务，由于都没有发生支付行为，按照 GDP 指标的统计原则，这些经济活动都没有计入 GDP，但是这些活动却实实在在对社会福利及经济发展有着非常重要的影响，正越来越受到人们的重视。再如，网上许多免费的电子产品和服务，是通过广告或信息传播而非实体产品销售赚取收入，其产生的利润难以计入 GDP。随着科技进步和增长模式转变，现有 GDP 计算模型无法涵盖新科技和创新经济衍生的价值。比如说，AIRBNB 和 UBER 等开创的共享经济模式，并非生产出更多数量的新产品，而是利用现存资源增加产品消费价值。

二是不能反映经济发展的质量。GDP 是短期性、片面性衡量指标，仅表明一定时期内最终生产出的产品和服务的总量，并未关注生产了什么、如何生产、由谁生产等具体要素。由于 GDP 仅仅关注所有最终产品总的市场价值，而不区分这些产品是否会真正地带来社会进步，重视数量而忽视了质量。例如，自然灾害的上升而带来的灾后重建支出的增加，犯罪率的上升而带来的公共支出的增加，以及战争带来的军事支出的增加，这些都会提高 GDP 的增长水平。可以说，GDP 只反映了经济增长速度的快慢，但无法说明经济发展的方向和质量。在现代经济增长理论中，技术进步和人力资本的积累是促进经济增长的两个核心要素，但是在 GDP 指标中都没有得到很好的反映。另外，GDP 也不能区分消费的增加是基于债务的过度消费还是基于收入的增长。

三是不能全面衡量社会福利水平。虽然有研究表明 GDP 的增加在某些方面可以提高一些社会福利指标水平，但正如 GDP 指标的设计者库兹涅茨所说的——“从 GDP 中很难推断出一个国家的社会福利水平”①，GDP 指标对社会福利水平的衡量是片面的。例如，从健康的角度看，适度休闲可提升社会福利水平，但从 GDP 的角度看，休闲是有机会成本的，会对 GDP 造成损失。另外，失业对人们的安全感和福利感有重要的影响，但 GDP 与失业率之间可能存在错配，即 GDP 的增加不仅不能降低失业率水平，反而会提高失业率水平。② 近年来，贫富差距扩大现象日益严重，在发展中国家尤为突出，导致总体消费水平降低，拖累经济增长，并引发社会矛盾和动荡。越来越多的研究表明，收入分配不平等造成的社会贫富差距的扩大，是造成社会不安定的主要因素之一，不仅会提高社会犯罪行为的发生率，而且还会降

① Simon Kuznets，1934，“the welfare of a nation can scarcely be inferred froma measurement of national income as defined above”。

② 例如，根据美国商务部的统计，2009 年第四季度美国的 GDP 同比增长了 5.9%，同比增长了 2.2%，但是根据美国劳工部的统计，美国的失业率基本徘徊在 10% 左右，比 2009 年第一季度甚至提升了 2 个百分点。

低工人的生产效率，减少投资，从而对社会福利造成严重损害。① 但是，GDP 无法反映经济增长是否惠及所有公民，而非少数幸运儿，是否透支了后代财富、损害代际公平，即 GDP 指标不能反映收入分配不平等程度，人均 GDP 指标的增长可能仅仅来源于一少部分富裕阶层的收入增长，而大部分人的收入可能没有增长甚至是负增长。提高 GDP 并不能保证普遍提高了民众生活水平，包括确保每个人都拥有体面和稳定的工作，确保薪酬平等、平等对待女性工作者、杜绝滥用童工等。

四是未考虑资源损耗和环境变化。GDP 在反映经济增长的同时，并没有反映它所带来的资源耗减和环境损失的代价。GDP 构成中并没有关注生产过程是否环保、是否给自然和生态带来压力等环境问题。例如，只要采伐树木，GDP 就会增加，但过量采伐后会造成森林资源的减少，GDP 却不考虑相应的代价。再如，某些产品的生产会向空气或水中排放有害物质，GDP 会随着产品产量的增加而增加，却不考虑对环境造成的损害。另外，GDP 也不能全面地反映人类的自觉行动对自然环境的改善。单纯追求 GDP 增长的粗放型发展模式，往往以牺牲环境为代价，而环境治理和改善并非通过短期经济投入即可实现。

二　寻找“超越 GDP”新指标的理论探索

由于已经非常清晰地认识到 GDP 在衡量社会发展水平和人类福利方面存在很大的局限性，因此从 20 世纪 70 年代起人们就开始了寻求“超越 GDP”而衡量社会可持续发展和人类福利的指标的实践。早期非常有影响力的指标是由 2018 年诺贝尔经济学奖获得者诺德豪斯和托宾 1972 年提出的经济福利测量指标（Measure of Economic Welfare）。而后随着人们对经济发展和人类福利的认识不断加深，越来越多的“超越 GDP”的指标或指标体系

① Talberth, Cobb et al. 2007, “A highlyunequal distribution of incomecan be detrimental to economic welfare by increasing crime, reducingworker productivity, andreducing investment.”

被开发出来。特别是近10年来，寻求“超越GDP”的行动在全世界范围内呈现蓬勃发展之势。

1. 国际上探索超越“GDP”的行动成果

当前，各国经济转型和创新产业发展推动世界经济形势不断变化，衡量经济的方法也需相应做出调整。随着GDP在衡量经济发展方面的缺陷与当代经济体系的不适应性日益凸显，国际社会亟须一个更具全面性、长期性、可持续性的经济衡量标准，以明确未来经济发展方向。近年来，许多专家均在研究取代或完善GDP计算模型的办法，积极探索更具开创性、突破性的衡量体系。具体相关进展如下。

（1）1987年联合国发布《我们共同的未来》报告

联合国于1983年12月成立了由挪威首相布伦特兰夫人任主席的“世界环境与发展委员会”（“World Commission on Environment and Development”，简称WCED，也称“布伦特兰委员会”），对世界面临的问题及应采取的战略进行研究。1987年，WCED发表了影响全球的题为《我们共同的未来》（《Our Common Future》）的报告。

在集中分析了全球人口、粮食、物种和遗传资源、能源、工业和人类居住等方面的情况，并系统探讨了人类面临的一系列重大经济、社会和环境问题之后，这份报告鲜明地提出了三个观点：①环境危机、能源危机和发展危机不能分割；②地球的资源和能源远不能满足人类发展的需要；③必须为当代人和下代人的利益改变发展模式。

特别是，报告提出了“可持续发展”的概念。这一鲜明、创新的科学观点，把人们从单纯考虑环境保护引导到把环境保护与人类发展切实结合起来，实现了人类有关环境与发展思想的重要飞跃。

（2）联合国开发计划署自1990年开始发布《人类发展报告》

联合国开发计划署（“the United Nations Development Programme”，简称“UNDP”）是世界上最大的负责进行技术援助的多边机构，隶属联合国，致力于推动人类的可持续发展，协助各国提高适应能力，帮助人们创造更美好的生活。

1990 年，UNDP 基于 1998 年诺贝尔经济学奖获得者阿马蒂亚·森创立的“能力方法”（the capability approach）创立了人类发展指数（HDI），即以“预期寿命、教育水平和生活质量”三项为基础变量，按照一定的计算方法，得出综合指标，用以衡量联合国各成员国经济社会发展水平，并在当年的《人类发展报告》中发布。之后，联合国开发计划署每年都发布世界各国的 HDI 水平，并在《人类发展报告》中使用它来衡量各个国家人类发展水平。作为“超越 GDP”的一种非常著名的指标，HDI 已在指导发展中国家制定相应发展战略方面发挥了极其重要的作用。

（3）2000 年联合国首脑会议上共同签署《联合国千年宣言》

在 2000 年 9 月召开的联合国大会上，189 个国家的领导人共同签署了一份宣言——《联合国千年宣言》，承诺进行全球合作，实现 8 项“千年发展目标”（“Millennium Development Goals”，MDGs），促进各国消除极度贫困现象，将全球贫困水平在 2015 年之前降低一半。8 项 MDGs 分别为消灭极端贫穷和饥饿、普及小学教育、促进男女平等并赋予妇女权利、降低儿童死亡率、改善产妇保健、与艾滋病毒/艾滋病、疟疾和其他疾病作斗争、确保环境的可持续能力和全球合作促进发展。

虽然围绕 MDGs 存在一些争议，但是这些目标认识到消除贫穷并不仅仅意味着增加穷人的收入，这些目标在过去十多年为各国战胜贫穷的努力提供了明确的指导方向。

（4）2007 年第二届世界统计、知识和政策论坛发布《伊斯坦布尔宣言》

2007 年 6 月，世界经济合作与发展组织（OECD）在土耳其的伊斯坦布尔组织召开了第二届世界统计、知识和政策论坛。论坛讨论议题广泛，从人口老龄化到新技术，从气候变化到移民等。与会者一致同意需要国家的统计部门、学术机构、公众和私人团体以及公民社会一起寻求“超越 GDP”的新方法。会后，OECD、欧洲委员会、伊斯兰会议组织、联合国、UNDP 和世界银行等世界性组织联合签署发布了一项主要成果——《伊斯坦布尔宣言》。该宣言承诺将共同努力致力于通过测量和促进社会各方面的进步而提高政策制定的针对性、民主和公民的福祉。一个关于“测量社会进展”的全球项目随之启动，其中评估社会进展的关键指标包括健康、教育、环境、就业、生产力和购买力等。这标志着“超越 GDP”的需求在政治层面得到充分的认可。

（5）2007 年欧洲委员会主办“超越 GDP”高规格会议

根据欧洲委员会的承诺，欧盟致力于在 2010 年前优先在政策制定中考虑非经济因素。为此，欧洲委员会、欧洲议会、罗马俱乐部、OECD 和世界自然基金会联合在 2007 年 11 月举办了一个高规格的“超越 GDP”的会议。该会议的主要目标是将未反映在 GDP 指标中的一些环境和社会要素考虑进去而测量社会真正的进步，不仅寻找讨论潜在可用的指标，而且给政策制定者和公众传递“是时候超越 GDP”的强烈信号。发展补充 GDP 的会议倡议也得到政策制定者、经济、社会和环境专家以及公民社会团体的强烈支持。

2009 年 8 月 20 日，该会议的直接成果——《GDP 及其超越：在变化的世界中测量进步》的报告①提交给欧盟理事会和欧美议会。该报告用以下 5 项关键的行动为欧盟勾画出未来的行动路线图：①用环境和社会指标补充 GDP；②制定政策时采用及时信息；③对收入分配和不平等进行更准确的报告；④开发一个欧洲可持续发展记分牌；⑤扩大国民经济账户到包含环境项目和社会项目。这项“超越 GDP”的行动提议在欧盟产生了重要影响，不仅使欧洲统计局重新研究测量社会福利的相关指标和技术方法，而且在各种政治机构中引起了广泛共鸣，如欧盟议会和欧洲经济与社会委员会。

（6）2009 年斯蒂格利茨 - 森 - 菲图西委员会发布报告

2008 年 2 月，在法国总统萨科齐的倡导下，成立了以诺贝尔经济学奖获得者约瑟夫 - 斯蒂格利茨（任主席）和阿马蒂亚 - 森（任首席顾问）以及法国经济学家让 - 保罗 - 菲图西（任统筹协调员）为首的“经济表现和社会进展测量委员会”（也被称作“斯蒂格利茨 - 森 - 菲图西委员会”或

① “GDP and beyond: Measuring progress in a changing world”, http://eur-lex.europa.eu/Notice.do?checktexts=checkbox&val=499855.

“斯蒂格利茨委员会”)。该委员会的目标包括研究 GDP 在衡量经济表现和社会进步方面的局限性、研究建立更加合适的社会进步指标需要哪些额外的信息以及评估其他测量工具的可行性，并讨论如何正确呈现这些信息。

2009 年 9 月，在历时 18 个月的研究后，“斯蒂格利茨 - 森 - 菲图西委员会”发布了最终的报告，简称“斯蒂格利茨 - 森 - 菲图西报告”或“斯蒂格利茨报告”。通过该报告，委员会传递出一个关键的信息，即“需要将重点从测量经济产量调整到测量人们的福利水平”。报告对物质生活条件、生活质量和环境的可持续性三个主要方面的测量提出了 12 条建议。物质生活条件测量方面，提出的建议是：①评价物质幸福感要着眼于收入和消费而非生产；②要重视家庭角度；③要综合考虑收入、消费和财富；④要更加重视收入、消费和财富的分布；⑤要把收入标准扩大至非市场活动。生活质量测量方面，提出的建议是：①生活质量取决于人们的客观条件和能力，应该采取措施更好地衡量健康、教育、个人活动和环境状况；②衡量生活质量的所有指标都应该对不平等状况做出评估；③要重视社会联系和不安全感等这些能够用于预测生活满意度的方面，制定并实施可靠的衡量标准；④要从多维角度测量幸福；⑤着眼于幸福感的客观和主观方面。环境的可持续性测量方面，提出的建议是：①可持续性的衡量需要一套非常好识别的仪表盘指标；②应该根据一组精选的实物指标对环境的可持续性进行单独研究，尤其是需要建立一个明确的目标，显示我们距离危险级的环境损害（比如气候变化和自然资源的消耗）有多远。

报告发表后对研究者和政策制定者都产生了广泛而深远的影响，报告中的建议纷纷被许多国家的统计部门以及国际组织所采纳。例如，OECD 已经将“斯蒂格利茨 - 森 - 菲图西报告”中的建议纳入其劳工计划和绿色增长策略里，联合国统计委员会已将报告的建议放在优先考虑的位置。

（7）2011 年 OECD 发出“OECD 更好生活倡议”

在“斯蒂格利茨 - 森 - 菲图西报告”发布两年后，遵循报告建议，OECD 第一个尝试在衡量个人幸福感时考虑主观方面的指标。OECD 发布的报告《生活是怎样的?》（2011）呈现了一幅关于在 40 个国家中什么构成了人们的生活的完整图画。

为了使“斯蒂格利茨－森－菲图西报告”的建议在所有的国家统计局和国际组织中都能得到实现，2011年5月，OECD发起“OECD更好生活倡议”活动，第一个尝试为所有的OECD国家和其他主要的经济体带来国际上可比较的测量社会福利的指标。该倡议的想法是推进政策制定者将人们生活、需求、愿望、情感的许多方面以及各个生活维度上的不平等与斯蒂格利茨－森－菲图西委员会的建议相一致作为其制定政策的首要目标。该倡议的开创性理念是引入一个互动的工具，该工具允许人们从由11个维度组成的仪表盘中根据他们自己的经验和准则选择自己的“更好生活”维度指标而建立“你的更好生活指数”。这11个维度分别是住房、收入、就业、社区、教育、环境、政府治理、健康、生活满意度、安全和工作生活平衡。

2. 国际上探索开发的新指标及其体系

由于充分认识到GDP指标固有的缺陷，很多机构和专家开始提供全面衡量经济社会可持续发展需要考虑的补充要素，探索弥补GDP指标的不足或者寻找替代GDP的新指标。大致看，研究者们提出的新指标或框架体系，主要从三个方面进行考虑，即经济社会增长的健康性、发展的包容性、方式的绿色性，即更加看重经济社会的全面、协调、可持续发展。

（1）经济福利量指标（MEW）

美国经济学家托宾和诺德豪斯在1972年他们的论文《增长过时了吗?》（James Tobin 和 William Nordhaus，1972）中认为反映消费的指标比反映生产的指标更能够代表福利，主张对传统的国民生产总值数字加以调整来得到经济福利量的数值，并提出了经济福利量指标（Measure of Economic Welfare，MEW），并给出了计算方法。其计算方法是将用传统方法核算的国民生产总值，减去由于环境污染和现代城市化不愉快带来的损失，加上家庭主妇的劳务和闲暇价值等。

由于估计个人和集体由消费带来的幸福感是非常困难的，因此托宾和诺德豪斯也认为MEW是一个对福利的简单的试验性的测量，但是MEW为之后开发的一些指标（如下面的ISEW和GPI）提供了重要的概念性的基础。

（2）可持续的经济福利指数（ISEW）

可持续的经济福利指数（The Index of Sustainable Economic Welfare，ISEW）由美国经济学家戴利与科布（Herman Daly 和 John Cobb，1989）共同提出。ISEW 是对社会政治测量方法更为深入的研究，它从个人消费开始，增加非防护性支出和资产构成，扣除防护支出、环境损害费用和自然资产折旧，并反映社会分配的不公平。其计算公式①是：

ISEW = 个人消费 - 收入不平等调整 + 家务劳动的价值
- 环境损害费用 - 私人防护支出
+ 非防护性公共支出 + 经济调整 - 自然资产折旧 （式 5）

科布在他的书《为了共同的利益》中计算了美国 1950～1986 年的 ISEW 值。其结果表明 ISEW 和 GDP 之间存在非线性的增长关系——在 20 世纪 50 年代 GDP 和 ISEW 是共同增长的，在 60～70 年代，GDP 增长迅速而 ISEW 增长缓慢，在 80 年代，GDP 虽然继续保持较快增长，但 ISEW 却在下降。

（3）真实发展指标（GPI）

真实发展指标（Genuine Progress Indicator，GPI）是由国际发展重新定义组织（Redefining Progress）高级研究员科布（Clifford Cobb）于 1995 年提出，平衡经济活动和增长的成本和收益。GPI 和 ISEW 类似，但包含更多的要素，如犯罪、婚姻破裂、休闲时间的变化等。其计算公式是：

GPI = 个人、家庭消费支出 + GDP 中未计算的家务活动的价值
+ 志愿者劳动的价值 - 犯罪因子
- 环境退化因子（包括资源消耗、污染等）
- 家庭破裂因子 - 过度工作压力因子
- 膨胀的消费债务 - 财富和收入分配的不平等 （式 6）

根据 Talberth 等人 2007 年的计算，美国的人均 GDP 从 1950 年的 11672 美元增加到 2004 年的 36596 美元，平均年增长率达到 3.81%，然而同期人均 GPI 基本保持在 15000 美元左右，年均增长率仅为 1.33%，这表明经济增长存在巨大的社会和环境成本（见图 2）。

① 细节可参考网站 http：//www.foe.co.uk/campaigns/sustainable_ development/progress/。

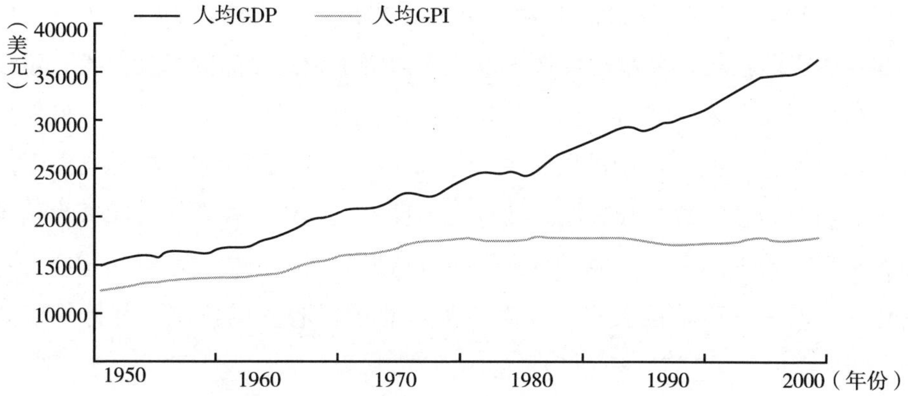

图2　美国1950～2004年的实际GDP vs GPI（人均）

资料来源：Talberth等2007。

（4）绿色GDP

绿色GDP是指一个国家或地区在考虑了自然资源（主要包括土地、森林、矿产、水和海洋）与环境因素（包括生态环境、自然环境、人文环境等）影响之后经济活动的最终成果，即将经济活动中所付出的资源耗减成本和环境降级成本从GDP中予以扣除。由于对自然生态产生影响可能需要很多年才能显现，可能这些影响还不发生在本地，因此经济活动对自然资源和环境的影响很难用货币价值来衡量，这导致绿色GDP的实践性和有效性变得非常复杂。

虽然从20世纪70年代开始，联合国和世界银行等国际组织在绿色GDP的研究和推广方面做了大量工作，但是目前对绿色GDP的计算，还没有国际上认可的标准存在。根据政府间气候变化专门委员会（the Intergovernmental Panel on Climate Change，IPCC）2000年的观察，实际应用中绿色GDP大部分都是基于开发自然资源的成本和污染排放的社会成本计算的。2004年以来，我国也在积极开展绿色GDP核算的研究，并已完成绿色GDP核算有关技术规范，将择机进行试点。

（5）真实储蓄率（ANS）

真实储蓄（Genuine Savings），也称调整后的净储蓄（Adjusted Net

Savings，ANS)，由世界银行于1997年首次提出。真实储蓄是考虑了一个国家在自然资源损耗、环境污染损失以及人力资本投资之后的真实储蓄，可以作为衡量国民经济发展状况及长期发展潜力的指标（Wuppertal，2007）。ANS对标准的国民账户中的总储蓄进行了四个方面的调整：首先减去固定资本折旧得到净储蓄，其次加上教育支出反映人力资本投资，再次减去估计的各种自然资源的损耗，最后减去碳排放造成的污染损失。所有的这些资本变化都以同一货币单位表示，并表示为占总国民收入的比例。其计算公式为：

$$ANS = \frac{GNS - D_h + CSE - \sum R_{n,i} - CD}{GNI} \quad \text{（式7）}$$

其中：ANS表示真实储蓄（率），GNS表示国民总储蓄，D_h表示生产资本折旧，CSE表示现在的教育支出（非固定资本），$R_{n,i}$表示自然资本i的损耗，CD表示二氧化碳排放造成的损耗，GNI表示国民总收入（见图3）。

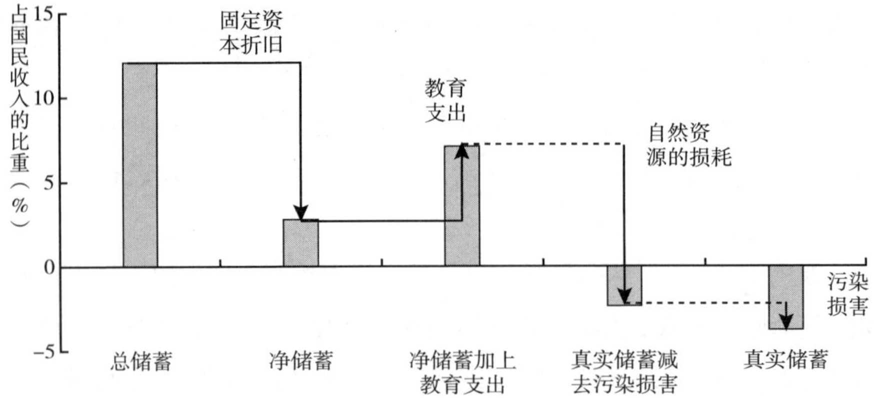

图3 真实储蓄率的计算

资料来源：世界银行，2007。

（6）人类发展指数（HDI）

人类发展指数（the Human Development Index，HDI）由联合国开发计划署（United Nations Development Programme，UNDP）于1990年开发，是从

"预期寿命、教育水准和生活质量"这人类发展的三个基本维度计算出的综合指标。其计算方法是，先根据下面的维度指数公式计算出某个国家在三个维度的各自表现，然后对三个维度指数进行几何平均，得到综合指数，即HDI。

$$维度指数 = \frac{实际值 - 最小目标值}{最大目标值 - 最小目标值} \quad （式8）$$

此后，联合国开发计划署每年都会发布世界各国的HDI指数，并在《人类发展报告》中使用它来衡量各个国家的人类发展水平。根据近数十年的数据，挪威和澳大利亚一直稳居HDI指数最高的前两位（20世纪90年代中期以前澳大利亚长期领先，此后挪威长期领先），第三位及以下的排名经常变化，但北欧国家、美国、加拿大、新西兰、德国、瑞士、荷兰、韩国及日本都是近年来排名长期属于前列的国家。

HDI指数从动态上对人类发展状况进行了反映，揭示了一个国家的优先发展项，通过分解指数，可以发现社会发展中的薄弱环节，为经济与社会发展提供预警。自开发以来，HDI指数已在指导世界各国尤其是发展中国家制定相应发展战略方面发挥了极其重要的作用。

（7）生态足迹（EF）

生态足迹（Ecological footprint，EF）由马西斯·瓦克纳格尔和威廉·E. 里斯（Willian E. Rees）于1994年提出，并得到世界公认。EF是指按照现在的消费水平、技术发展水平和资源使用效率计算，满足一个人的各种生活要求所需要的地球（陆地和海洋）面积，其单位是公顷。EF主要的组成包括农林牧渔业用地、建筑用地以及吸纳和隔绝化石能源排放的二氧化碳所需要的用地等。根据来自世界自然基金会（WWF）的一份报告，全球的EF在1961~2003年已经增加了2倍多。

根据相似的方法，可以计算出地球总的生态承载力——总的资源供给。通过生态足迹需求与自然生态系统的承载力进行比较即可以定量地判断某一国家或地区目前可持续发展的状态，以便对未来人类生存和社会经济发展做出科学规划和建议。据推算，在2001年，地球总的生态承载力大约是112

亿公顷，人均约1.8公顷，然而全球人类总的EF为137亿公顷，人均达到2.2公顷，超过了生态承载力的22%。这表明，人类的生存资本耗费速度超过了自然的再生速度。

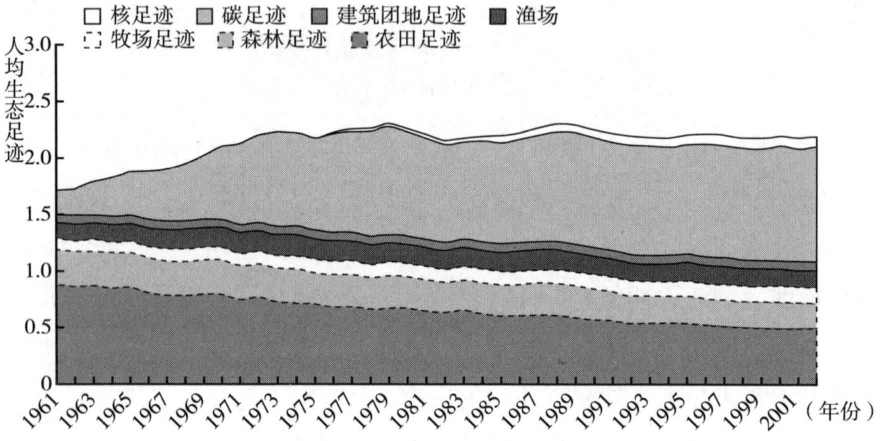

图4　世界人均生态足迹的组成部分

资料来源：全球生态足迹网，2006。

（8）幸福星球指数（HPI）

幸福星球指数（Happy Planet Index，HPI）由英国“新经济基金”组织（the New Economics Foundation，NEF）于2006年引进。HPI根据两个客观指标（即预期寿命和生态足迹EF）和一个主观指标（即生活满意度），测量支撑给定国家福利水平的环境效率。其计算公式为：

$$HPI = \frac{\text{预期寿命} \times \text{生活满意度}}{\text{生态足迹(EF)}} \quad \text{（式9）}$$

2009年，英国“新经济基金”组织根据这个公式对全球143个国家的HPI进行了测量打分（0~100分）。据2009年度《幸福星球报告》显示，哥斯达黎加是得分最高的国家，达到76.1分，津巴布韦（第143位）、坦桑尼亚（第142位）等贫穷非洲国家，由于预期寿命及生活满意度均低于其他发展中或发达国家，位列榜尾。另外，他们也比较了HPI

和GDP之间的关系，发现，开始时HPI随着人均GDP的增加而迅速增加，并在人均GDP在5000美元时达到顶点，之后会随着人均GDP的增加而逐渐减少。

（9）环境可持续指数（ESI）和环境绩效指数（EPI）

环境可持续指数（Environmental Sustainability Index，ESI）由美国耶鲁大学环境法律与政策中心、哥伦比亚大学国际地球科学资讯网络（Center for International Earth Science Information Network，CIESIN），以及世界经济论坛（WEF）所合作，在1999～2008年公开发表。ESI是一项综合性指数，追踪一套分散的国家层面上的表征和影响环境可持续能力的社会经济、环境和制度指标，覆盖自然资源禀赋、过去与现在的污染程度、环境管理努力、对国际公共事务的环保贡献，以及历年来改善环境绩效的社会能力等多个方面。ESI由环境系统、减少环境压力、减少人类脆弱性，社会和制度包容力以及全球管理5个板块构成，包含21个指标。

ESI为跨国家或地区比较环境问题提供了一个系统的指标，为阐明大量紧迫的环境政策问题提供了一个比较和分析的基础，在国家或地区确定优先进行的政策改善，量化政策和项目成功状况，促进调查经济与环境发展的相互关系，对确定影响环境可持续能力的主要因素各方面提出了标准。在2012年世界经济论坛公布的最新“环境可持续指数评价”中，中国在全球144个国家和地区中位居第133位。

环境绩效指数（Environmental Performance Index，EPI）同样也是由耶鲁大学环境法律与政策中心、哥伦比亚大学国际地球科学信息网络中心（CIESIN）联合实施，在2002～2005年连续4年编制的“环境可持续指数”基础上发展而来的。EPI主要围绕两个基本的环境保护目标展开：①减少环境对人类健康造成的压力；②提升生态系统活力和推动对自然资源的良好管理。EPI遵循十个政策分类选取25个指标。十个政策类别分别是：环境疾病负担、水对人类的影响、空气污染对人类的影响、空气污染对生态系统的影响、水对生态系统的影响、生物多样性和栖息地、森林、渔业、农业和气候变化。其选择的25个指标主要通过以下几种方式选出：大量环境政策文献；每个政策范畴内专家广泛接受的共识；来自“千年发展目标”“气候变化的政府间专门小组”和《全球环境展望4：旨在发展的环境》等其他对话达成的共识；围绕多个环境协议的环境政策争论；专家评判意见等。根据2014年达沃斯世界经济论坛最新公布的《2014年环境表现指数（EPI）》，其中瑞士居于首位，中国排在第118位。

（10）区域发展质量指数（QUARS）

区域发展质量指数（Regional Quality of Development Index，QUARS）由国际运动组织“Sbilanciamoci！”于2000年发布。QUARS由环境、经济和劳工、人权和公民权、机会平等、教育和文化、健康以及公民的政治和社会参与7大类45个代表发展质量的变量构成。其采用标准的综合指数计算方法，先将每个变量值进行标准化，然后对每个大类的变量标准化值进行平均得到该类的“宏观指标”（macro-indicators），7大类宏观指标的均值即为最终的QUARS值。QUARS强调公众参与性，可提高对环境和社会影响方面的认识度。QUARS的计算基于开放的数据源，大部分可通过“Sbilanciamoci！”网站获得。

（11）综合的环境经济账户体系（SEEA）

综合的环境经济账户体系（the System for Integrated Economic Environmental Accounts，SEEA）是国民经济核算体系（SNA）的卫星账户体系，是可持续发展经济思路下的产物，主要用于在考虑环境因素的影响条件下实施国民经济核算。1993年联合国统计司（UNSD）出版了SEEA 1993初稿，首次建立了与SNA相一致的、系统地核算环境资源存量和资本流量的框架。2003年联合国统计司推出了SEEA的最新版本《Integrated Environmental and Economic Accounting 2003》（以下简称SEEA 2003），又进一步扩大了SEEA 1993的核算内容与范围，促进了SEEA 1993与资源、环境信息直接联系的概念变化。与SNA账户体系相比，SEEA的一个显著特点是将环境成本内生于生产与收入账户，同时调整生产账户中的资产和收入账户的存量和流量。SEEA包含以下四类账户：一是与污染、资源和能源流相关的数据；二是环境保护和资源管理账户；三是以实物和货币形式计算的自然资源资产；四是经过环境调整后的宏观经济总量（见表1）。SEEA 2003由10张核算表组成①。

表1　SEEA基本框架

		期初存量	经济资产	环境资产	
			+		
	国内产品（工业）	最终消费（家庭/政府）	资本积累		国外
			生产资产	非生产资产	
产品供给	总产出(O)				进口
产品使用	中间消耗(IC)	最终消费(C)	资本形成总额（GCF）	环境资本积累（ACCe）	出口
固定资产使用	固定资产消耗（CFC）		固定资本消耗（CFC）		
增加值 NDP	GDP = O - IC NDP = GDP - CFC				
非生产资产消耗	环境成本（工业 ECl）	环境成本（家庭 ECH）		环境成本(EC)	
经环境调整综合指标	EDP = NDP - ECI - ECH		ACC = (CF - CFC) + (ACCe - EC)		
			+		
		期末存量	由于市场价格变动的重估价		
			=		
			经济资产	环境资产	

SEEA不仅为资源环境实物核算与经济货币核算提供了连接的桥梁，而且还增加了对“外部”环境成本和收益的核算。SEEA在以下两方面扩展并完善了SNA体系：一是产品生产和最终需求对自然资源的使用，二是由于污染等因素对环境质量的影响。虽然到目前为止SEEA相关工作进展顺利，但是从全世界来看，全球统一的联合国的统计标准与应用在国家层面上的各种形式的SEEA环境账户之间仍然存在许多差异。

① 王德发：《综合环境与经济核算体系》，《财经研究》2004年第5期。

（12）包括环境账户的国民核算矩阵（NAMEA）

包括环境账户的国民核算矩阵（National Accounting Matrix including Environmental Accounts，NAMEA）由荷兰国家统计局于20世纪末开发，在欧盟许多国家得到应用。NAMEA在概念上保持了与SNA的一致性，但核算内容不同，它注重实物核算。从结构上看，NAMEA由三部分组成，即：①国民核算账户。该类账户大体与SNA相似，但又有一些差异，这些差异主要表现为与环境相关的一些交易项目的重组，这样方便与其他两个环境账户衔接，并且可以更好地表示与环境相关的交易。②环境物质账户。该类账户反映了经济与自然环境之间的物质交换，描述影响环境的主要物质的来源与去向。它包含三个表，第一张是物质来源表，第二张是物质去向表，第三张是净排放与净累计表，综合了污染物的来源与去向，计算出当年污染物净排放量，扣除污染物的输出量，得到本国污染物的新增累积量。③环境主题账户。该类账户反映了由于环境污染而产生的主要环境问题。环境主题账户把环境压力与各种污染物直接联系起来，每种环境问题都有其对应的污染物，目前主要包括六个环境主题，分别是温室效应、臭氧层破坏、酸雨、藻类污染、废弃物、其他自然资源变化（天然气、原油）。

NAMEA虽然侧重实物核算，但依然具有很强的分析功能。一方面，它可以借助投入产出分析工具研究环境与经济之间的关系。例如，对污染物的来源进行分解分析，从而可以了解每个部门对各污染物以及环境主题的"贡献"大小，掌握各个环境主题的成因及生产和消费对环境主题的影响，为治理环境问题制定相应的政策提供依据。另一方面，NAMEA包含有税收账户，该类账户的设置增强了NAMEA的政策分析功能，通过建模可以模拟经济与环境政策的实施效果。

（13）德国环境经济账户（GEEA）

德国环境经济账户（German Environmental Economic Accounting，GEEA）由德国联邦统计局建立。GEEA主要关注环境与经济关系的三个方面，即压力、状态和响应，并依此构建模块（见图5）。模块以SEEA概念性的提议为基础，以卫星账户的组织形式存在，与德国国民账户体系高度兼容。GEEA 主要用于为德国的可持续发展的政策支持提供建议。

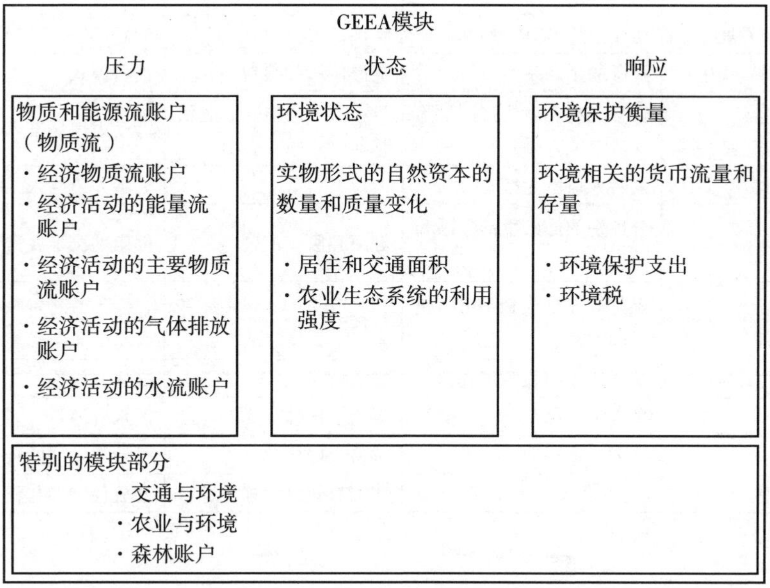

图 5　德国环境经济账户模块组成

（14）欧盟的可持续发展指标体系（SDIs）

欧盟的可持续发展指标体系（Sustainable Development Indicators，SDIs）是由欧盟统计局组织开发，用于跟踪评估欧盟的可持续发展战略（The EU Sustainable Development Strategy，EU－SDS）的进程。EU－SDS 于 2001 年 6 月被欧盟委员会采纳，并在 2006 年 6 月进行了修订，旨在协调经济发展、社会凝聚力和环境保护之间的关系。SDIs 的设计参照了已有指标，包括联合国可持续发展委员会、OECD 以及欧洲环境署的核心指标等，由具有层级机构的 155 个具体的指标构成。整个指标体系包括 10 个主题，每个主题都有一个主指标；每个主题下面还包括 2～4 个副主题，每个副主题下面还有更细致的指标（见表 2）。

表 2　欧盟的可持续发展指标体系结构

主题	主指标	副主题	
		1	2
社会经济发展	居民人均 GDP 增长率	经济发展	创新、竞争力和生态环境
可持续消费和生产	资源的生产率	资源使用和浪费	消费模式
社会稳定	转移支付之后的贫困危险人口	货币化的贫穷和生活状况	劳动力市场准入
人口变化	大龄人口就业率	人口	老龄人口收入
公共健康	分性别的健康生活年限和预期寿命	健康和医疗不公平	健康的决定要素
气候变化和能源	温室气体排放和不可再生资源消耗	气候变化	能源
可持续的交通	交通造成的能源消耗	交通增长	交通的价格
自然资源	鸟类指数和鱼类过度捕捞	生物多样性	淡水资源
全球合作	官方发展援助	贸易全球化	可持续发展的资金支持
政府治理		政策有效性和连续性	开放性和参与程度

资料来源：欧盟统计局。

欧洲统计局的 SDIs 和发布的报告《衡量可持续发展的进展》[①] 是可持续发展报告方面非常好的表率，为评估政策进展提供了一个非常清晰和交易交流的框架结构。

（15）千年发展目标（MDGs）

千年发展目标（Millennium Development Goals，MDGs）是 2000 年 9 月在联合国首脑会议上由 189 个国家签署的《联合国千年宣言》中正式做出的承诺，即将全球贫困水平在 2015 年之前降低一半（以 1990 年的水平为标准），共包含 8 项目标，即消灭极端贫穷和饥饿；普及小学教育；促进男女平等并赋予妇女权利；降低儿童死亡率；改善产妇保健；与艾滋病毒/艾滋病、疟疾和其他疾病作斗争；确保环境的可持续能力；全球合作促进发展（见表 3）。

① Eurostat，“Measuring progress towards sustainable development”，2005，2007.

为了追踪目标取得的进展，国际统计专家选择了48个相关的统计指标。自宣言发布后，联合国秘书长每年都会基于这48个选择的指标向联合国大会报告全球、各个国家或地区MDGs进展情况。另外，联合国也发起了一系列的活动用来支持MDGs的实现，如“千年运动”（Millennium Campaign）和“千年村庄”（Millennium Villages）等。

表3　联合国千年发展目标

8项主要目标	相关内容
消灭极端贫穷和饥饿	靠每日不到1美元维生的人口比例减半
	使所有人包括妇女和青年人都享有充分的生产就业和体面工作
	挨饿的人口比例减半
普及小学教育	确保不论男童或女童都能完成全部初等教育课程
促进男女平等并赋予妇女权利	最好到2005年在小学教育和中学教育中消除两性差距，最迟于2015年在各级教育中消除此种差距
降低儿童死亡率	五岁以下儿童的死亡率降低三分之二
改善产妇保健	产妇死亡率降低四分之三
	到2015年实现普遍享有生殖保健
与艾滋病毒/艾滋病、疟疾和其他疾病作斗争	遏止并开始扭转艾滋病毒/艾滋病的蔓延
	到2010年向所有需要者普遍提供艾滋病毒/艾滋病治疗
	遏止并开始扭转疟疾和其他主要疾病的发病率增长
确保环境的可持续能力	将可持续发展原则纳入国家政策和方案；扭转环境资源的流失
	减少生物多样性的丧失，到2010年显著降低丧失率
	到2015年将无法持续获得安全饮用水和基本卫生设施的人口比例减半
	到2020年使至少1亿贫民窟居民的生活有明显改善
全球合作促进发展	进一步发展开放的、遵循规则的、可预测的、非歧视性的贸易和金融体制，包括在国家和国际两级致力于善政、发展和减轻贫穷
	满足最不发达国家的特殊需要。这包括：对其出口免征关税、不实行配额；加强重债穷国的减债方案，注销官方双边债务；向致力于减贫的国家提供更为慷慨的官方发展援助
	满足内陆国和小岛屿发展中国家的特殊需要
	通过国家和国际措施全面处理发展中国家的债务问题，使债务可以长期持续承受
	与发展中国家合作，为青年创造体面的生产性就业机会
	与制药公司合作，在发展中国家提供负担得起的基本药物
	与私营部门合作，提供新技术，特别是信息和通信技术产生的好处

（16）更好生活指数（BLI）

更好生活指数（Better Life Index，BLI）由经济合作与发展组织（OECD）于2011年5月发布。BLI包括影响幸福的住房条件、家庭收入、工作、社区环境、教育、自然环境、公民参与、健康、生活满意度、安全度以及工作生活平衡度11个方面，每个方面又根据1～3个具体的指标来衡量。BLI旨在让人们更加清楚生活中什么是最重要的以及政府应该如何改善社会福利。

根据OECD发布的2014年度“幸福生活指数”报告显示，在其34个成员国家中，澳大利亚则连续4年综合指数排名位居榜首，第二名是挪威，第三名是瑞典，最后的是土耳其。

3. 国际上现有开发的指标分类比较

根据以上对各类指标或指标框架的介绍分析，国际上对如何更好地衡量经济社会发展水平做了有益的探索。这些探索虽然并不能完全取代GDP指标，但是从各个侧面反映出经济社会发展的全貌。在此介绍的基础上，从侧重中的内容、与GDP的联系、表现形式和评估方法四个角度进行对比分析，以期得出完善现有指标的原则或路径（见表4）。

（1）按包含的内容划分

按照最常用的分类方法，可将指标分为经济指标、社会指标、环境指标和福利指标四类。经济指标包含GDP和其他来自SNA的指标。社会指标考虑预期寿命、贫穷率、失业率、可支配收入、教育水平等广泛的社会内容。环境指标包括环境污染、三废和气候变化等信息。福利指标反映人们对于他们生活或生活质量（包括工作、家庭生活、健康条件和生活水平等）的满意度，包括主观和客观指标，主观指标基于个体调查，客观指标包括对休闲时间和可支配收入等的满意度。

（2）按与GDP的联系划分

按照与GDP的联系划分，可将指数划分为调整GDP、代替GDP和补充GDP的指数三类。其中，调整GDP的指数通过对传统的经济表现指标如GDP、国民储蓄等进行调整使其包含货币化的环境和社会因子。代替GDP

表4 各指数包含的内容维度

指数中文名称	指数英文名称	简称	包含的内容维度			
			经济	社会	环境	福利
经济福利量指标	Measure of Economic Welfare	MEW	√	√	√	
可持续的经济福利指数	The Index of Sustainable Economic Welfare	ISEW	√	√	√	
真实发展指标	Genuine Progress Indicator	GPI	√	√	√	√
绿色 GDP	Green GDP		√		√	
真实储蓄率	Genuine Savings	ANS	√	√	√	
人类发展指数	the Human Development Index	HDI	√	√		√
生态足迹	Ecological footprint	EF			√	
幸福星球指数	Happy Planet Index	HPI		√	√	√
环境可持续指数	Environmental Sustainability Index	ESI			√	
环境绩效指数	Environmental Performance Index	EPI			√	
区域发展质量指数	Regional Quality of Development Index	QUARS		√		√
综合的环境经济账户体系	the System for Integrated Economic Environmental Accounts	SEEA			√	
包括环境账户的国民核算矩阵	National Accounting Matrix including Environmental Accounts	NAMEA			√	
德国环境经济账户	German Environmental Economic Accounting	GEEA			√	
欧盟的可持续发展指标体系	EU Sustainable Development Indicators	SDIs		√	√	√
千年发展目标	Millennium Development Goals	MDGs		√	√	√
更好生活指数	Better Life Index	BLI	√	√	√	√

的指数采用比 GDP 更加直接的方式（如评估平均的满意度等）评估社会福利水平。补充 GDP 的指数对 GDP 不进行调整或替代，而是补充另外的环境或社会信息（见表5）。

表5 指数按与 GDP 的联系划分

指数类型	包含的指数
调整 GDP	MEW,ISEW,GPI,绿色 GDP,ANS
代替 GDP	HDI,EF,HPI,ESI,EPI,QUARS,BLI
补充 GDP	SEEA,NAMEA,GEEA,SDIs,MDGs

（3）按指标表现形式划分

按照指标表现形式划分，可将指数分为仪表盘（Dashboard）指数和综合（Composite）指数两类（见表6）。其中，仪表盘指数由一套指标组成，分别刻画指数的多个方面，而综合指数则将各个方面的信息加总成单个数字。

表6　指数按表现形式划分

指数类型	包含的指数
仪表盘指数	BLI,SEEA,NAMEA,GEEA,SDIs
综合指数	MEW,ISEW,GPI,绿色 GDP,ANS,HDI,EF,HPI,ESI,EPI,QUARS,MDGs

（4）按指标的评估方法划分

按照指标的评估方法，可以将指数分为主观指数、客观指数和主客观相结合指数三类（见表7）。其中，主观指数根据人们的主观评价（通过问卷调查等方式）来衡量社会福利的大小；客观指数的评价则是基于客观的定量数据进行；主客观相结合指数则是在指标测量中同时采用了这两种评估方法。

表7　指数按评估方法划分

指数类型	包含的指数
主观指数	—
客观指数	MEW,ISEW,GPI,绿色 GDP,ANS,HDI,EF,ESI,EPI,SEEA,NAMEA,GEEA,SDIs,MDGs
主客观相结合指数	BLI,HPI,QUARS

4. 总结归纳寻找新指标的取舍原则

以上介绍的一些指标或多或少地都存在一些缺陷，如有些指标数据很难获得，或有些指标评估太主观等，很难说哪个指标更加符合要求。因此，在指标选取上需要采用“合乎目标”的方法，即根据使用指标的目标和应用条件选取指标。在指标选取上，需要考虑的一些主要的特征和条件如下。

（1）分析的合理性

一个指标应该优先满足：①概念清晰透明，并建立在符合科学和技术标准的理论框架基础上；②基于国际标准和具有国际一致认可的有效性；③能够与经济模型、预测和信息系统联系起来；④能够根据其基本组成成分进行分解；⑤其构建尽可能保持客观性。

（2）可测性

支撑指标的数据应优先满足如下条件：①很容易获得，或者以一个合理的成本收益比获得；②数据记录充足并质量可知；③保存在允许评估指标间的相互依存关系的一致连贯的数据库中；④按照可靠的程序定期更新。

（3）政策相关性和用户有利性

一个指标应该优先满足：①在刻画经济条件、社会方面、环境条件以及环境或社会的压力方面具有代表性；②能够简单、容易地进行解释，并且能够描绘出随着时间变化的趋势；③能够就结果进行沟通交流，并且为政策指示方向；④能够敏感而明确地反映环境和相关的人类活动的变化情况；⑤考虑了副作用（如以牺牲另一个社区为代价的可持续性）和能反映可增强全球可持续性的地方可持续性；⑥具有普遍通用性，能提供国际可比性；⑦要么具有国家视野，要么应用于具有国家重要性的地方环境问题；⑧在空间上是可扩展的；⑨在数据收集后就能及时反映情况；⑩有一个可供比较的阈值或参考值，以便用户能够评估指标值的意义。

三　探索衡量中国可持续发展绩效的理论与实践

当前全球经济复苏曲折缓慢，包括中国在内的新兴经济体 GDP 增速放缓，国际市场信心受挫。从中国自身经济社会发展需要看，中国改革开放以来取得的经济发展成就堪称奇迹，中国未来经济发展道路也没有任何先例可循，深入研究经济发展衡量指标，有助于引导各方摒弃唯 GDP 增长论的偏见，更加全面理性地看待中国经济转型和发展进程。当前中国 GDP 增速放缓，正在经历全面深化改革和经济转型，表明中国已经改变以往侧重 GDP 高速增长的做法，更加看重全面、协调、可持续发展，重新审视 GDP 衡量经济社会发展状况的合理性，这对践行创新、协调、绿色、开放、共享五大发展理念，探索中国特色的经济发展模式，抢占国际经济领域规则制定主导权和话语权具有重要意义。

1. 探寻衡量中国可持续发展绩效的理论基础

当前来看，衡量可持续发展的理论相当丰富，主要有可持续发展理论、福利经济学理论、包容性发展理论和社会福利理论等。这些理论都是从增长的健康性、发展的包容性以及方式的绿色性三个方面探讨经济社会发展的效率和质量。

（1）可持续发展理论

1987 年，以挪威首相 Gro Harlem Brundtland（布伦特兰）为主席的联合国世界与环境发展委员会发表了一份报告《我们共同的未来》（也称“布伦特兰报告”），正式提出可持续发展概念，并以此为主题对人类共同关心的环境与发展问题进行了全面论述，受到世界各国政府组织和舆论的极大重视，在 1992 年联合国环境与发展大会上各国政府一致接受了贯彻可持续发展战略的《21 世纪议程》，承诺实施其倡导的全面变革。

根据布伦特兰给出的定义，可持续发展是指既满足当代人的需要，又不对后代人满足其需要的能力构成危害的发展。在具体内容方面，可持续发展涉及可持续经济、可持续生态和可持续社会三方面的协调统一，要求人类在发展中讲究经济效率、关注生态和谐和追求社会公平，最终达到人的全面发展。在经济可持续发展方面，可持续发展鼓励经济增长而不是以环境保护为名取消经济增长，但可持续发展不仅重视经济增长的数量，更追求经济发展的质量。可持续发展要求改变传统的以“高投入、高消耗、高污染”为特征的生产模式和消费模式，实施清洁生产和文明消费，以提高经济活动中的效益、节约资源和减少废物。在生态可持续发展方面，可持续发展要求经济建设和社会发展要与自然承载能力相协调。发展的同时必须保护和改善地球生态环境，保证以可持续的方式使用自然资源和环境成本，使人类的发展控制在地球承载能力之内。在社会可持续发展方面，可持续发展强调社会公平是环境保护得以实现的机制和目标。可持续发展指出世界各国的发展阶段可以不同，发展的具体目标也可以各不相同，但发展的本质应包括改善人类生活质量，提高人类健康水平，创造一个保障人们平等、自由、教育、人权和免受暴力的社会环境。在人类可持续发展系统中，经济可持续是基础，生态可持续是条件，社会可持续才是目的。

可持续发展已经越来越成为当今社会各地区、各阶层和各行业的共识。那么如何衡量可持续发展所取得的进展呢？正如《21 世纪议程》（UN，1992）所指出的，常用的 GDP 和个别的资源或污染计量，都不能充分说明可持续性，用以评价不同部门的环境、人口、社会和发展参数之间相互作用的可持续发展指标需要得到开发，以便为各个层次的决策提供坚实的基础，并促进环境与发展综合系统进行自我调节的可持续性。

（2）福利经济学理论

“公平与效率”之间的关系是福利经济学研究的一个重要问题。早期的福利经济学认为，效率与公平之间是矛盾的，“追求效率必须暂时牺牲公平”，由于资本积累与深化对于经济增长速度具有决定性作用，因此为了提高效率，实现经济快速增长，在全社会的分配中只能让资本享有优先权，尽管这会恶化公平。关于公平与效率之间关系的研究在 20 世纪 90 年代后有了新的发展。① 许多研究表明，当以财富而不仅仅是货币收入分配差距（收入分配不平等）来衡量社会公平后，在其他条件相同的情况下，财富不平等与经济增长似乎存在显著的负相关关系：财富在社会中的分布越不平等，经济增长就越乏力；反之，财富分配状况越平等，经济增长可能就会越快。综合 20 世纪 90 年代中期以后的经济学关于效率与公平之间关系的新进展，收入分配不平等将经由以下管道影响到经济增长。

第一，不平等导致资源配置扭曲。正如世界银行报告（2006）指出的，不平等使得发展中国家的人力资本、信贷、土地市场失灵现象严重，造成资源未必流向回报最高的地方。因此，不平等导致效率损失。

① Oded Galor 和 Joseph Zeira 在他们 1993 年的著名论文《收入分配与宏观经济》中强调，财富与收入的分配不仅影响着宏观经济的中长期产出与投资，而且影响着宏观经济应对外部冲击的模式与能力。他们首次引入了财富指标，而不仅仅以货币收入分配来表征社会的不公平。研究发现，如果财富在人群中间的分配越不平等，经济增长越将受到负面影响。

第二，不平等感鼓励人们不进行“生产性努力”而进行“分配性努力”，由此妨碍经济效率。人们认为社会不平等，其实是觉得他们每增加一分投入生产中去（即“生产性努力”），并没有多得到一点相应的回报；相反，有些人只把精力放在从社会已有的生产成果中分得更多的份额（即“分配性努力”），却真能得逞。这个时候，更多的人不愿再把自己的努力放在生产性上，转而放在分配上，经济增长就将陷入停滞。

第三，不平等感导致各阶层之间“分配性冲突”增加，这会影响投资，进而影响经济增长。Alesina 和 Perotti① 指出，越多人认为社会不平等，越多人就会卷入社会财富分配的冲突。而越多人卷入社会财富分配的冲突，社会就越不稳定。社会越不稳定，一方面，投资者对投资的安全性就越没有信心，因而减少投资；另一方面，社会将被迫把更多宝贵的公共或私人生产性资源用于防止与打击犯罪。生产性投资的减少不可避免地致使经济增长乏力。

第四，不平等会抑制国内社会消费，这也会妨碍经济增长。消费与投资一起，构成推动社会经济增长的两驾马车。如果消费不足，经济增长也将因为没有最终需求而陷入停顿。当社会出现严重不平等时，财富分配向富人急剧倾斜，使得富人的消费水平在短期内迅速提高，带动社会消费品生产结构迅速完成升级。而不幸的是，富人的消费需求将伴随其购买力的迅速增加而在短期内很快被满足，穷人却苦于买不起已经升级的消费品。于是，消费很快由于购买力的断档而下降，社会经济在经历了一个快速增长后将陷入消费不足导致的萧条之中。

（3）包容性发展理论

包容性发展（“Inclusive Development”）强调发展主体的人人有责、发展内容的全面协调、发展过程的机会均等、发展成果的利益共享，是一种更加全面、更趋公平、更具人文关怀，因而也更具可持续性的新发展理

① Alesina, A. and Perotti, R., 1996. Income Distribution, Political Instability and Investment. European Economic Review, (40).

论。亚洲发展银行和世界银行对包容性发展理念的形成起到重要推动作用。

包容性发展的理论内核[①]主要包括：①鼓励所有国民积极参与国民经济发展是包容性发展的根本出发点。包容性发展特别强调发展活动的全民参与、全体国民的共同发展，经济社会发展是人人有责的，不管是什么身份的国民，都应该尽其所能地参与到经济社会发展活动中去。同时，包容性发展非常重视弱势群体的发展，加强对他们的人力资本投资、增强其可行能力，是包容性发展的重要内容。②包容性发展重视发展内容的全面性、综合性和统筹协调性。包容性发展理论认为社会发展的滞后不仅会影响经济发展的可持续性，而且有违发展的根本目的——人类“自由”的扩展，因此，包容性发展追求经济社会的全面协调发展。另外，包容性发展还十分关注政治文明进步。因为一个国家的政治环境会影响其经济、社会发展。如果政治民主化程度极低，不仅弱势群体的声音很难被政府决策层听到，需求难以得到应有满足，而且在资源配置和发展机会等方面也受到极大影响，社会公平难以得到应有保证，更不用说增进弱势群体的发展能力。③发展过程的公平性是包容性发展的本质要求。要真正实现发展成果上的利益共享，必须从发展过程的机会均等化着手，而且只有努力创造更多的投资和发展机会，并保证机会公平、环境公正，才能吸引最为广泛的主体参与到发展过程中来，只有这样，利益共享才有坚实的基础，才能真正保证更大范围的利益共享。④发展成果的共享性是包容性发展的重要目标。无论是强调发展主体的人人有责，还是发展内容的全面协调，抑或是发展过程的公平公正，实质上都是为实现发展成果的利益共享做铺垫的，因此可以说，利益共享是包容性发展的必然要求和结果。

根据包容性发展理论，经济发展是一个多维的成长过程，而不仅仅限于收入的提高，还包括非收入的其他经济维度以及非经济的社会维度、政治维度的进步等。

---

① 高传胜：《论包容性发展的理论内核》，《经济学报》2012 年第 1 期。

（4）社会福利理论

福利是社会发展中个体与群体永恒的目标追求与价值选择（见图6）。社会福利理论认为福利是包括物质和精神内容的“福”与“利”，是一种幸福和利益的结合体，应该具有三个方面的含义：①基本生活保障。在任何时期，广大社会成员的基本物质生活，包括衣、食、住、行、医等物质生活的方方面面，都必须能够得到保障与满足。②生活水平改善、生活质量提高。不断提高民众的生活水平，改善其生活质量，实施普惠型福利，是福利发展的本质要求与具体体现。③生活状况的满足程度。福利具有客观性与主观性两种属性：一方面，是客观的福利供给与获得，即政府及社会为民众提供了多少福利项目及何种福利水平，民众获得了多少具体实际物质性福利；另一方面，是民众对获得的福利之主观认可与评价，即他们是否在心理上对其生活状况感到“幸福”与“满足”。福利的客观现状是个体和群体取得幸福和快乐的重要物质基础；而福利的主观感受则在很大程度上决定着对“福利”供给的评价与认可，两者缺一不可，是一个问题的两个方面。

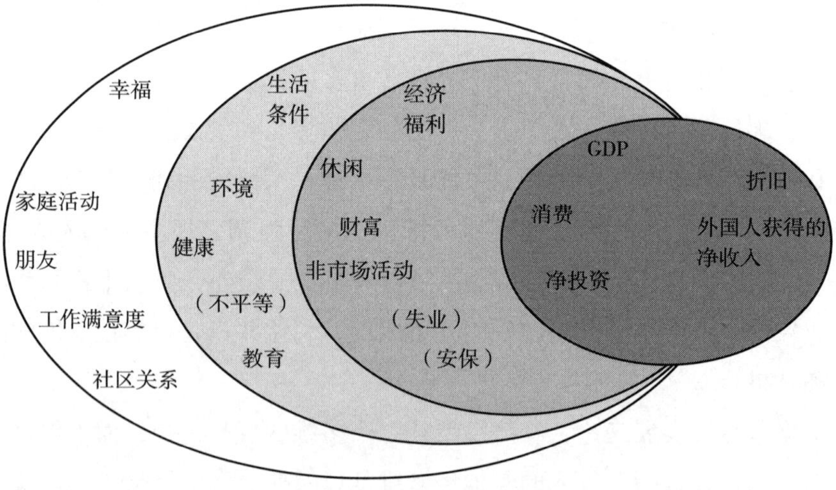

图6　幸福和福利要素圈层

资料来源：荷兰银行，2007。

2. 中国亟须超越“GDP”的经济社会发展衡量

正如2009年“斯蒂格利茨－森－菲图西报告”指出的那样[①]，“我们衡量的对象影响着我们的所作所为……如果我们有错误的度量，那么我们将努力做错误的事情。在追求更高的GDP过程中，我们最终可能会使社会变成使大多数公民的生活状况恶化的样子”。随着中国实力的增长，中国对世界经济各方面影响会越来越大。中国在积累自身成功经验的同时，也着眼于作为世界数一数二的大国进一步发挥引领和示范作用，树立新型经济发展模式的样板，甚至在此基础上创立新的衡量经济发展的指标，可为印度等后来兴起的经济体提供借鉴。

（1）创新经济社会发展衡量体系是践行新的发展理念的需要

改革开放以来，中国经历了30多年高速的经济增长，经济总量已经攀升至世界第二位。但是随着中国人口红利的逐渐消失和资源环境约束的进一步增强，继续依靠拼投资、拼资源、拼出口的单纯追求经济增长的传统模式难以持续，中国经济进入了转型发展时期。

进入新时期，面对新环境，实现什么样的发展，如何实现发展？党的十八届五中全会明确提出牢固树立创新、协调、绿色、开放、共享的新的发展理念，构成了中国经济发展提纲挈领的“大主线”。创新发展着眼于培养新常态下经济增长的新动力，强调把创新摆在国家发展全局的核心位置，不断推进理论创新、制度创新、科技创新、文化创新。协调发展着眼于发展的健康性，强调正确处理发展中的重大关系，重点促进城乡区域协调发展，促进经济社会协调发展，促进新型工业化、信息化、城镇化、农业现代化同步发展，推动物质文明和精神文明协调发展，推动经济建设和国防建设融合发展。绿色发展着眼于发展的永续性，强调必须坚持节约资源和保护环境的基本国策，坚持可持续发展，坚定走生产发展、生活富裕、生态良好的文明发展道路，加快建设资源节约型、环境友好型社会，形成人与自然和谐发展的

---

① 2009, Joseph E. Stlglitz, Amartya Sen, Jean-Paul Fitoussi, “Report by the Commission on the Measurement of Economic Performance and Social Progress”.

现代化建设新格局，推进美丽中国建设。开放发展着眼于用好国际国内两个市场、两种资源，强调必须顺应我国经济深度融入世界经济的趋势，奉行互利共赢的开放战略，发展更高层次的开放型经济，积极参与全球经济治理和公共产品供给，提高我国在全球经济治理中的制度性话语权，构建广泛的利益共同体。共享发展着眼于社会主义本质要求和发展目的，强调坚持发展为了人民、发展依靠人民、发展成果由人民共享，做出更有效的制度安排，使全体人民在共建共享发展中有更多获得感，增强发展动力，增进人民团结，朝着共同富裕方向稳步前进。

新发展理念是今后很长时期内我国发展思路、发展方向、发展着力点的集中体现。如何贯彻执行以及如何衡量发展取得的成绩？显然，仅仅依靠 GDP 指标是不行的，而是需要寻找超越 GDP 的指标全面衡量经济发展的质量。

（2）创新经济社会发展衡量体系是全面建成小康社会的需要

“小康社会”是由邓小平在 20 世纪 70 年代末 80 年代初在规划中国经济社会发展蓝图时提出的战略构想。党的十八大报告首次正式提出全面“建成”小康社会。其发展目标包括经济建设、政治建设、文化建设、社会建设、生态文明建设五个方面的内容：①经济持续健康发展，包括转变经济发展方式取得重大进展，实现国内生产总值和城乡居民人均收入比二〇一〇年翻一番等；②人民民主不断扩大，包括民主制度更加完善，民主形式更加丰富，依法治国基本方略全面落实等；③文化软实力显著增强，包括社会主义核心价值体系深入人心，公共文化服务体系基本建成等；④人民生活水平全面提高，包括基本公共服务均等化总体实现，就业更加充分，收入分配差距缩小，扶贫对象大幅减少等；⑤资源节约型、环境友好型社会建设取得重大进展，包括主体功能区布局基本形成、人居环境明显改善等。如期全面建成小康社会，是我们党向人民做出的庄严承诺。如何全面掌握小康社会建设进程需要我们进一步寻求超越 GDP 的指标。

（3）创新经济社会发展衡量体系是与国际接轨的需要

随着人口和消费的快速增长，地球能源资源日益紧缺，能源、水和污染物治理成为各国政府和社会组织面临的最主要支出。推动环境、经济和社会等领域可持续发展是当今世界各国共同面临的不可逃避的责任，中国积极参与其中。

2000年联合国制定的《千年发展目标》（MDGs），就发展中国家减贫扶贫，清洁水饮用，抗击艾滋病、疟疾、肺结核，消减母婴死亡率等制定了具体目标。15年过去，中国在减少贫困人口、减少饥饿人口、推进卫生、教育、妇女权利等方面有明显提升。2015年7月下旬，中国外交部与联合国驻华系统共同发布了《中国实施千年发展目标报告》，报告指出，中国提前完成了多个千年发展目标，受到联合国的肯定，但在减少“环境资源与生物多样性丧失”等问题上中国仍存在挑战，需要进一步努力。2015年9月25日，联合国可持续发展峰会在纽约总部召开，联合国193个成员国在峰会上正式通过17个可持续发展目标。该目标旨在从2015年到2030年以综合方式彻底解决社会、经济和环境三个维度的发展问题，转向可持续发展道路。中国高度重视此次峰会，并将从各方面推动可持续发展议程的实质进展。如何衡量可持续发展进程，中国需要寻求超越GDP的指标。

3. 中国积极探索衡量经济社会发展的指标创新

近年来，中国许多部门和城市也在研究取代或完善GDP计算模型的办法，探索衡量可持续发展绩效的指标体系，其中较为知名的是原环保部和统计局联合发布的绿色GDP核算报告，以及北京、深圳、郑州等城市探索建立起的涵盖经济社会发展质量的框架体系，这些探索实践给今后中国开发出具有开创性、突破性的新指标奠定了基础。

（1）国家部委发布的《中国绿色GDP核算报告》（2004～2010年）

为了树立和落实全面、协调、可持续的发展观，建设资源节约型和环境友好型社会，加快实现环境保护的“三个转变”，原环境保护部和国家统计局于2004年3月联合启动了《中国绿色国民经济核算（简称绿色GDP核算）研究》项目，并于2005年开展了全国十个省市的绿色国民经济核算和污染损失评估调查试点工作。两个部门成立了工作领导小组和项目顾问组，由原环保部环境规划院和中国人民大学等单位的专家组成了项目技术组，负责建立核算框架体系、提出核算技术指南、开展经环境污染调整的 GDP 核算，并指导地方开展试点①调查和核算工作。经过近两年的艰辛努力，项目技术组完成了《中国绿色国民经济核算体系框架》《中国环境经济核算技术指南》《中国绿色国民经济核算软件系统》《中国绿色国民经济核算研究报告》等成果，建立了环境经济核算的技术方法体系，并应用于全国与地方试点核算。2006 年 9 月 7 日，原环保部和国家统计局两个部门发布了项目技术组提交的《中国绿色国民经济核算研究报告（2004）》（以下简称《报告》）。《报告》就 2004 年全国各地区和各产业部门的水污染、大气污染和固体废物污染的实物量进行了核算，同时采用治理成本法和污染损失法的价值量核算方法，核算了虚拟治理成本和环境退化成本，并得出了经环境污染调整的 GDP 核算结果。

2004 年的绿色国民经济核算内容②由三部分组成：①环境实物量核算，运用实物单位建立不同层次的实物量账户，描述与经济活动对应的各类污染物的产生量、去除量（处理量）、排放量等，具体分为水污染、大气污染和固体废物实物量核算；②环境价值量核算。在实物量核算的基础上，运用两种方法估算各种污染排放造成的环境退化价值；③经环境污染调整的 GDP 核算。环境实物量核算是以环境统计为基础，综合核算全口径的主要污染物产生量、削减量和排放量。核算数据较目前的统计数据更加全面，更能全面地反映主要环境污染物的排放情况。采用治理成本法核算虚拟治理成本。虚

① 2005 年 1 月，国家统计局与原环保部确定在北京、天津、重庆、河北、辽宁、浙江、安徽、广东、海南、四川 10 个省市进行试点调查和核算工作。

② 绿色国民经济核算（简称绿色 GDP 核算）是一项涵盖了资源核算和环境核算的系统工程，《中国绿色国民经济核算研究报告 2004》并不是完整意义上的绿色 GDP 核算，仅仅涉及了其中环境核算的部分内容，没有包含资源核算，即使是环境核算也是不完全的。主要表现在：（1）环境保护投入产出核算、生态破坏损失的实物量核算和价值量核算没有被纳入。（2）环境污染损失的核算范围很广，由于缺乏相应的剂量反应关系研究和数据的支持，还有多项污染损失没有核算在内，包括水污染引起的传染和消化道疾病的患病人数及其门诊和住院医疗、误工损失；水污染造成的新建替代水源成本；室内空气污染造成的损失；臭氧对人体健康的影响损失；大气污染造成的林业损失；大气污染造成的清洁和劳务费用增加；噪声、辐射和光热污染等造成的经济损失；地下水污染损失；土壤污染损失等。

拟治理成本是指目前排放到环境中的污染物按照现行的治理技术和水平全部治理所需要的支出。治理成本法核算虚拟治理成本的思路是：假设所有污染物都得到治理，则当年的环境退化不会发生，从数值上看，虚拟治理成本是环境退化价值的一种下限核算。采用污染损失法核算环境退化成本。环境退化成本是指环境污染所带来的各种损害，如对农产品产量、人体健康、生态服务功能等的损害。这些损害需采用一定的定价技术进行污染经济损失评估。与治理成本法相比，基于环境损害的估价方法（污染损失法）更具合理性，更能体现污染造成的环境退化成本。

2004～2010年，以环境保护部环境规划院为代表的技术组相继完成了7年的全国绿色GDP研究报告①，标志着基于环境污染的绿色国民经济年度核算报告制度已经初步形成。但之后，由于种种原因②，绿色GDP的研究核算工作被中断了。2015年3月，为加快推进生态文明建设，有效推动新《环保法》落实，环境保护部召开建立绿色GDP 2.0核算体系③专题会，决定重新启动绿色GDP研究工作。

绿色GDP 2.0主要包括四方面的内容：一是环境成本核算，同时开展环境质量退化成本与环境改善效益核算，全面客观反映经济活动的“环境代价”；二是环境容量核算，开展以环境容量为基础的环境承载能力研究；三是生态系统生产总值核算，开展生态绩效评估；四是经济绿色转型政策研究，结合核算结果，就促进区域经济绿色转型、建立符合环境承载能力的发展模式，提出中长期政策建议。

和绿色GDP 1.0相比，绿色GDP 2.0将寻求创新。在内容上，增加了以环境容量核算为基础的环境承载能力研究，圈定资源消耗高强度区、环境污染和生态破坏重灾区，摸清“环境家底”；在技术上，克服前期数据薄弱

① 2006年及以后发布的报告均改称《中国环境经济核算研究报告》。

② 据原环境保护部环境规划院副院长王金南的观点，主要的原因大概有：①绿色GDP核算研究是一个新生事物，在方法学、数据质量控制、数据可比性等方面都存在很多问题；②政府部门之间对这个问题的看法也可能不太一致，包括技术层面的分歧；③绿色GDP不受地方政府欢迎。

③ 2004年启动的研究工作被重新定义为“绿色GDP 1.0”。

问题，夯实核算的数据和技术基础，充分利用卫星遥感、污染源普查等多来源数据，构建支撑绿色 GDP 核算的大数据平台。

根据专题会的介绍，绿色 GDP 2.0 的研究计划分两个阶段展开。第一阶段（2014～2015 年）：联合各相关部门与研究机构，开展国际经验学习借鉴、核算框架体系构建、技术规范研究及全国层面环境容量核算、生态系统生产总值核算，初步建立政策应用体系，形成核算技术支撑能力，组织建立绿色 GDP 核算的相关技术规范。第二阶段（2016～2017 年）：为了检验绿色 GDP 2.0 核算方法的可行性，选择不同地区开展试点工作，试点内容包括环境成本与环境效益核算、环境容量核算、生态系统生产总值核算以及经济绿色转型政策试点。不同地区根据其经济发展和生态环境特征不同，可选择不同的试点内容。

（2）北京发布人文北京、科技北京、绿色北京行动计划

2008 年 10 月，北京提出“人文北京、科技北京、绿色北京”发展战略，并于 2009～2010 年相继发布人文、科技、绿色北京行动计划，明确了北京可持续发展的阶段性目标和监测评价指标。

根据 2009 年 3 月发布的《“科技北京”行动计划（2009～2012 年）——促进自主行动创新行动》，“科技北京”行动计划实施进程监测评价指标体系主要由科技资源、产业结构、创新成果、企业创新四大类 17 项指标构成。

根据 2010 年 2 月发布的《“人文北京”行动计划（2010～2012 年）》，“人文北京”行动计划实施进程监测评价指标体系主要由民生保障、城市文明、文化繁荣、社会和谐四大类 22 项指标构成。

2010 年 3 月，北京市发布了《“绿色北京”行动计划（2010～2012 年）》，提出了建设“绿色北京”的阶段性目标及相关指标体系。建设“绿色北京”指标体系主要由绿色生产、绿色消费、生态环境三大类 16 项指标构成。2011 年初，北京市“十二五”时期绿色北京发展建设规划出台，对绿色北京建设的指标体系进行了补充，最终形成 20 个指标的评价体系（见表 8）。

表8　北京行动计划实施进程监测评价指标体系

“人文北京”行动计划实施进程监测评价指标体系	民生保障	城镇登记失业率
		社保基金收入
		新农合及养老保险
		政策性住房投资
		社区医护人员比例
		轨道交通长度
	城市文明	市民行为文明程度
		平均预期寿命
		平均受教育年限
		市容环境公众评价
	文化繁荣	文物财政支出
		文化设施活动情况
		文化创意产业比重
		体育产业比重
		旅游综合收入
		国际会展规模
	社会和谐	城乡居民收入比
		基尼系数
		生产安全事故死亡率
		群众安全感
		食品药品合格率
		非正常上访批次
“科技北京”行动计划实施进程监测评价指标体系	科技资源	研发经费支出
		科技财政支出
		研发人员
		信息化水平
	产业结构	高技术产业
		信息产业
		现代制造业
		高新技术产品出口
	创新成果	专利授权量
		技术合同交易
		流向外省技术合同交易
	企业创新	开展研发活动单位
		企业研发经费支出
		拥有科技机构的企业
		享受政府创新资助企业
		工业企业新产品销售
		中关村科技园区增加值

续表

"绿色北京"行动计划实施进程监测评价指标体系	绿色生产	新能源和节能环保产业销售收入总额
		煤炭消费总量
		可再生能源利用量占能源消费总量比重
		万元地区生产总值能耗下降
		万元地区生产总值能耗二氧化碳排放下降
		万元地区生产总值水耗降低
		资源产出率提高
	绿色消费	二级及以上能效产品市场占有率
		重点食品安全监测抽查合格率
		节能建筑占现有民用建筑的比例
		中心城区公共交通出行比例
		生活垃圾资源化率 其中:居住小区生活垃圾分类达标率
		再生水利用率
	生态环境	空气质量二级和好于二级天数的比例
		二氧化硫排放总量减少
		氮氧化物排放总量减少
		化学需氧量排放总量减少
		氨氮排放总量减少
		全市林木绿化率
		人均公共绿地面积

资料来源：周琼：《"人文北京"行动计划实施进程监测评价研究》，《数据》2012 年第 6 期；任盼盼：《"科技北京"行动计划实施进程监测评价研究》，《数据》2012 年第 5 期；《北京市人民政府关于印发北京市"十二五"时期绿色北京发展建设规划的通知》，京政发〔2011〕41 号。

（3）深圳发布《"效益深圳"统计指标体系》

2006 年 5 月，深圳市制定并发布了《"效益深圳"统计指标体系》。这是对中国现行统计报表制度和国民经济核算的重要补充和完善，成为综合评价和描述深圳经济工作成效的最直观尺度和考核各级干部的主要标准。该项统计指标体系主要由经济效益、社会效益、生态效益和人的发展四大类 19 项指标构成（见表 9）。2007 年 1 月，为构建"和谐深圳"，深圳市进一步发布了《中共深圳市委深圳市人民政府关于制定"深圳市民生净福利指标体系"的意见》（深发〔2007〕2 号），主要将民生净福利指标体系纳入地方统计指标体系，成为法定的统计报表。这项指标体系主要涵盖收入分配与公平、生活安全水平、社会保障水平、公共服务水平、人的全面发展水平5个方面，共21项指标，以此反映居民的生活福利状况及其动态（见表10）。

表9　“效益深圳”统计指标

分类	指标
经济效益指标(9)	每平方公里土地产出GDP
	全社会劳动生产率
	万元GDP能耗
	万元GDP水耗
	工业经济效益综合指数
	高新技术产品增加值占GDP比重
	物流业增加值占GDP比重
	金融业增加值占GDP比重
	文化产业增加值占GDP比重
社会效益指标(4)	研究开发经费支出占GDP比重
	财政性教育经费支出占GDP的比例
	城镇登记失业率
	社会保险综合参保率
生态效益指标(3)	空气综合污染指数
	污染治理指数
	城市污水集中处理率
人的发展指标(3)	人均受教育年限
	人口平均预期寿命
	人均可支配收入

资料来源：深圳市统计局。

表10　深圳市民生净福利指标

分类	指标	单位
收入分配与公平(2)	居民人均可支配收入增长率	%
	基尼系数	

续表

分类	指标	单位
生活安全水平(5)	主要农产品质量安全监测超标率	%
	药品安全抽样合格率	%
	达到Ⅰ级和Ⅱ级空气质量天数	天
	主要饮用水源水质达标率	%
	交通事故死亡率	十万分之一
社会保障水平(8)	城镇登记失业率	%
	零就业家庭户数	户
	应届大中专毕业生就业比例	%
	社会保险综合参保率	%
	劳务工工伤保险参保率	%
	劳务工医疗保险参保率	%
	社会保障和就业支出占财政支出比例	%
	社会捐赠款	万元
公共服务水平(3)	财政性教科文卫体支出占财政支出比例	%
	财政性环保投资经费占财政支出比例	%
	财政性公共基础设施建设支出占财政支出比例	%
人的全面发展水平(3)	人均受教育年限	年
	职工培训人均学时数	学时
	人均公共图书馆馆藏图书	册

资料来源：深圳市统计局。

（4）郑州市发布《郑州市民生福利评价监测指标体系》

2006年7月，郑州市制定并发布《郑州市民生福利评价监测指标体系》，提出考核政绩不仅要考察GDP，居民收入增长、失业率、升学率、参保率等也都要被纳入考察范围内。这项指标体系内容涵盖收入分配与生活质量、安全水平、社会保障水平、国民教育水平、公共服务水平和财政公共投入6个方面37项指标（见表11），分别从市县两级进行评价，综合反映居民生活福利状况。

近年来，河南省将环保指标纳入政绩考核之中，取得突出成效，走在全国前列。为落实河南省加强环保工作的要求，2008年2月郑州市制定并发布《郑州市单位生产总值能耗统计指标体系实施办法》《郑州市单位生产总值能耗监测体系实施办法》《郑州市单位生产总值能耗考核体系实施办法》《郑州市主要污染物总量减排考核实施办法（试行）》《郑州市主要污染物总量减排监测办法（试行）》《郑州市主要污染物总量减排统计办法》这六个办法。自此，郑州市全面实行环境总量预算管理，落实减排措施；加强源头控制，严格环境准入；保障群众环境权益，防范各类环境风险。

表11　郑州市民生福利评价监测指标体系

领域	序号	评价指标	单位	方向性	统计责任部门
收入分配与生活质量指标	1	城镇居民人均可支配收入实际增长率	%		统计局
	2	农村居民人均纯收入实际增长率	%		统计局
	3	城镇基尼系数		逆指标	统计局
	4	农村基尼系数		逆指标	统计局
	5	恩格尔系数	%	逆指标	统计局
	6	城乡居民人均收入比	倍	逆指标	统计局
安全水平指标	7	主要农产品质量安全检测超标率	%	逆指标	农业局
	8	药品质量抽样合格率	%		食品药品监督管理局
	9	达到Ⅰ级Ⅱ级空气质量天数	天		环保局
	10	集中式饮用水源地水质达标率	%		环保局
	11	交通事故死亡率	1/10万人	逆指标	公安局
	12	安全生产死亡率	1/10万人	逆指标	安全生产监督管理局
社会保障水平指标	13	城镇登记失业率	%	逆指标	劳动和社会保障局
	14	低收入家庭廉租住房覆盖率	%		房管局
	15	应届大中专毕业生就业比例	%		人事局
	16	职工基本养老保险参保率	%		劳动和社会保障局
	17	职工基本医疗保险参保率	%		劳动和社会保障局
	18	城镇居民医疗保险参保率	%		劳动和社会保障局
	19	农村合作医疗参合率	%		卫生局
	20	农村五保对象集中供养率	%		民政局
国民教育水平指标	21	九年义务教育完成率	%		教育局
	22	初中升学率	%		教育局
	23	每千人拥有中小学教师数	人		教育局
	24	每万人在校大学生数	人		教育局
	25	在职职工培训人数	人		劳动和社会保障局

续表

领域	序号	评价指标	单位	方向性	统计责任部门
公共服务水平指标	26	每万人拥有医疗床位数	张		卫生局
	27	每万人拥有卫生技术人员数	人		卫生局
	28	城市每万人拥有公共交通车辆	标台		市政局
	29	建成区人均公共绿地面积	平方米		园林局
	30	农村改水累计受益率	%		爱委办
	31	城市燃气普及率	%		市政局
	32	人均公共图书馆馆藏图书	册		文化局
财政公共投入	33	教科文卫体支出占财政支出比重	%		财政局
	34	环保支出占财政支出比重	%		财政局
	35	公共基础设施建设支出占财政支出比重	%		财政局
	36	社会保障和就业支出占财政支出比重	%		财政局
	37	民生福利财政支出增长率	%		财政局

资料来源：郑州市人民政府：《郑州市人民政府关于建立郑州市民生福利评价监测指标体系的通知》，郑政〔2008〕23 号文。

B.7

开展中国可持续发展评价指标体系研究的现状及意义

刘向东*

摘　要： 随着环境污染、生态恶化、气候变化和收入差距扩大等问题日趋严重，中国在国民经济和社会发展规划中逐步纳入更多与生态环境相关的约束性指标，引导国民经济和社会向着更可持续的方向发展。这主要反映在：资源环境和社会民生的约束性指标逐渐增多，环境和生活质量标准逐步提高，自主承诺从相对减排控制转向绝对减排控制，指标管理由总体划一走向具体化和精细化。当前，中国实施可持续评价的必要性表现在：全球可持续发展的紧迫性明显增强，中国经济新常态要求加快可持续转型，生态文明建设要求量化绿色发展目标，创新、协调、绿色、开放、共享的五大发展理念的转变必将引导价值目标更新，数字中国建设与可持续评价互相提供支撑。

关键词： 可持续发展　评价指标

一　中国可持续发展政策及指标

随着环境污染、生态恶化、气候变化和收入差距扩大等问题日趋严重，

---

* 刘向东，中国国际经济交流中心经济研究部副部长、副研究员，博士。

中国在国民经济和社会发展规划中逐步纳入更多与生态环境相关的约束性指标，引导国民经济和社会向着更可持续的方向发展。

1. 反映资源环境和社会民生的约束性指标逐渐增多

我国“十五”规划时尚未提出预期性指标与约束性指标的区分，因为当时国民经济与社会发展主要指标中约束性指标比较少，只有主要污染物排放、森林覆盖率和人口自然增长率三项反映可持续发展的量化指标，且都把其视为预期目标设定。

“十一五”规划时将主要发展指标区分为预期性指标和约束性指标①，并开始注重污染治理和节能减排方面的指标，提出建设资源节约型和环境友好型社会。可以说，“十一五”和“十二五”规划中突出反映了污染物减排和民生改善的发展指标。比如，在主要污染物减排方面，我国“十一五”规划设置了二氧化硫和化学需氧量（COD）两个指标，而“十二五”规划纳入了污染空气的氮氧化物和导致水污染的氨氮指标。

相较于“十一五”规划，“十二五”规划纲要共设置了24个国民经济和社会发展主要指标，其中12个为约束性指标，比“十一五”规划多了4个，具体包括单位GDP二氧化碳排放降低17%、非化石能源占一次能源消费比重提高3.1个百分点、九年义务教育巩固率增长3.3个百分点、城镇保障性安居工程建设3600万套。

相较于“十二五”规划，“十三五”规划指标发生了不小的变化，4大类25项指标中有13项约束性指标，创新、生态、民生等内容更重，尤其是突出体现了党的十八届五中全会提出的创新、协调、绿色、开放、共享五大发展理念的要求（见表1）。与“十二五”规划相比，增加了8个指标，合并了2个指标，4个指标提法有变，还有6个指标未再列入，指标的加减和

---

① “十一五”规划提出预期性指标是指国家期望的发展目标，主要依靠市场主体的自主行为实现。政府要创造良好的宏观环境、制度环境和市场环境，并适时调整宏观调控方向和力度，综合运用各种政策引导社会资源配置，努力争取实现。而约束性指标是指在预期性基础上进一步明确并强化了政府责任的指标，是中央政府在公共服务和涉及公众利益领域对地方政府和中央政府有关部门提出的工作要求。政府要通过合理配置公共资源和有效运用行政力量，确保实现。

表 1　我国五年规划中国民经济和社会发展主要指标演变情况

指标		“十三五”（25 个）	“十二五”（24 个）	“十一五”（22 个）	“十五”（16 个）	属性
经济发展						
国内生产总值（万亿元）		√	√	√	√	预期性
人均国内生产总值（元）		×	×	√	√	预期性
价格总水平		×	×	×	√	预期性
货物进出口总额（亿美元）		×	×	×	√	预期性
服务业增加值比重（%）		√	√	√	×	预期性
服务业就业比重（%）		×	×	√	×	预期性
常住人口城镇化率（%）		√	√	√	×	预期性
户籍人口城镇化率（%）		√	×	×	×	预期性
全员劳动生产率（万元/人）		√	×	×	×	预期性
创新驱动（科技教育）						
九年义务教育巩固率（%）		×	√	×	×	约束性
高等教育毛入学率（%）		×	×	×	√	预期性
高中阶段教育毛入学率（%）		×	√	√	√	预期性
初中毛入学率（%）		×	×	×	√	预期性
研究与试验发展经费投入强度（支出占国内生产总值比重）（%）		√	√	√	√	预期性
每万人口发明专利拥有量（件）		√	√	×	×	预期性
科技进步贡献率（%）		√	×	×	×	预期性
互联网普及率（%）	固定宽带家庭普及率	√	×	×	×	预期性
	移动宽带用户普及率	√	×	×	×	预期性
资源环境						
耕地保有量（亿亩）		√	√	√	×	约束性
新增建设用地规模（万亩）		√	×	×	×	约束性
单位工业增值用水量降低（%）		×	√	√	×	约束性
农业灌溉用水有效利用系数		×	√	√	×	预期性
万元 GDP 用水量下降（%）		√	×	×	×	约束性
非化石能源占一次能源消耗比重（%）		√	√	×	×	约束性
单位 GDP 能源消耗降低（%）		√	√	√	×	约束性
工业固体废物综合利用率（%）		×	×	√	×	预期性
单位国内生产总值二氧化碳排放降低（%）		√	√	×	×	约束性

续表

指标		"十三五"（25 个）	"十二五"（24 个）	"十一五"（22 个）	"十五"（16 个）	属性
主要污染物排放总量减少(%)	化学需氧量	√	√	√	√	约束性
	二氧化硫	√	√	√	√	约束性
	氨氮	√	√	×	×	约束性
	氮氧化物	√	√	×	×	约束性
森林发展	森林覆盖率(%)	√	√	√	√	约束性
	森林蓄积量(亿立方米)	√	√	×	×	约束性
空气质量	地级及以上城市空气质量优良天数比率(%)	√	×	×	×	约束性
	细颗粒物(PM2.5)未达标地级及以上城市浓度下降(%)	√	×	×	×	约束性
地表水质量	达到或好于Ⅲ类水体比例(%)	√	×	×	×	约束性
	劣Ⅴ类水体比例(%)	√	×	×	×	约束性
民生福祉(人民生活)						
居民人均可支配收入(元)		√	—	—	—	预期性
城镇居民人均可支配收入(元)		×	√	√	√	预期性
农村居民人均纯收入(元)		×	√	√	√	预期性
城镇登记失业率(%)		×	√	√	√	预期性
城镇新增就业人数(万人)		√	√	√	√	预期性
五年转移农业劳动力(万人)		×	×	√	√	预期性
劳动适龄人口平均受教育年限(年)		√	×	√	×	预期性
基本养老保险参保率(%)		√	—	—	—	预期性
城镇参加基本养老保险人数(亿人)		×	√	√	×	约束性
新型农村合作医疗覆盖率(%)		×	×	√	×	约束性
城乡三项基本医疗保险参保率(%)		×	√	×	×	约束性
城镇居民人均住宅建筑面积(平方米)		×	×	×	√	预期性
城镇保障性安居工程建设(万套)		×	√	×	×	约束性
城镇棚户区住房改造(万套)		√	×	×	×	约束性
农村贫困人口脱贫(万人)		√	×	×	×	约束性
全国总人口(万人)		×	√	√	√	约束性
人均预期寿命(岁)		√	√	×	×	预期性

注：√表示列出，×表示没有列出。

资料来源：笔者整理。

提法变化，彰显了中国发展理念的改变，折射出中国社会经济发展考量重点的更迭。在创新驱动方面，“十三五”规划增加“科技进步贡献率”和“互联网普及率”两项指标，突出新技术对经济的贡献度，尤其是互联网技术对经济增长带来的正向影响。在资源环境方面，增加空气质量、地表水质量、新增建设用地规模等约束性指标，从“十二五”的 8 项升级为 10 项，其中备受关注的空气质量 PM2.5 指标首次被写入规划目标，地表水质量等都被列入约束性指标；在民生福祉方面，用“民生福祉”取代了之前“人民生活”的表述方式，增加了农村贫困人口脱贫数、城镇棚户区住房改造数等约束性指标，更加体现阶段性的社会民生改善要求；在经济发展方面，增加全员劳动生产率和户籍人口城镇化率两项指标，这充分说明经济发展不再只看重数量和规模，而更加侧重于经济发展的质量和效益，保证经济发展的长期健康可持续。

2. 环境和生活质量标准逐步提高

随着我国环境和社会形势发生较大的变化，相关领域的质量标准已不适应新形势的需要。在新的形势下，我国进一步完善环境和生活质量评价体系，建立科学合理的环境评价指标，使评价结果与老百姓的切身感受相一致，并逐步与国际标准接轨。比如，在空气质量标准方面，2012 年 2 月 29 日，我国发布新修订的《环境空气质量标准》增加了细微颗粒物（PM2.5）和臭氧（O_3）8 小时平均浓度限值监测指标，并调整了颗粒物（PM10）、二氧化氮、铅和苯并［a］芘等的浓度限值。在油品升级方面，2013 年 2 月 6 日，国务院常务会议决定加快油品质量升级，确定了油品升级时间表。2013 年 9 月 12 日发布《大气污染防治行动计划》，进一步明确油品升级标准，即到 2014 年底前，我国要全面实施柴油国四标准（硫含量不大于 50ppm）；在 2015 年底前，京津冀、长三角、珠三角等区域内重点城市实施车用汽、柴油国五标准（硫含量不大于 10ppm），在 2017 年底前，我国将全面实施汽、柴油国五标准；同时 2015 年底前淘汰所有 2005 年底前注册营运的黄标车，到 2017 年底前基本淘汰全国范围的黄标车。而为落实《大气污染防治行动计划》，环境保护部制定并会同国家质检总局发布了《石油炼制工业污染物排放标准》《石油化工工业污染物排放标准》《合成树脂工业污染物排放标准》《无机化学工业污染物排放标准》《再生铜、铝、铅、锌工业污染物排放标准》和《火葬场大气污染物排放标准》等6项国家大气污染物排放标准。在生活饮用水和污染处理领域，2012年7月1日起，我国强制实施2006年底修订的新版《生活饮用水卫生标准》，基本实现了饮用水标准与国际接轨，将饮用水的卫生检测指标由35项增加到106项。2015年4月2日，国务院发布的《水污染防治行动计划》（简称“水十条”）提出，敏感区域（重点湖泊、重点水库、近岸海域汇水区域）城镇污水处理设施应于2017年底前全面达到一级A排放标准。建成区水体水质达不到地表水Ⅳ类标准的城市，新建城镇污水处理设施要执行一级A排放标准。同时我国政府正在加快制定土壤环境保护的法规和标准，即将出台《土壤污染防治行动计划》（简称“土十条”），将重点对农用地和建设用地土壤安全标准做出新的安排。此外，我国还正在积极探索全国碳排放管理标准，将会陆续发布针对产品、行业以及通用型碳排放标准，为未来碳排放相关交易和法规提供技术标准参照。

3. 自主承诺从相对减排控制转向绝对减排控制

无论是污染治理还是节能减排，地方政府和中央政府大都使用相对指标表示所达到的努力程度。如早在国家“九五”时期就提出在重点污染控制地区和流域实施污染物排放总量控制[①]，并从“十一五”时期提出化学需氧量和二氧化硫两种主要污染物排放总量的控制目标，即编制年度污染物相对削减计划。对温室气体排放而言，2009年中国政府提出了到2020年前碳强度比2005年下降40%～45%的行动目标，其中到2015年底完成17%的碳强度下降目标。为践行对国际社会做出的自主减排承诺，中国确定了绿色、低碳、循环发展的道路，并将经济、社会、环境相协调的可持续发展目标纳

① 污染物排放总量控制是指以环境质量目标为基本依据，以控制一定时段内一定区域内污染源的污染物排放总量为核心的环境管理方法体系，具体包括三方面内容：一是排放污染物的总量，二是排放污染物总量的地域范围，三是排放污染物的时间跨度；主要有目标总量控制、容量总量控制和行业总量控制三种类型，其中我国主要使用的是目标总量控制。

入发展规划。2014 年 9 月 19 日，国务院批复发布《国家应对气候变化规划（2014～2020 年）》，再次明确提出到 2020 年，实现单位国内生产总值二氧化碳排放比 2005 年下降 40%～45%、非化石能源占一次能源消费的比重达到 15%左右、森林面积和蓄积量分别比 2005 年增加 4000 万公顷和 13 亿立方米的目标。2014 年 11 月，中美两国达成《中美气候变化联合声明》，此时中国首次提出 2030 年中国碳排放有望达到峰值，并将于 2030 年将非化石能源在一次能源中的比重提升到 20%。由此预计“十三五”时期我国将会出台关于碳排放总量控制及其分解机制的方案，即实施碳排放绝对量减排控制。中国要实现这一总量刚性减排目标，意味着要削减一半以上的煤炭消费。为此，中国政府加快调整能源结构，并从绝对量上施加控制。2014 年 6 月 7 日，国务院发布《能源发展战略行动计划（2014～2020 年）》，提出要合理控制能源消费总量，到 2020 年，一次能源消费总量控制在 48 亿吨标准煤左右，煤炭消费总量控制在 42 亿吨左右，煤炭消费比重控制在 62%以内，其中京津冀鲁四省市煤炭消费比 2012 年净削减 1 亿吨，长三角和珠三角地区煤炭消费总量负增长。2015 年 4 月 25 日中共中央和国务院发布的《关于加快推进生态文明建设的意见》提出，到 2020 年用水总量力争控制在 6700 亿立方米以内，万元工业增加值用水量降低到 65 立方米以下，农田灌溉水有效利用系数提高到 0.55 以上。从绝对量减排看，我国即将实施更加严格的总量控制，尽最大努力寻找经济增长与资源消耗量和二氧化碳排放量脱钩的机制。

4. 指标管理由总体划一走向具体化和精细化

在可持续发展的路径和手段上，我国不再采用总体划一的笼统指标管理，而是出台了各种专业领域行动计划，并创新出许多新的具体量化指标，同时也允许地方尝试创新指标管理方式方法。如《关于加快推进生态文明建设的意见》提出把资源消耗、环境损害、生态效益等指标纳入经济社会发展综合评价体系，增加了与生态保护密切相关的具体指标，如用水总量指标、草原综合植被覆盖度、湿地面积、可治理沙化土地治理程度、自然岸线保有率、生物多样性等。2012 年 11 月 12 日发布的《全国资源型城市可持续发展规划（2013～2020 年）》提出资源产出率、历史遗留矿山地质环境恢复治理率、单位地区生产总值生产安全事故死亡率、棚户区改造完成率、新增重要矿产资源接续基地（处）等具体指标。而在可持续管理上，河南省做出有益探索，提出主要污染物总量预算管理新模式，其核心就是量化无形的环境资源，将其作为有形的约束性总量指标，纳入当地国民经济社会发展计划和政府环境保护责任目标体系。具体做法是，先从环境容量测算开始，全面掌握全省污染负荷现状及环境承载能力，根据环境容量、排污总量、环境质量状况做出削减存量、严控增量的具体措施，尤其是在控制增量方面，探索实施主要污染物总量预算管理办法，对预算指标实行增减挂钩、分级动态管理的措施。在总结探索实践的基础上，2011 年底河南省政府印发了《河南省主要污染物排放总量预算管理办法》，并于 2012 年初将总量预算管理中的 3 个指标作为指令性计划，分解到 18 个省辖市和 10 个省直管试点县（市），从而在治污减排方面取得显著成效，同时还保持了各市县发展经济社会的积极性。

二　中国实施可持续评价的必要性

1. 全球可持续发展的紧迫性明显增强

随着人口和消费快速增长，地球能源资源日益紧缺，能源、水和污染物治理成为各国政府和社会组织面临的最主要支出。推动环境、经济和社会等领域可持续发展是当今世界各国共同面临的不可逃避的责任。2000 年联合国制定了为期 15 年的《千年发展目标》（MDGS），就发展中国家减贫扶贫，清洁水饮用，抗击艾滋病、疟疾、肺结核，消减母婴死亡率等制定了具体目标。千年发展目标取得了不少成绩，尤其在减贫扶贫目标上，但该目标已于 2015 年到最后期限，需要考虑未来会是什么样，并制定全新的发展目标。作为联合国“千年目标”的后续部分，在 2012 年举办的“里约 +20”峰会上，各国同意创建可持续发展目标来完成千年目标行动尚未完成的工作。当前，这项活动增加了对环境的聚焦，更加关注那些经济发展可能会危及地球的担忧。换句话说，可持续发展再次被提上议事日程。联合国正在制定《可持续发展目标（2016 ~ 2030）》（SDGS），重点就城市化、基础设施、治理标准、气候变化、收入差距等方面制定具体的发展指标。据 2014 年 7 月初发布的初稿显示，可持续发展目标清单已扩展到 17 个目标和 169 个潜在的指标，核心是通过保护环境和自然资源来解决紧迫的社会和经济问题，包括消除贫困、改善人类健康、促进和平、提供可持续的水和能源服务等。国际科学理事会（ICSU）组织不同领域的科学家对 169 项指标进行科学审视，并得出只有 29% 获得明确界定的结论。2015 年 9 月 25 日，联合国 193 个成员正式宣布 17 个可持续发展的最终目标及其相应子指标。这意味着在千年发展目标到期之后全球发展工作将聚集在可持续发展之上，即从 2015 年到 2030 年以综合方式彻底协调社会、经济和环境三个维度的发展问题，引导各国转向可持续发展道路。联合国 2015 年后可持续发展目标做出了历史性的承诺：首要目标是在世界每一个角落永远消除贫困。

2015 年 12 月 12 日在巴黎气候变化大会上通过《巴黎协定》，它是继《京都议定书》后第二份有法律约束力的气候协议，为 2020 年后全球应对气候变化行动做出安排。该协定于 2016 年 4 月 22 日在纽约签署，并于 2016 年 11 月 4 日正式生效。它的生效使得政府、城市、地区、公民、企业和投资者的努力得以具体化，这是人类在战胜气候变化威胁上的一个历史转折。它要求建立针对国家自主贡献（INDC）机制、资金机制、可持续性机制（市场机制）等完整、公开、透明的运作程序和规则，以促进其执行。所有国家（包括欧美、中印）都将遵循“衡量、报告和核实”的同一体系，但会根据发展中国家的能力提供灵活性。从这个要求看，中国需要制定与之相适应的可持续发展评价体系，使其可衡量、可报告和可核实。中国积极参与全球气候治理，凸显中国政府采取行动应对气候变化的坚定决心，并为开展相关的可持续发展研究提供重要的政策支撑。依据《巴黎协定》明确的全球共同追求的“硬指标”要求，中国需要在温室气体减排、降低气候变化带来的生态风险和人类生存危机方面采取积极行动，引导社会投资偏好进一步向绿色能源、低碳经济、环境治理等领域倾斜，进行高效的可持续发展目标管理，积极实现向绿色可持续的增长方式转型。

2. 中国经济新常态要求加快可持续转型

中国经济进入新常态，经济由高速增长转向中高速增长，更加注重经济发展的质量和效益。可以说，新常态下中国经济更强调可持续发展的内容，即经济发展速度换挡后迈向结构优化、可持续发展能力更强的一种运行状态。在新形势下，建设生态文明，探索新型工业化道路，这是中国经济可持续增长的必然要求，也是发展中国家工业化面临的共同任务。通过产业结构调整来实现节约能源和减少污染物排放，是我国实现可持续发展的重要路径。然而，在经济增速换挡进程中，如何矫正过去以 GDP 为主的政绩考核导向，超越 GDP 的可持续评价成为时下中国经济综合统计评价绕不开的课题之一。在经济新常态下，GDP 只是作为衡量经济发展的标准指标之一，经济发展要以更合理的速度、更高的效率、更强的韧性提升 GDP 含金量。据悉，联合国正在研究一个被称作“GDP +”的新标准，即在 GDP 硬指标之外加入新标准让环境和社会可持续发展。由此可见，可持续发展应当成为国家宏观调控的一种惯性，而可持续指标应与增长指标、通胀指标、就业指标和国际收支指标一起进入中国宏观经济统计核算体系中。诸如，为了建立一个可持续的、环境友好型的美丽中国，中国开始将资源投入产出核算、生态足迹核算、环境质量测量、经济低碳化测定等核心指标纳入经济、社会和环境统计调查范畴，并将其作为政府宏观政策和科学决策的约束性目标。

3. 生态文明建设要求量化绿色发展目标

2015 年 5 月，国务院对外发布的《关于加快推进生态文明建设的意见》首次提出，将绿色化纳入中国的现代化推进战略，旨在提高国民经济的绿色化程度。中国政府致力于建设“美丽中国”，把生态文明建设放在突出的战略位置，要求全面推进绿色发展、循环发展、低碳发展，也考虑把资源消耗、环境损害、生态效益等指标纳入经济社会发展综合评价体系，同时实行自然资源资产和环境责任离任审计，并对造成资源环境生态严重破坏的责任人进行责任追究。此后，绿色发展也被纳入引导中国今后发展的五大发展理念。从这些层面上讲，需要制定更细致的绿色、循环和低碳衡量指标，这是推动生态文明建设战略实施的重要手段。比如，生态文明先行示范区需要有符合先进示范的基础条件，而确立这个基础条件需要一个衡量条件变化的关键指标体系。从内容上看，生态文明建设涉及国土空间、资源利用、生态环境、制度安排等较多领域，比如国土空间开发和耕地集约利用、环境污染治理和自然生态保护，经济生产清洁化和循环化，社会生活低碳化和绿色化等。推动生态文明建设进入实操阶段，需要可监测、可衡量、可统计的考核指标，能源、矿产资源、水、大气、森林、草原、湿地、海洋和水土流失、沙化土地、土壤环境、地质环境、温室气体等各方面需要具体的统计监测指标来引领行动。

4. 发展理念转变必将引导价值目标更新

2015 年 10 月 29 日，中共十八届五中全会提出创新、协调、绿色、开放、共享的五大发展理念，集中反映了当前及今后一段时期经济工作的重点发生改变，意味着发展方式将超越单纯地对经济指标的追求，更加强调生态环境、民生福祉等非经济指标的变化。五大发展理念将当代中国发展价值目标具体化，鲜明体现了对经济发展新常态的引领性和补齐全面建成小康社会短板的紧迫性。如前所述，“十三五”规划指标体系中已经纳入了五大发展理念的内涵，尤其是把创新驱动、生态环保和民生福祉放在了突出位置，如通过科技进步贡献率、研发投入强度等多项指标把创新摆在国家发展全局的核心位置，经济发展的考量也更加侧重于经济发展的质量和效益，如列入全员劳动生产率等指标。无论是强调创新的引领作用、协调的内在要求、生态永续发展的需要，还是全面建设小康社会和提升开放型经济水平，目标重点已发生转变，由单纯强调经济建设的单一目标转向经济社会环境兼顾的多目标。中国发展理念的转变体现了可持续发展的基本内涵，适应了新时期可持续发展的总体要求。从这个角度讲，可持续发展的衡量需要考虑中国发展理念的这种转变，并适应这种转变，使其成为践行发展理念的重要政策工具。

5. 数字中国建设与可持续评价互相提供支撑

数据缺失或数据造假问题一直困扰着中国经济分析工作者。没有精准的数据支持难以得出令人信服的研究结论，也很难提供有价值的决策参考，甚至会造成决策失误。因为统计数据的真实和准确是正确判断经济运行并采取正确决策的基础与前提。统计数据的真实性和准确性一直遭到社会诟病，是多年来未解决的痼疾。比如之前爆出的辽宁省普遍存在经济数据造假现象，经济增长挤出水分后，经济发展的真实情形相当糟糕。当前，中国政府尤其是统计监测部门正在推行数字中国建设，推动“信用中国”建设，着手开始利用大数据技术进行统计预测。与此同时，国家多个部门也在加快推进统计体制改革，形成具有较高机制的数据集成，克服重复统计、数据失真、渠道不畅等问题，提高统计数据质量。通过改革基层统计数据的收集方式，拓展资料来源渠道，合理划分统计层次，把政府统计部门从烦琐的具体数据中解脱出来，集中于提高全社会统计数据质量。国家也正在全面推进依法统计，并结合统计工作实际，确保各类政府统计数据具有公信力，严肃查处统计数据造假、拒报、迟报等行为，同时完善统计数据质量评估和经济预测体系，为科学决策提供坚实的数据支撑。

可靠完善的基础数据系统能为可持续发展评价提供坚实的支撑，同时合理完备的可持续发展评价体系也有助于推动数据收集和统计体系的完善，使其能够收集到更能反映可持续发展实践的基础数据，从而从多维度观测经济社会运行的情况，观测生态环境的治理程度和可承载能力。在该项课题设计的可持续发展指标中，按照可持续发展理论设计的指标有很多查找不到相应的数据，而且有些数据之间存在矛盾，因此只能剔除或使用替代指标，这或多或少会影响到评测的精准度。通过理论和实践研究得出的系列指标集合将会提供给统计部门参考，以便今后在完善统计制度的过程中，能够利用新的技术手段收集到相应的指标数据，从而给更精准地把脉中国经济、社会、环境等全方位的运行状态提供量化、可视化的管理工具。

B.8

推进中国可持续发展、实现可持续治理的政策建议

王　军*

摘　要： 为推进中国可持续发展、实现可持续治理，我们提出如下政策建议：一是不断创新和完善中国可持续发展评价指标体系，并逐渐以此作为各级政府开展绩效考核的指挥棒，加强统计能力建设和加大投资力度，完善相关统计指标体系，增加更多反映可持续发展的指标，建立可持续发展评价结果的定期发布及后续落实与评估机制；二是加大力度持续推进生态文明建设；三是贯彻绿色发展理念，大力发展绿色经济；四是加强国际合作，推动能力建设，落实联合国《2030年可持续发展议程》，积极参与2030年可持续发展议程的国际合作，争取更多的话语权，逐步承担更大国际责任，提供更多国际公共产品，推动更加公平合理的国际发展治理机制的构建，构建更为成熟完善的国际发展合作体系。

关键词： 可持续发展　可持续治理　2030年可持续发展议程

一　不断创新和完善中国可持续发展评价指标体系，并逐渐以此作为各级政府开展绩效考核的指挥棒

1. 加强统计能力建设和加大投资力度，完善相关统计指标体系，增加更多反映可持续发展的指标

为更加科学合理地衡量可持续发展，需要把资源消耗、环境损害、生态

* 王军，中国国际经济交流中心学术委员会委员，中原银行首席经济学家，研究员，博士。

效益等指标纳入经济社会发展综合评价体系，需要制定更细致、量化的可持续发展指标。这既是对传统发展理念的理论纠偏，也是创新和完善可持续发展评价体系、推动生态文明建设战略实施的重要手段，还是和国际接轨的重要制度安排。

根据我们设计中国可持续发展指标体系构架的六大思想，我们设计了包含五个维度（一级指标）、47 个三级指标的衡量中国可持续发展评价指标体系。通过这个指标体系，我们能够较为理想地测度和衡量中国的可持续发展情况。但是，理想很美好，现实很骨感。其中依然存在一些指标，还找不到可靠的统计来源。为此，对当下的中国而言，推进生态文明建设、实现可持续治理的首要任务，就是要推动政府相关部门，充分利用信息技术和互联网平台，不断加强统计能力建设和加大投资力度，不断完善统计指标体系，增加更多能够更好地反映可持续发展的指标。

就全国而言，根据我们的评价指标体系，共有七个指标目前还难以获得连续的可观察数据，但期望未来能够通过统计部门等相关部门的工作，做好统计指标的设定与采集，逐步加以补充和增加。这七个指标分别是：在经济发展指标中，用来刻画创新驱动的科技进步贡献率；在社会民生指标中，用来刻画均等程度的基尼系数；在资源环境指标中，用来刻画国土资源的人均碳汇；刻画生物多样性的生物多样性指数；在消耗排放指标中，用来刻画温室气体排放的碳排放强度；在治理保护指标中，用来刻画治理投入的生态建设资金投入与 GDP 比；刻画减少温室气体排放的碳排放强度年下降率。

就省一级而言，根据我们所构建的省级可持续发展指标，经仔细筛选，最终选用了 5 大类 26 项初始指标，也就是说，在全国指标体系 5 大类 47 项初始指标（或 40 项实际可采集指标）中，省一级有多达 21 项指标（或 14 项实际可采集指标）某些年份数据缺失或者异常，数据质量较差，还不能很好地使我们观察、测度省级可持续发展的全面完整状况。

就市一级而言，根据我们所构建的大中城市可持续发展指标，经仔细筛选，最终选用了 5 大类 22 项初始指标，也就是说，在全国指标体系 5 大类 47 项初始指标（或40项实际可采集指标）中，大中城市一级有多达25项指标（或18项实际可采集指标）某些年份数据缺失或异常，数据质量较差，还不能很好地使我们观察测度大中城市可持续发展的全面完整状况。

创新和完善可持续发展评价指标体系，其更加长期和深远的意义在于，真正基于可监测、可衡量、可统计的原则，落实中央所确立的“创新、协调、绿色、开放、共享”五大发展理念，并以此作为指引未来中国经济社会发展，特别是作为各级政府开展绩效考核的指挥棒，以期彻底抛弃固守多年、单纯追求经济总量、以GDP规模与速度为核心的经济评价体系，实现由僵化追求单一的经济增长目标向构建全面综合反映、科学评判经济转型升级和可持续发展的指标体系转变。

如前所述，根据我们的研究，衡量、评估中国经济转型升级的指标体系，应当包含但不限于经济发展、社会民生、资源环境、消耗排放、治理保护这五个维度。若能构建这样一个更加贴近中国国情的评价指标体系对中国经济发展进行动态监测和评估，显然有助于各级政府、企业和民众正确认识、积极适应和科学引领中国经济“新常态”，有利于树立“创新、协调、绿色、开放、共享”的全新发展理念，为中国更好地参与全球经济治理提供决策依据，为国家制定宏观经济政策和战略规划提供决策支持，为区域、行业、企业实现转型升级和可持续发展、健全绩效考核制度提供帮助，从而最终有助于推动国民经济健康可持续发展。

2. 建立可持续发展评价结果的定期发布及后续落实与评估机制

为更好地督促各方重视可持续发展评价工作，在研究机构持续跟踪研究的基础上，应建立健全可持续发展评价结果的定期发布机制，如每年公开发布全国、省级及大中城市的可持续发展综合排名及各分项排名情况，并组织专家学者进行广泛研讨，不断形成统一认识，达成更广泛的共识。

与此同时，尽管我们从研究者的角度已经初步建立了衡量和测度中国可持续发展的评价指标体系，但要想使之真正进入落实阶段，仍有相当长的路要走，特别是严重缺乏对其后续落实与评估的相关机制体制建设。

为使这一套相当宏伟的评价指标体系得以很好地落实，切实推动可持续发展目标的实现，这要求有更为全面和深入的执行手段及相关各方的支持和配合，这其中包括以统计部门为核心的中央及地方相关政府部门，企业、居民及政府部门对于发展理念及执行手段的共同认识，有助于促进可持续发展实现的长期机制。

二　加大力度持续推进生态文明建设

1. 加快完善生态文明制度体系建设，健全法律法规和制度标准

建立系统完整的生态文明制度体系，健全法律法规，使法律法规与加快推进生态文明建设相适应，令生态文明建设有法可依；实行严格的源头保护制度、损害赔偿制度、责任追究制度，完善环境治理和生态修复制度，用制度保护生态环境；加强生态文明标准化，完善制度标准，把资源消耗、环境损害、生态效益等指标的情况标准化反映出来，加快构建经济社会发展评价体系，更全面地衡量发展的质量、效益和绿色化水平；完善生态环境监管制度，对污染物排放进行严格监管，加强统计监测和加大执法监督力度，严厉惩治各种生态环境违法违规行为。

2. 以科技创新推动经济发展方式转变，积极发展环保产业

大幅提高经济发展的绿色化程度，切实把绿色发展理念融入经济社会发展的各方面。加强对能源节约、污染治理、资源循环利用、新能源开发、生态修复等领域的科学技术研究，为生态文明建设提供技术保障和理论支撑，为经济发展方式转变提供技术支持。优化产业结构，构建科技含量高、资源集约、环境友好的产业结构，推动生产方式绿色化，扎实推进供给侧结构性改革。继续调整能源结构，发展可再生能源和清洁能源，提高非化石能源在能源消费结构中的比重，提高能源利用率。大力发展节能环保产业，通过完善绿色产品推广机制拉动消费需求，通过增强节能环保工程技术能力拉动投资增长，力争将节能环保产业发展成为国民经济的一大支柱产业。

3. 继续加大环境治理力度，重点治理大气、水、土壤三大污染

深入落实《大气污染防治行动计划》，加强工业企业大气污染综合治理，全面整治燃煤小锅炉，加快重点行业脱硫、脱硝、除尘改造工程建设，全面推行清洁生产技术，加快清洁能源替代利用，控制温室气体的排放，推进臭氧污染防治，强化重污染天气应对，尽快改善大气环境质量。全面落实《水污染防治行动计划》，严格保护饮用水水源安全，切实防治地下水污染；严控地下水开采，保护水和湿地生态系统；加强工业水循环利用，节约用水，提高水资源利用率；完善城镇污水处理设施，大力治理黑臭水体。贯彻落实《土壤污染防治行动计划》，保护耕地土壤环境，合理使用农药化肥，强化畜禽养殖污染防治；减少生活污染，推进生活垃圾焚烧处理设施建设；强化工业污染场地治理，严控工矿污染；开展土壤污染治理与修复试点，推进重金属污染治理；加强核设施运行监管。将环保工作放在更加突出的位置，打好大气、水、土壤防治攻坚战。

4. 不断完善优化国土空间开发格局，加快实施重大生态修复工程和完善生态补偿机制

优化国土空间开发格局，进行合理的空间规划，实现有序开发、适度开发，坚持海陆统筹开发，因地制宜差别化管理土地，加强土地管理制度创新，构建科学合理的城市化格局、农业发展格局、生态安全格局，形成生产、生活、生态空间的合理结构。保护重点生态功能区，把增强提供生态产品能力作为首要任务，严格控制开发强度，维系生态系统的良性循环，在不损害生态功能的前提下，合理发展适宜性产业。加快实施重大生态修复工程，扩大森林、湖泊和湿地面积，落实退耕还林、退牧还草政策，提高沙区、草原植被覆盖率，加强生物多样性保护，维护生态安全格局。在森林、湿地、草原和水资源、矿产资源、海洋以及重点生态功能区等领域推行生态补偿机制，加大生态补偿的投入力度，积极开展多元化补偿方式，健全配套制度体系，强化监督检查，确保生态补偿政策落到实处。加强自然保护区建设与管理，对重要生态系统和物种资源实施强制性保护，切实保护珍稀濒危野生动植物和典型自然生态系统。

5. 鼓励社会公众、私营部门、非营利性组织等利益攸关方发挥更大作用

可持续发展是全社会共同的责任，不仅需要政府的投入，还需要社会大众、社会组织、私营部门等各界的积极参与。为此，要加大宣传教育力度，提高公众对可持续发展的认可与参与；鼓励市场和投资机构加大对可持续发展的投入和关注，调动更多民间资本参与到可持续发展的落实中；鼓励社会慈善团体和非政府组织发挥自身专业化优势，合理整合资源，为社会公众服务。企业的可持续发展是经济可持续发展的重要条件。为实现经济的可持续发展，应该营造良好的制度环境，为民间资本搭建足够大的舞台，释放它们的创新活力。企业在解决贫困、解决就业等问题上发挥重要作用，在获得自身经济效益目的的同时，还应兼顾社会效益，承担企业的社会责任。同时，政府要从税收、政策等方面鼓励企业“走出去”、加强海外投资，这样不仅有利于企业自身发展，也让世界上更多国家共享中国经济发展的成果。大力支持非营利性组织发展。非营利性组织所拥有的经验、知识和能力使其能在环境保护、教育、慈善救济、扶贫、权益维护等特定领域中对国内可持续发展做出突出贡献。需要完善法制体系，落实税收优惠政策，建立公开透明的监督评估机制，为非营利性组织的发展提供良好的外部环境。非营利性组织要加强自身能力建设，完善内部管理体制，拓展国际视野。

三　贯彻绿色发展理念，大力发展绿色经济

1. 绿色发展理念的核心是实现可持续发展

党的十八届五中全会及“十三五”规划纲要都把“绿色”明确为我国的五大发展理念之一，这一重要思想将给未来我国国民经济和社会发展带来深刻的变化和深远的影响，意义十分重大。

绿色是永续发展的必要条件和人民对美好生活追求的重要体现。究其根本，绿色的理念更多对应的是可持续，核心是处理好发展与资源环境之间的关系，把生态环保放到更重要的位置。当前长期积累的大气、水、土壤污染的问题在我国还非常突出，人民群众对改善生态环境的呼声也比较强烈，所

以“十三五”期间乃至未来更长一段时间，我们必须坚持节约资源和保护环境的基本国策，加快建设资源节约型、环境友好型的社会，形成人与自然和谐发展现代化建设新格局，推进美丽中国建设，推进绿色低碳循环发展，为我们国家也为全球的生态安全做出贡献。

推进绿色发展，是我国实现可持续发展的必然选择。未来中国必须通过坚持绿色发展和加强生态文明建设来应对压力，缓解资源环境的约束。坚持绿色发展，有利于实现经济发展与环境保护相协调，探索出“既要金山银山，也要绿水青山”的发展模式，推动产业结构从过度依赖资源、环境消耗的中低端向更多依靠技术和服务的中高端提升，从而使高消耗、高污染、高排放的“三高”产业加速淘汰出局，使绿色、低碳、环保的新产业、新业态快速成长，把生态环保和绿色发展既作为经济发展的重要约束条件，又作为追求的发展目标加以考虑。进一步而言，我们应当把生态文明建设的总体目标作为实现可持续发展的统领，把“绿色化”发展作为生态文明建设和可持续发展的具体道路和基本途径，实现“绿色化”生产、“绿色化”消费和“绿色化”思维。

未来在中国特色的总体道路中，要把生态文明建设、可持续发展的理念和举措，全面融入政治、经济、社会和文化建设的各个方面和各个过程中，协同推进新型工业化、城镇化、信息化、农业现代化和绿色化，全面推动国土空间开发格局优化、加快技术创新和结构调整、促进资源节约循环高效利用、加大自然生态系统和环境保护力度等重点工作，努力在重要领域和关键环节取得突破，切实把生态文明建设工作抓紧抓好，让良好生态环境成为人民生活质量的增长点，成为展现我国良好形象的发力点，这显然也应成为经济发展新常态的题中应有之义。

2. 实现绿色发展的基本路径

具体来看，实现绿色发展的路径包括以下几个方面。

第一，从源头控制资源的利用效率、温室气体和污染物的排放，建立清洁低碳、安全高效的现代能源体系。传统能源当前应重视高效利用，其中的重点是：提高非化石能源比重，推动煤炭等化石能源清洁高效利用；加快发展风能、太阳能、生物质能、水能、地热能，安全高效发展核电；加强储能和智能电网建设，发展分布式能源，推行节能低碳电力调度；有序开放开采权，积极开发天然气、煤层气、页岩气，改革能源体制，形成有效竞争的市场。

第二，设置绿色门槛，实行绿色准入，建立绿色低碳循环发展的产业体系。加快推动生产方式绿色化，打造绿色经济，构建科技含量高、资源消耗低、环境污染少的产业结构和生产方式，提高经济的绿色化程度，实现绿色、低碳、循环及减量、节能、控污、废弃物再利用，促进产业结构的优化调整。农业方面，增强农业生物多样性保护和自然生态系统维护，防治土壤污染，保障粮食安全、食品安全；工业方面，在源头、生产和产出的全过程中实现绿色化，加快培育以绿色产业为代表的新动能、新增长点；服务业方面，重视创新新型业态的培育和发展。

第三，反思并扬弃过于强调工业化和房地产化的城镇化，建立以绿色城镇化为导向的产业发展模式。通过发展绿色空间、绿色建筑、绿色交通，均衡配置公共资源，保障城市绿色生产、绿色生活、绿色运行，建立涵盖环境、产业、科技、人文等多要素的现代产业发展模式，实现包括规划、空间布局、建设、运行和治理等在内的全方位绿色化。

第四，倡导和推动绿色健康的生活方式。从衣食住行游等日常生活抓起，实现生活方式和消费模式向绿色低碳、勤俭节约、文明健康的方向转变，抵制各种奢侈浪费和不合理的消费，从源头保护生态环境，倒逼生产方式绿色化。为此，政府需加强绿色生活方式顶层设计，制定合理规划，明确政府、企业和公众的责任，积极引导公众参与生态文明的建设。通过激励政策和扶持机制，对有利于绿色消费的企业项目给予资金补助、税收减免和技术支持等帮助。加大宣传力度，弘扬生态文明主流价值观，提高公民的绿色环保意识，让生态文明文化与价值教育进学校、进家庭、进企业，引导青少年从小树立勤俭节约的价值观念和绿色环保意识，以文化的力量让每个人参与到从我做起的生态文明建设中来，为生态文明建设奠定扎实的民意基础。

第五，改革现有的环境治理理念和体制机制，促进未来中国在可持续发展领域的国际与区域合作更加“绿色化”。各国可根据自己的国情和能力，开发适合自己实际的绿色经济模式和可持续发展指标，而不必制定统一的模式、目标、时间表和路线图。并且，发展绿色经济需将体制框架、可持续发展目标等相关内容统一起来，强调这些内容与转型成本、技术转让、发展路径、商业模式、市场培育以及政策整合的有机统筹。此外，发展绿色经济不仅是一个国家的问题，还涉及绿色投资、绿色贸易以及绿色工业化和全球化，需要各国密切合作，共建全球绿色经济新秩序，减少世贸组织规则与多边环境协议相关条款的冲突，促进绿色产品和服务贸易，同时反对贸易保护主义，消除各种不合理的绿色贸易壁垒。

四　加强国际合作，推动能力建设，落实联合国《2030年可持续发展议程》

1.《2030年可持续发展议程》对中国可持续发展的影响

自 2000 年到 2015 年新千年计划实施这一阶段，中国在国际政治经济舞台及国际治理体系中的地位和作用发生了巨大而深刻的历史性变化。

在政治上，中国除继续在联合国安理会、二十国集团（G20）以及金砖国家框架下发挥作用外，更是创造性地提出了“一带一路”倡仪，发起成立了亚洲基础设施投资银行，成为引领新型全球化的中坚力量，为世人所瞩目和关注。

在经济上，中国已一跃成为全球第二大经济体、第一大贸易国、第一大外汇储备大国、第一大利用外资发展中国家，世界经济深刻地影响着中国经济的发展和走势，中国经济也在深刻地改变着世界经济的版图和格局，中国经济与世界经济的互联互动与交融合作不断加深，其深度、广度前所未有，其复杂性、多样性前所未有。

在全球治理领域，中国在国际多边舞台上日益成为全球的焦点，积极参与各种全球性公共事务，包括对外援助、气候变化、投资贸易、反恐合作等，中国参与国际事务和全球治理的能力和意愿持续上升。

随着千年发展目标于 2015 年结束，联合国 2030 年可持续发展议程（SDGs）的制定也已完成，并于 2016 年 1 月 1 日正式启动实施。2030 年议程是始于2000年的联合国千年发展目标（MDGs）的后续和升级，它提出了远比千年发展目标更具普遍性、开放性和高质量的目标，涉及17个领域169个具体问题（详见附录1）。

在此背景下，对正处于经济结构转型关键期的中国而言，2030年议程既为中国深度参与全球治理带来历史性机遇，同时也带来巨大的挑战；中国采取何种应对战略，将在很大程度上决定中国在国际发展治理中的地位和作用。

就机遇而言，2030年议程将显著提升中国公众的环保意识，使中国环境治理面临更大的国际责任与治理压力的挑战；将为中国经济的转型升级和可持续发展提供新的强大动力，并形成倒逼机制；将为中国在全球治理中发挥关键性作用提供难得的着力点，有利于中国在可持续发展领域开展对外合作，使未来中国的国际与区域合作更加“绿色化”；将有利于中国借助联合国这一多边平台，向国际社会积极宣传推广生态文明建设、“一带一路”建设等构想，分享消除贫困、推进可持续发展的成功经验，借此增强国际社会对“中国模式”的了解、认可和借鉴，从而营造有利于中国引进先进技术和进行国际产能合作的外部发展环境，为中国推进升级版的经济全球化布局创造战略空间。

从挑战来看，2030年议程将使中国可持续发展面临来自国际社会的多重压力。一是绿色转型压力。当前中国的能源资源消耗、温室气体排放总量及以雾霾为代表的生态环境问题备受全球关注，中国能否在2030年前完成经济的绿色转型已不单纯是自己的事情，而是关系全球能否实现可持续发展目标的重大问题。二是国际责任压力。经过几十年的快速发展，中国早已从“受援国”转为“援助国”，国际社会希望中国在全球实现“2030年可持续发展议程”中承担更多国际责任的呼声日渐强烈，其中一些期望和要求明显超过了中国自身能力和发展阶段。三是遭遇遏制压力。作为一个大国，中国的发展必然会对现有国际经济秩序和地缘政治产生重要影响，一些西方势力并不乐见中国崛起和在全球治理中地位的提升，正采取各种措施干扰中国的和平发展进程。

2. 积极参与2030年可持续发展议程的国际合作

为更好地抓住2030年议程所带来的历史性机遇，中国应恰当定位自己在国际发展治理中的角色，抓住机遇，化被动为主动，通过内政外交的配合，更为主动地参与议程落实，更积极地参与国际发展治理，争取更多的话语权，逐步承担国际责任，并联合其他发展中国家，强化影响力不断提升的南南合作，承担更大国际责任，提供更多国际公共产品，推动更加公平合理的国际发展治理机制的构建，构建更为成熟完善的国际发展合作体系，改善和促进中国与其他国家的新型全球发展伙伴关系。同时，在议程落实过程中，积极主动地拓展中国的国际发展空间，逐步增强中国在国际发展治理秩序和规则中的影响力，推动国家核心利益的实现。

近年来，在环境与发展领域，中国政府提出建设生态文明和美丽中国的战略构想，将主要污染物减排作为经济社会发展的约束性指标，环境保护工作取得了显著成绩，也积累了一些成功经验，可持续发展理念已深入人心，各种创新实践也层出不穷。这些既提升了中国在国际环境与发展领域的影响力，也符合国际社会对中国的期望。同时，作为世界第二大经济体及南南合作的重要推动者，中国对重大国际问题所持有的立场对国际社会的影响正在日益扩大，国际社会也期待中国在2030年可持续发展议程的落实方面，扮演更为重要的角色。

为此，中国应抓住2030年可持续发展议程对环境与可持续发展关注度不断增加的机遇期，通过创新与合作，制订方案，推动落实，实现自身可持续发展进程与全球可持续发展进程的深度互动与互利共赢。

（1）尽快制定并完善一套适合的可持续发展指标体系及机制，跟进和审查2030年可持续发展议程目标的进度和落实，通过国际发展目标倒逼国内各项改革的推进。

从1992年中国参加联合国环境与发展大会，到2000年参与千年发展目标的制定、之后千年发展目标的具体实施过程，再到当前2030年可持续发展议程的目标制定及实施，可以看出，中国的发展战略始终与全球发展议程高度吻合，全球发展议程深刻影响了中国的发展理念和发展战略，使中国的发展战略、发展道路日趋科学与完善，五大发展理念在成为主导中国未来发展的指导思想的同时，也在为世界贡献中国智慧和中国方案。未来，在《中国落实2030年可持续发展议程国别方案》的框架下，我们建议，应尽快启动周期性的国家可持续发展监测与评估报告的编写，结合“十三五”规划监测评估SDGs的落实进度，推进国家层面的评估进程与全球评估进程紧密合作，并面向公众发布评估结果；同时也积极参与国际和区域层面的后续评估，并加强和保持与国际组织的沟通与合作。

（2）深入推进南南合作、南北合作和第三方合作，加快构建南南合作、多边合作等区域及国际合作平台，在可持续发展领域争取更多的话语权，逐步承担更多的国际责任，占据在此领域的道德制高点。

为达成这一目标，中国在做好自身发展工作的同时，应继续积极参与全球发展合作，主动向世界分享中国的发展经验，并做出力所能及的贡献。在尊重世界各国可持续发展政策独立性的基础上，与各个国家和地区树立命运共同体意识，深化全球发展伙伴关系，深入推进南南合作、南北合作和第三方合作，正视国际社会对于我国快速发展壮大的疑虑和猜忌，主动克服、防范和化解“一带一路”建设中面临的困难、风险和问题，稳步推进“一带一路”建设，为全球可持续发展营造稳定、良好的国际环境。

首先，中国可利用自身和发展中国家整体在国际事务中地位和作用普遍提升的契机，加强与新兴经济体和发展中国家的团结互助，积极利用“一带一路”倡议、“金砖国家”合作机制和亚洲基础设施投资银行等重要平台，创新新时代南南合作的新形式，丰富南南合作的时代内涵，深入推进南南合作，努力实现联合自强，推动国际社会致力于建立新型全球发展伙伴关系，增强发展中国家在国际发展合作事务中的话语权。特别是，在未来可持续发展议程的实施过程中，中国应该更积极地参与其中，切实提升自己的话语权和影响力。为此，应推动南南合作援助基金、中国—联合国和平与发展基金、应对气候变化南南合作基金、亚洲基础设施投资银行、金砖国家新开发银行等多边国际组织发挥更大的作用，助力全球可持续发展。并从资金、技术、人员、能力建设等多方面，为其他发展中国家做好2030年可持续发展议程的落实工作提供力所能及的帮助。

其次，中国应更加积极主动地参与全球治理，通过推动 2030 年议程落实而逐步承担更大的国际责任，提供更多的国际公共产品。未来的世界，全球可持续发展进程及相关问题的解决，都需要中国的积极参与，而中国要实现自身的可持续发展也需要国际社会更为广泛的支持。在未来参与全球可持续发展进程中，中国需要继续坚持发展中国家的根本立场，承担与我国发展能力与发展阶段相适应的国际责任和义务，采取积极务实的态度，尽力而为、量力而行，适度参与国际可持续发展进程。与此同时，随着综合国力的持续上升和国际影响力的不断扩大，中国已经成为全球可持续发展进程的利益攸关者，国际社会要求中国承担更多国际责任的呼声也不断高涨。

因此，在未来十几年落实 2030 年议程的阶段，中国应抓住机遇，推动国家利益与可持续发展目标的更好协调，积极主动承担更大的属于自己的国际义务，履行更多的国际责任。未来一个时期，中国可与发展中国家在减贫、基础设施建设、农业合作、发展援助、生态保护和应对气候变化、医疗设施、教育培训等方面开展深度合作，提供项目支持和能力建设方面的培训。

再次，还应积极坚持南北合作渠道，敦促发达国家及时、足额履行官方发展援助承诺，敦促发达国家兑现减排承诺。以积极、开放、包容的态度同其他国家、国际和地区组织加强协调与合作，在非洲及最不发达国家和地区开展三方合作。

最后，在综合考虑国情国力及民情民心的情况下，适度扩大对外援助规模、完善对外援助方式。在 2030 年议程的落实阶段，中国应抓住机遇，推动国家利益与可持续发展目标的更好协调，为发展中国家提供高效适度的人力资源、发展规划、经济政策等领域的咨询培训，扩大科技教育、医疗卫生、防灾减灾、环境治理、野生动植物保护、减贫等领域的对外合作和援助，加大人道主义援助力度。

（3）增强自身参与能力建设，调动社会各界广泛参与，提升专业人员的能力和研究水平，确保其在可持续发展议程实施中的地位和作用，有效推动 2030 年议程的落实。

首先，要广泛开展宣传，提高公众责任意识，鼓励全民共同参与可持续发展目标的落实。同时，通过创新教育和培训方式，对中国各级政府及工作人员加大宣传和培训力度。推动高校可持续发展学科的建设，开展跨学科、跨区域可持续发展研究的国际合作研究计划，培养国际青年人才。

其次，进一步完善工作机制，建议在现有以政府部门为主的2030年可持续发展议程工作机制基础上，成立国家层面更具代表性的推动“2030年可持续发展议程”领导小组和专家咨询委员会，以便为政府部门制定具体政策提供科学依据。同时，设立由私营部门、社会民间组织等参与的SDGs联盟，推动全社会在落实SDGs方面的积极参与。

最后，加强与更多国家和地区更为密切的伙伴关系，逐渐扩大协调各个领域的国际机制和平台间的交流与合作，如中非全面战略合作伙伴关系等。中国应借助这些平台，充分发挥自身能力，争取更多发展中国家的支持和了解，在国际上共同发声，共同探讨和交流发展经验，实现共同发展。

（4）将“一带一路”建设与“2030年可持续发展议程”紧密结合起来，加大亚洲基础设施投资银行、丝路基金等组织对于沿线国家实现可持续发展议程的了解、支持和配合。

保持战略定力，扎实推进“一带一路”建设，同世界各国分享中国的发展机遇，加强沿线国家基础设施建设，帮助当地创造需求和就业，消除贸易和投资壁垒，促进经济增长与繁荣，维护社会平等，倡议环保责任，为全球可持续发展做出应有的贡献。

加强和深化“一带一路”沿线国家的国别研究，在《中国落实2030年可持续发展议程国别方案》的框架下，出台《实施“一带一路”战略国别方案》，充分利用丝路基金、亚洲基础设施投资银行（AIIB）这些融资平台，推动沿线发展中国家实现联合国可持续发展目标。除发挥亚投行和丝路基金的融资作用外，还要加强与世行、亚行、新开发银行等多边开发机构，以及与东道国开发机构的战略合作，加强与上合组织在此区域内的对接和合作。

（5）落实二十国集团杭州峰会相关重要成果，继续推动二十国集团更加关注和重视可持续发展议程。

中国作为2016年二十国集团（G20）主席国，将落实2030年可持续发展议程作为G20峰会的重要议题，积极推动G20将发展问题置于全球宏观政策协调框架的突出位置。这次峰会是面向发展中国家和面向未来的一届峰会，第一次把《2030年可持续发展议程》纳入G20总体议程中，并置于核心位置。峰会达成的诸多成果中就包括G20落实联合国《2030年可持续发展议程》的集体行动倡议和中国落实2030议程的国别行动方案等。

发展议题作为金融危机后的二十国集团议题有其合理性和前瞻性的一面。众所周知，发展和减贫历来是关系发展中国家的一个长期重要议题，千年发展目标关注于此，可持续发展目标依旧聚集于此。但我们遗憾地看到，全球在发展问题上的成效，却受各种因素掣肘，进展缓慢，并不尽如人意，其中最突出的一个问题便是碎片化，包括发展行动的碎片化和发展融资的碎片化。

从目前国际社会的普遍期待来看，大家还是希望二十国集团能够成为一个协调全球发展行动、促进全球可持续发展议程的中心。二十国集团匹兹堡峰会已经确立了二十国集团作为协调全球经济事务的首要平台地位，发展议题列入全球经济事务的内容是理所应当、众望所归的。长期而言，如果没有发展中国家的发展，强劲、可持续和平衡增长就无从实现，发展议题与其他全球经济治理议题一样，具有内在联系，不可分割。

越来越多的各界有识之士已经充分认识到，二十国集团要想在发展领域尤其是2030年可持续发展议程中发挥更大作用，就不能仅限于给联合国提交建议报告。二十国集团应积极行动起来，争做行动队。为此，可以考虑创设一个常态化的机制，来整合全球发展治理的缺失。例如，可以在现有发展工作组的基础上成立全球发展理事会，以解决当前全球性、区域性、双边或多边的国际发展和援助组织以及非政府发展组织彼此协调困难的窘境，以更好地发挥其作为全球经济事务协调的首要平台的作用，特别是力争在机制建设上有所突破。从长远来看，这将有利于二十国集团在国际发展领域发挥更大的作用。

借 鉴 篇

Experience

B.9

国际性大都市可持续发展指标综述及案例分析

尤思淼 Alison Bridges Irais Argelia Vazquez Cisneros 张 超 严馨佳*

摘 要： 本文结合可持续发展寻求经济、社会与环境协调发展的内涵，在构建发展测量指标体系的过程中，简要回顾各组织及政府为推动发展转型而制定的指标体系和框架，简要介绍了世界范围内主要考核体系，其中，有些指标原则上符合经济、社会与环境协调发展的“三重底线原则”（Triple Bottom Line, TBL），而其他指标体系则偏离了 TBL 较为均衡的框架，着重考核某一个发展维度。充分借鉴已有的考核指标体系，可为

* 尤思淼，美国哥伦比亚大学环境科学与政策硕士研究生；Alison Bridges，美国哥伦比亚大学地球研究院博士后研究学者；Irais Argelia Vazquez Cisneros，美国哥伦比亚大学地球研究院访问学者；张超，美国哥伦比亚大学地球研究院访问学者、清华大学公共管理学院博士研究生；严馨佳，美国哥伦比亚大学环境科学与政策硕士研究生。

中国可持续发展评估指标体系的完善及发展转型的实现提供重要启示。为更好地理解城市可持续发展状况，本文从发达国家和发展中国家中甄选出部分城市，对其可持续发展指标情况进行分析，并与中国的领先城市进行了比较，这些城市包括美国纽约、巴西圣保罗、西班牙巴塞罗那、法国巴黎、中国香港以及新加坡。

关键词： 国际城市 可持续发展指标 国际城市案例

一 国际可持续发展目标考核体系对比分析

中国改革开放以来的发展历程，既反映了中国的独特国情，实际上也是第二次世界大战以来全球发展历史的缩影。纵观全球，人们对发展的认识随着人类社会的演进而不断深化，各国的社会发展也历经多次转型。第二次世界大战以后，主要资本主义国家面临的最大问题就是如何通过经济发展来减少或消除贫困，这时的发展几乎等同经济增长，这就是第一代“以增长为核心”的发展观；但是，经济增长带来社会不公、两极分化、社会腐化甚至社会动荡等问题，引发了人们对经济增长之外的社会发展的关注，产生了第二代“以人为本”的发展观；随着资源环境问题和压力凸显，第三代“可持续发展观”应运而生，倡导人们正确处理发展过程中人和自然关系以及代际公平问题。总之，人们对发展的认识是在人类发展的进程中不断深化的：从早期对物质的关注逐渐过渡到对人的关注，从片面的经济增长逐渐演变为“以人为本”的全面发展，从短期的经济增长逐渐转为长期、协调、可持续的发展。

激励政策的设计及引导是实现发展转型的基础性前提。政策制定者可以制定各种各样的指标框架来塑造发展战略，许多研究人员已经证明了指标体系的适当使用与发展转型间的正相关关系。对于我国的发展转型，如何执行并实现发展目标是地方发展转型的核心内容，而建立合理有效的评估监测体系将有助于将战略目标具体化，有利于执行工作的开展。结合可持续发展寻求经济、社会与环境协调发展的内涵，应在构建发展测量指标体系的过程中，简要回顾各组织及政府为推动发展转型而制定的指标体系和框架。下述内容简要介绍了世界范围内的主要考核体系，其中，有些指标原则上符合经济、社会与环境协调发展的“三重底线原则”（Triple Bottom Line，TBL），而其他指标体系则偏离了 TBL 较为均衡的框架，着重考核某一个发展维度。充分借鉴已有的考核指标体系，可为中国可持续发展评估指标体系的完善及发展转型的实现提供重要启示。

1. 人类发展指数

人类发展指数（HDI）是世界范围内评估各国发展的重要且通行的指标体系。20 世纪后期发展观念的演变，尤其是“以人为本”“全面协调可持续发展”观念的形成，催生了 HDI。自 1990 年联合国开发计划署（UNDP）首次发布 HDI 以来，该指数被广泛用于测度和比较各国/地区的相对人类发展水平，日益成为“世界各地区提高人类发展意识的工具”（UNDP，2014）。人类发展指数主要衡量一个国家或地区在三个方面的发展成就：健康长寿的生活，用出生时预期寿命衡量；知识的获取，用平均受教育年限和预期受教育年限衡量；体面的生活水平，用人均 GDP 或 GNI（PPP 美元）衡量（UNDP，2004）。HDI 的推出将决策者、媒体和非政府组织的注意力从传统的经济统计转向人的发展，吻合了“以人为本”的发展理念，因此成为各国/地区衡量综合发展的重要工具。自 1997 年开始，UNDP 联合中国有关机构，每 2 ~3 年发布一份《中国人类发展报告》，并公布中国各省、自治区、直辖市的人类发展指数。HDI 在一定程度上突破了以往仅用 GDP 或人均 GDP 等单一指标和实际生活质量指数等综合指标来衡量经济发展的局限，得到广泛的应用。但 HDI 因指标选择范围、阈值确定、各一级指标等权重分配等原因受到的批评或质疑从未停止过。HDI 主要涵盖了经济发展和社会发展，对于以代际公平及环境生态为核心的“可持续发展”理念的反映却相对不充分。HDI 的主要贡献者、诺贝尔经济学奖得主阿马蒂亚·森

（Amartya Sen）在不同场合也反复强调，HDI 的提出是为了引起人们对人类发展问题的关注，基于数据可得性等角度考虑，很难包括影响发展的所有指标，但它是一个可变的动态开放的体系。当前，UNDP 及学术界开始对 HDI 进行扩展，比如，UNDP 提出了多维贫困指数（MPI）、性别发展指数（GDI）、人文贫困指数（HPI）和人类绿色发展指数等指标，用以进一步表征及考核发展水平。

2. 可持续发展城市发展指数

2015 年，联合国可持续发展解决方案网络与贝塔斯曼基金会联合发布了 OECD 国家的可持续发展指数，以简化的方式追踪 34 个 OECD 国家实施可持续发展目标的进度、明确需要优先解决的发展问题，描述了不同国家在可持续发展目标方面的实施现状。随后，与英国海外发展研究院等的研究结合，各方联合提出一种评估可持续发展目标记分卡，反映了不同地区可持续发展趋势，旨在提出其亟待提升和完善的领域。目前，该指数已在包括美国和中国在内的多个国家有着普遍应用，可基于此形成发展转型的对比分析。在美国方面，2018 年 6 月新近发布的研究报告显示，联合国 SDSN 与多个研究机构联合设计了美国可持续发展城市发展指数（U. S. Cities SDG Index），目前已对 100 个美国城市进行了分析考核。该考核主要基于 2015 年发布的联合国可持续发展框架及 17 项全球可持续发展目标，利用联合国的翔实数据及在可持续发展领域的研究基础，对各城市的发展表现进行排名评比，进而为地方的发展转型提供重要激励。

3. 世界银行营商指数

世界银行新近发布了 2018 年营商指数（Doing Business Ranking），该指数对于招商引资及企业的区位选址具有突出的参考价值。营商指数主要基于两个加权的核心指标，一个是“距最优实践差距”，另一个是“营商自由度”。其中，“距最优实践差距”是以同一领域内最佳的管理实践为基准，比较各主体与其的表现差异，进而评测现有的不足及提升的空间。具体而言，营商指数涵盖 10 个营商主题的 41 项指标，包括“创业”“获准建设”“电力供应”“资产注册”“信用获取”“税赋”“跨境贸易”“合同执行保障”等。对此，中国环境保护领域所倡导的“环境领跑者制度”与营商指数的这一设计具有相似的理念。另外，“营商自由度”则基于比较的视角评价了不同区域营商的行为空间。基于这一设计，世界银行利用掌握的全球范围数据库，已对美国、俄罗斯、日本、印度、中国、巴西、墨西哥、孟加拉等国的营商环境进行了分析评价，并为企业投资提供了重要参考。

4. 可持续发展委员会的可持续发展指标

自1996年以来，联合国可持续发展委员会（CSD）发布了三个版本的可持续发展指标（ISD），以进一步制定出面向21世纪的可持续发展共同愿景。该指标的目标是支持各国“通过各自的努力来制定和实施国家可持续发展指标”。ISD是通过与各国际利益相关者的会议、试点测试、修订和专家审查制定的。最新的版本包括14个主题，涵盖了可持续发展的四个支柱——经济、环境、社会和制度——以及50个核心指标。各国政府如果希望根据需要和实际情况对指标做出调整，可以使用由联合国创建的一套简单的矩阵来评估可用数据的备用情况。50个核心指标来源于范围更大的96个指标，这96个指标可按国家分布对可持续发展进行更加全面、差异化的评估。这些指标中有一些正在被广泛使用，如果针对不同国家对变量框架进行调整，就更容易对框架进行管理。基于下列原因，一般可在所有地区使用核心指标：①这些指标可根据现有数据或大多数国家随时可获得的数据计算得出；②可对其他指标提供补充，并涉及范围更广的问题方面；③这些指标涉及与某个国家发展转型相关的一系列主题。

5. 可持续性指标板

国际可持续发展研究所（IISD）在1990年底初拟了可持续性指标板（DS），主要对以下指标进行了定量描述和解析：19个社会指标（如儿童体重、免疫、犯罪等）、20个环境指标（例如水、城市空气、森林面积等）、14个经济指标（例如能源使用及回收、国民生产总值等）以及8项制度指标（如互联网、电话、研发支出）。这一可持续性指标板近年来已经在国际科学界得到应用，现在已包括了200多个国家的数据。例如，意大利城市帕多瓦在其2003年名为“可持续的帕多瓦－PadovA21”的《地方21世纪议程》中采用了可持续性指标板，生成了与环境保护、经济发展及社会推进相关的61个指标。但是，这只是证实该工具在城市背景下有用性的唯一实例。与其他一些指标体系不同，DS在制定评估方法方面非常明确，但该方法的高度灵活性及局部可适用性使其很难进行不同城市间的发展比较。

6. 城市代谢框架

欧洲环境局（EEA）开发的城市代谢框架，可对城市基于代谢流的可持续发展，而非其当前的发展状况进行分析。该框架由4个主要维度组成，包括城市流动、城市质量、城市模式和城市动能。从能源消耗人均二氧化碳排放量、水资源强度、人均GDP、失业率和绿色空间等指标来看，它们已经完整地涵盖了可持续发展的三个基本方面。尤其，这个框架强调了城市资源的动态流动，并揭示出它将如何自动地推动系统达到平衡状态。借助该框架，欧洲能以低成本方式为其城市的新陈代谢开展持续性的监测。此外，它的量度框架还具备扩展功能，可适用于不同规模的城市。使用这个框架很简单，只需使用现成的数据源即可，但它并不能最全面地反映一个城市的可持续性。此外，它现有的数据信息及评价范围只针对欧洲，而尚未覆盖欧洲以外的其他区域（欧盟，2015）。

7. 全球报告倡议

联合国环境规划署（UNEP）与美国非政府组织环境负责任经济联盟（CERES）于1997年发起了全球报告倡议组织（GRI），以提高各类不同组织报告的质量、结构和覆盖面。GRI被广泛地应用于发展绩效的评估，也是多行业进行发展管理的主要方式。GRI主要考虑了以下类别项下的82个指标系列：①经济绩效；②环保绩效；③社会绩效：劳动力；④社会绩效：人权；⑤社会绩效：社会；⑥社会绩效：产品。尽管GRI衡量的是基于三重底线原则的可持续性，但重点强调社会和环境方面。另外值得一提的是，第四版的GRI指南在加权体系或方法方面存在不透明的缺陷和漏洞（Das&Das，2014）。

8. SCI可持续性指标

总部设在加拿大的非政府组织可持续城市国际（SCI）的“可持续性指

标”可帮助确定可持续发展的动因，并准确评估这些动因在促进全球各城市可持续发展中的表现情况。指标的制定者们广泛借鉴了城市可持续性指标的研究成果，在其基础上选择制定经济、社会和环境方面最常见也最容易衡量的指标。其多维度指标包括：失业率和经济增长；绿色空间、水质和温室气体的减少；住房质量、教育和健康（SCI，2012）。这些核心指标不仅灵活而且易于实施，不论城市规模和位置均可适用；此外，它们还广泛涵盖了一系列可持续性目标。然而，“可持续性指标”赋予健康指标与治理指标的权重很小（欧盟，2012）。

9. 可持续城市指数

“可持续城市指数”由英国领先的可持续发展非政府组织“未来论坛”编制，并根据这一指数对英国20个最大城市的可持续性进行排名。该指数通过整合经济、社会和环境因素，可清晰地反映出一个城市的可持续发展状况。“可持续城市指数”涵盖13个变量的指标，包括：①环境绩效（如空气质量、生态影响、生物多样性）；②生活质量（如预期寿命、教育、失业等）；③未来保障（如经济、回收利用、食品），反映了城市环境治理的动态过程。这些指标是根据20个城市数据及翻译的可用性而选择的，借此保持了评分方法的平等性。各组所有指标都被赋予了同等的权重，同时在整个城市排名中各组权重均相同。从英国的发展实践来看，自使用这些指标以来，大多数城市已有稳定的改进（未来论坛，2009）。

10. STAR 社区评级系统

在美国，社区评估和评级可持续性工具（STAR）已经成为帮助公民领袖将可持续性管理纳入总体规划的框架工具。它以TBL框架为指导，包括七个目标区域的44个目标：①建筑环境；②气候与能源；③经济与就业；④教育、艺术和社区；⑤股本和授权；⑥健康与安全；⑦自然系统。相比而言，STAR评分方法并无科学基础，但具有显著的透明性优势。由于目前没有对单一可持续性目标的重要性或价值高于任何其他目标的全球统一评分标准，STAR的各目标领域都是以100分为权重（Singh等，2012）。根据其在实现社会可持续发展方面的影响，每个目标有7项具体目的，分数从10分到20分。若每项具体目的符合“社区可实现社区级成果，地方行动或两种类型评估措施的结合”的要求，则可获得满分。最终考核的分值是根据支持性STAR目的、作为标准的成果优势（如国家标准阈值、标准趋势目标、STAR设置阈值、地方设置阈值、地方设置趋势或总体趋势）及其资料来源和数据质量（如，外部数据集，标准化采集或地方采集）来确定的。STAR已在美国有普遍的应用，如亚利桑那州的凤凰城、加利福尼亚州的洛杉矶、得克萨斯州的普莱诺等城市在可持续性城市计划中均已采用。

11. 罗盘可持续性指数

AtKisson集团是一个致力于可持续性研究的国际咨询机构，其制定的“罗盘可持续性指数”提供了一个包容性的可持续性评级系统，就像一个指南针，它将指标分为四个象限（N = 自然、E = 经济、S = 社会、W = 福利），并将其汇总成一个总体的可持续性指数。具有同样权重的指标则分布在一个单位从0 ~ 100的量表上；具体单位通过规范判断确定，且没有科学依据。汇总时，“罗盘可持续性指数”使用简单的取平均数法，相较而言并没有复杂的加权计算过程。2000年，在佛罗里达州奥兰多市的大奥兰多健康社区倡议“2000年遗产”可持续性报告中，该方法作为核心进行了试点，且现已在美国其他城市使用（Atkisson 2001；2005）。

12. 欧洲“绿色之都”奖

欧洲委员会于每年颁发的欧洲绿色资本奖涉及12项环境和社会指标，包括地方交通、自然和生物多样性、环境空气质量、水资源管理、能源绩效及综合环境治理。该框架将重点放在对环境和城市化的影响方面，因而并未平衡三重底线中的其他两个要素。同时，该指标要求符合条件的城市须至少达到10万人口。自从斯德哥尔摩在2010年获得了首个绿色资本奖以来，37个欧洲城市就一直参与分享最佳实践并引入政策以解决地方及全球性环境问题（Berrini，2010）。这些城市每年发布多份报告，涉及方法、最佳实践及基准，并对参与城市的各指标领域进行比较（欧盟，2015）。

13. 绿色城市指数

与其他组织发布的考核体系不同，知名企业西门子集团的绿色城市指数

（GCI）同样被用于评估欧洲各城市的环境可持续性。作为各城市评估和比较工作的组成部分，西门子专家组建立了下列 8 种类别 30 个指标集：交通、能源、环境治理、二氧化碳、水、废物及土地利用、建筑和空气质量。该指标集覆盖城市环境可持续性的主要方面，并重点关注能源和二氧化碳排放量。此外，该指数对指标集进行了结构化设计，以使用公开可用数据。同时，GCI 对每个指标进行标准化处理，以便对各城市进行比较（欧盟，2015）。欧洲绿色城市指数的第一个应用项目是在 2009 年实施的，对来自 30 个国家的 30 个主要欧洲城市进行评比考核。截至 2013 年，该指数对 130 个城市的环境绩效进行了衡量和评级。通过比较，一个主要发现是财富和环境绩效之间存在明显的正相关。但是，GCI 的主要缺陷是：未能直接反映一座城市当前的社会和经济状况。

14. 环境绩效指数

由耶鲁大学、哥伦比亚大学和世界经济论坛联合开发的环境绩效指数（EPI），以一种量化和数字标记方法对一国政策的环境绩效进行衡量。之前的环境可持续性指数（ESI）包括 265 个指标，主要关注两个首要的环境目标：①环境卫生：减少对人类健康的环境压力；②生态系统活力：提高生态系统活力，促进有效的自然资源治理。该指数分别计算了六个与环境政策相关的核心类别的分数，即环境卫生、空气质量、水资源、生物多样性和栖息地、生产型自然资源及气候变化（Emerson 等，2010）。所有指标得分从 0 分到 100 分，指标权重利用主要要素分析进行评估并以加权和的形式进行汇总（Singh 等，2012）。加权取决于数据的可用性以及指标影响政策变更的方式。如果特定指标的基本数据可靠性差或与同一问题类别的其他数据相比相关性低，则指标权重低。由于有些国家普遍缺少政策和行动，某些类别内的指标权重在政策问题及目标范围内就会按比例增加。该指数的优势是揭示了城市发展如何改变自然环境，但缺陷在于未能涉及其对社会和经济维度的重大影响问题（Esty 等，2008）。

15. 健康城市指数

作为健康城市项目的组成部分，世界卫生组织欧洲健康城市网络建立了

“健康城市指数”（HCI），这是一套由 53 个指标组成用于衡量城市健康水平的指数。HCI 有助于全球决策者建立有效干预，以提高城市化背景下的社会健康水平。该指数包括空气污染、水质、污水收集等环境指标；死亡率、公共交通及疫苗接种率等社会指标；以及流离失所、失业和贫穷等经济指标。世界卫生组织将选定的指标分为四个主要类别：健康促进、卫生服务、社会关怀和环境改善（包括物质环境、社会环境和经济环境）（Crown，2003）。然而，HCI 的不足之处在于其重点强调了可持续发展中的“健康”部分，而对于发展转型相关的其他方面缺乏关注（世界卫生组织，2015）。

16. 全球城市指标计划

世界银行的全球城市指标计划（GCIP）旨在提高城市居民的幸福感，推进社会能力建设（世界银行，2009）。在该计划中，由国际专家组进行质的评估，主要关注可持续性的社会方面。该计划分为两个主要类别：①城市服务；②生活质量，共包含 63 个指标。城市服务包含 12 个主题，包括教育、金融及能源。生活质量包括六个主题，即经济、文化、环境、社会公平、技术和创新。GCIP 首次在拉丁美洲和加勒比地区推行方法试点，目前全球有上百个参与城市。CGIP 可灵活适用于多种规模的城市，因此，各城市之间不存在科学可比性。但是，CGIP 没能形成科学合理的加权指标组合，难以为城市绩效提供更为全面的描述及考核（世界银行，2008）。

17. 全球城市实力指数

日本森纪念财团建立的“全球城市实力指数”根据城市实力对全球 44 个主要城市进行排名，以招商引资，调动资产来保障经济、社会和环境的发展。尽管该指数吸收了社会和环境变量，但其主要的关注点在经济方面。它采用六项主要用于表征城市实力的指标：经济、研发、文化交流、宜居性、环境和可达性（MMF，2015）。该指数为得分分数，即所有类别绩效之和。由于每个城市都会获得评分，意味着得分为 1500 分的城市比得分为 1000 分的城市表现优异 50%。与其他使用类似方法的指标体系不同，该指数通过提高具备高横向标准偏差的指标权重可以拓宽综合得分的范围并改变排名。如目前并不存在透明化的方法来确保具有统计噪声的指标在整体指数组成中权重较低。

二　国际城市研究案例

为了更好地理解城市可持续发展状况，我们从发达国家和发展中国家中甄选出部分城市，对其可持续发展指标情况进行分析，并与中国的领先城市进行了比较，这些城市包括：美国纽约、巴西圣保罗、西班牙巴塞罗那、法国巴黎、中国香港以及新加坡。

1. 美国纽约

表1　美国纽约主要可持续发展指标

可持续发展指标	纽约	珠海	中国城市平均值
人口(百万)	8.54	1.68	6.55
GDP(十亿元)	4505.09	223.00	483.00
GDP 增长率(%)	2.33	8.5	7.64
第三产业增加值占 GDP 比重(%)	83.25	49.54	47.90
城镇登记失业率(%)	4.88	2.3	2.98
人均城市道路面积(平方米/人)	17.56	53.24	14.96
房价人均 GDP 比	0.17	0.13	0.15
每万人城市绿地面积(公顷/万人)	15.81	100.3	51.06
空气质量 PM2.5 年均值(微克/立方米)	9.00	35.0	52.00
每万元 GDP 水耗(吨/万元)	3.02	22.9	71.16
单位 GDP 能耗(吨标准煤/万元)	0.08	0.41	0.70
污水处理厂集中处理率(%)	94.75	96.29	89.93
生活垃圾无害化处理率(%)	100.00	100.00	97.54

资料来源：详见文末参考文献，下同。

(1) 经济发展

纽约市生产总值为4.5万亿元[①]（大纽约地区生产总值为11万亿元），与西班牙和加拿大两国的国内生产总值相当。尽管中国最大的都市上海与北京的生产总值仅为纽约的一半，但中国城市的平均 GDP 增长率超过美国城

① 文中货币单位为人民币，下文及表格中亦均为人民币。

市。美国城市的国内生产总值增长率很少超过4%。中国城市数十年的经济增长导致失业率处于历史低位。纽约的失业率（4.88%）几乎是中国城市平均失业率的两倍（2.98%）。纽约的经济支柱主要以服务业为基础，其中金融、医疗保健和专业服务行业占比较高。随着制造业继续推动中国城市经济的发展，目前只有北京与纽约的服务业增值逐渐持相当水平。

（2）社会民生

纽约市是美国人口最稠密的城市，同时该市的公路和公共交通基础设施也处于国内较高水平。纽约市投资出行方式多元化已超过150年，目前拥有广泛的地铁系统、水运系统和自行车道，同时包含人均道路面积17.56平方米。与中国城市相比，纽约人均道路面积比广州多，但略少于珠海，纽约市人均道路面积高于中国城市平均值。纽约市的平均房价高于其他任何美国城市，在全球排名第六。虽然与美国其他城市相比，纽约最低工资较高，但曼哈顿市中心的经济适用住房资源依旧短缺。纽约的房价收入比是0.17，相比于中国可持续发展排名较高的城市来说，房屋购买力较差。但是由于纽约市人均生产总值较国际同级城市比较高，本文使用平均家庭收入重新计算房屋收入比后发现纽约市房屋可购买力较北京市稍高①，但纽约市（0.152）的房屋收入比是广东省（0.102）或中国城市平均值（0.106）的1.5倍。

（3）资源环境

纽约市拥有超过11000公顷的市政公园，但人均绿地面积②相对较低，为每万人15.81公顷。广州市人均绿地面积是纽约市的十倍以上，每万人有166.12公顷，深圳有254.16公顷。纽约市的标志性公园得到各种方式的支持，包括私人慈善事业、非营利组织和当地的城市保护政策。纽约“One NYC可持续发展计划”于2015年取代了2007年的“Plan NYC计划”，旨在到2030年将居住在公园步行距离内的住户比例提高到85%。此外，该市还

① 纽约市家庭年收入中位数（55191美元）和平均年家庭收入（88437美元）之间存在巨大差异，利用中位数计算可能会缩小中国城市居民住宅购买能力与纽约市之间的差距。

② 纽约市绿地面积不包括没有植被覆盖的休闲用地。

将增加街道树木和花坛数量。同时也改善了高需求社区中维护不善的公园。在20世纪60年代，纽约市是美国空气和水道污染最严重的地区。随着联邦环境保护局（EPA）的成立，联邦、州和地方的法律法规开始限制城市污染活动，如垃圾焚烧、煤和石油发电及含铅汽油的使用。今天的纽约，PM2.5和二氧化硫的含量水平处于历史最低点，但运输和工业仍然给纽约市的空气质量带来挑战。2014年的纽约市PM2.5平均值为9微克/立方米。中国综合排名最高的城市珠海的年均值为35微克/立方米。在中国空气质量最佳的城市三亚，2014年该市PM2.5平均值为15微克/立方米。据世界卫生组织统计，2014年中国城市PM2.5浓度平均值为52微克/立方米。

（4）消耗排放

纽约市拥有超过100万栋建筑和800万居民，每年的能源消耗量近3600万吨，每天的耗水量为370万吨。在过去的十年中，城市领导者实施了多项提高能源效率的计划，其中包括“绿色建筑计划”，要求建设者发布建筑物报告、节能法规、基准年度能源使用情况和温室气体减排目标。尽管这些努力使纽约成为美国第二大能源效率最高的城市，但城市建筑仍然是纽约最大的温室气体排放源。根据One NYC计划，该城市的目标是到2050年减少80%的温室气体排放，鼓励太阳能发电，并提高建筑能效。为了改善水资源管理，该市将在十年内投资超过10亿美元，以保护上游水库和流域。

（5）治理保护

纽约的污水处理率为94.75%。这一比率与广州（94.3%）、深圳（97.6%）、珠海（96.29%）等排名靠前的中国城市一致。与美国大部分地区一样，纽约下水道设计为雨污混合溢流口。当强降雨和污水的组合超过处理厂的容量时，多余的水将被排放到城市的水道中。尽管几十年前直接在河流中倾倒废物与废水的做法已经得到监管，但目前污水处理厂的容量和新的溢流保留罐在某些高流量日仍然达到容量最高值。纽约市未来几年的投资将集中在绿色基础设施上，以便更好地管理雨水以及额外的溢流水箱。纽约的生活垃圾处理率为100%，中国大多数城市也是如此。纽约目前正在规划设计在 2030 年成为零废弃城市，以减轻日益增加的向州外垃圾填埋场输送垃圾的需求。One NYC 项目的废物管理目标包括提高路边回收的转移率、扩大有机物收集，以及提高餐馆和商业企业的私人废物服务效率。

2. 巴西圣保罗

表 2 巴西圣保罗主要可持续发展指标

可持续发展指标	圣保罗	珠海	中国城市平均值
人口(百万)	12.11	1.68	6.55
GDP(十亿元)	332.95	223.00	483.00
GDP 增长率(%)	4.20	8.5	7.64
第三产业增加值占 GDP 比重(%)	65.39	49.54	47.90
城镇登记失业率(%)	8.74	2.3	2.98
人均城市道路面积(平方米/人)	22.62	53.24	14.96
房价收入比	0.19	0.13	0.15
每万人城市绿地面积(公顷/万人)	2.36	100.3	51.06
空气质量 PM2.5 年均值(微克/立方米)	19.00	35.0	52.00
每万元 GDP 水耗(吨/万元)	26.33	22.9	71.16
单位 GDP 能耗(吨标准煤/万元)	0.59	0.41	0.70
污水处理厂集中处理率(%)	51.00	96.29	89.93
生活垃圾无害化处理率(%)	98.00	100.00	97.54

(1) 经济发展

尽管巴西在过去十年间政局不稳、经济衰退，但圣保罗仍然是世界第十大城市经济体。与中国类似，巴西几十年来经济快速发展。从 2014 年起，巴西遭受了历史上最严重的经济衰退，同时高层政治丑闻和腐败指控不断。到 2016 年，圣保罗的 GDP 增长率降至 4.2%，失业率上升至 8.74%。2016 年，几乎所有中国城市的 GDP 增长率均高于圣保罗。从历史上看，工业城市圣保罗现在是巴西的金融中心，且逐渐转型为服务型经济体。2016 年，服务业增加值为 65%。这数据与上海（69%）和深圳（60%）等综合排名靠前的城市相当，高于中国城市的平均水平（50%）。

（2）社会民生

圣保罗是巴西人口最多、城市化面积最大的城市，城市不断向外扩展，人口密度是香港的1/4。圣保罗的交通基础设施以道路为主，人均城市道路面积为22.62平方米/人，远高于中国排名城市的平均水平（人均14.96平方米/人）。圣保罗交通拥堵严重，为配套快速发展的郊区，政府大力投资建设公路，加快货车运输在城市内外发展。该市还投资了南美洲最大的地铁系统。虽然现代地铁系统备受好评，但仍无法完全覆盖圣保罗城的全部区域。圣保罗的房价与巴西其他城市相比较高，同时也长期面临住房短缺问题。由于城市收入严重不平衡，精英的住房成本与20%住在非正规房人口的住房成本之间差距巨大。由于房价收入比为0.19，圣保罗的房价高于中国排名靠前的几个城市。

（3）资源环境

圣保罗市政府长期支持环境监管，但是执法强制力不足和预算限制约束了各项举措的有效实施。由于城市绿地面积[①]很小（2.36公顷/万人），因此每个中国城市的表现都优于圣保罗。为弥补不足，该市计划在拥挤的道路上投资垂直花园，并增加整个城市的行道树数量。由于工业和制造业仍然是圣保罗经济的重要部分，空气质量仍是当地面临的问题。尽管PM2.5的年平均值低于中国排名城市的年均浓度19微克/立方米，但圣保罗的空气质量仍然达不到世界卫生组织的目标要求。从20世纪70年代起，圣保罗市通过了多项工业污染法规，空气质量稳步提高。现在城市主要的空气质量问题与臭氧和颗粒物有关。2009年市政气候变化政策推进空气质量改善，下文将进一步讨论。

（4）消耗排放

圣保罗每万元GDP的耗水量为26吨，低于中国城市平均水平，但高于深圳（10吨/万元）。圣保罗的水资源难以满足未来20年的需求，2014～2015年严重的旱灾让该市的大部分地区失去水源。为增加供给，该市与地

① 圣保罗绿地面积统计不包括没有绿植覆盖的公共休闲空地。

区水务部门进行合作，改善可用水的供应及水质管理。新投资的设施和项目有水处理厂、减少漏水项目以及从邻近水坝输水的基础设施。2009 年，该市通过立法“市政气候变化政策”设定了减少温室气体排放的目标。该政策旨在以扩大绿地面积、改善建筑材料质量、增加公共交通设施和推广可再生燃料，来改善空气质量、减少二氧化碳排放。尽管该市在 2009 ~ 2015 年未能实现减排 30% 的目标，但是圣保罗气候委员会在 2017 年提出了新建议，包括减少城市公交车排放，引入新的重型车辆排放标准，并在城市垃圾填埋场建沼气发电厂。该市的能源消耗量为每万元 0.59 吨标准煤，略高于中国排名最高的城市（珠海，0.41），但低于所有中国城市的平均值（0.70）。

（5）治理保护

圣保罗的生活污水处理率为 51%，低于绝大多数中国城市。圣保罗所处的 22 个流域都存在较严重的水体污染。近年来，圣保罗为改善水质和污水处理进行了许多努力，包括前文提到的投资污水处理厂，扩展卫生系统以及世界银行为改进管理系统进行额外投资。该市的固体废物处理率为 98%。这一比率高于城市的污水处理率，与中国和其他国际化城市的比率持平。圣保罗在 20 世纪 70 年代开始提供有限的垃圾回收服务，目前向 70% 的大都市区提供服务。此外，多数生活垃圾送至垃圾填埋场，由工人继续将废物分类为有回收价值的材料。同时，私营公司高价为城市提供废物处理。城市为大力降低费用，建设新的沼气厂和增加废物转移。

3. 西班牙巴塞罗那

表 3　西班牙巴塞罗那主要可持续发展指标

可持续发展指标	巴塞罗那	珠海	中国城市平均值
人口（百万）	1.61	1.68	6.55
GDP（十亿元）	563.00	223.00	483.00
GDP 增长率（%）	3.42	8.5	7.64
第三产业增加值占 GDP 比重（%）	82.22	49.54	47.90
城镇登记失业率（%）	7.11	2.3	2.98

续表

可持续发展指标	巴塞罗那	珠海	中国城市平均值
人均城市道路面积(平方米/人)	6.37	53.24	14.96
房价收入比	0.11	0.13	0.15
每万人城市绿地面积(公顷/万人)	17.59	100.3	51.06
空气质量 PM2.5 年均值(微克/立方米)	15.25	35.0	52.00
每万元 GDP 水耗(吨/万元)	0.02	22.9	71.16
单位 GDP 能耗(吨标准煤/万元)	0.04	0.41	0.70
污水处理厂集中处理率(%)	100.00	96.29	89.93
生活垃圾无害化处理率(%)	100.00	100.00	97.54

（1）经济发展

中世纪以来，巴塞罗那一直是西班牙重要的经济和行政城市，如今已成为西南欧的主要文化、经济和金融中心。西班牙是受经济危机打击最重的欧洲国家之一。巴塞罗那 GDP 在 2007～2009 年和 2010～2012 年急剧下降，但近几年趋势略有上升。与中国城市（平均 7.64%）相比，其增长率仍然很低（3.42%），但与其他欧洲城市相当。经济危机也严重影响了失业率，失业率在 2012 年 3 月达到 24% 的峰值。到目前为止，失业率有所下降，2016 年为 7.11%：加泰罗尼亚自治区在低失业率方面的表现在西班牙境内最佳。但大部分新创就业岗位不够稳定（临时或兼职），当地失业率仍远高于中国城市的平均失业率（2.98%）。历史上巴塞罗那的工业以纺织业为主，商业传统悠久，现在的主导产业是服务业。旅游业、贸易和出口是当地的经济支柱。因此，巴塞罗那第三产业增加值占 GDP 的比重（82.22%）高于所有中国城市（北京 80.23%，珠海 49.54%，深圳 60.05%）。

（2）社会民生

巴塞罗那是加泰罗尼亚最大的城市，其市区延伸至周边多个城市，有 320 万人口，是欧盟人口第六多的城市地区①，也是地中海地区的最大城

① 仅次于巴黎、伦敦、马德里、鲁尔区和米兰。

市。但同时，巴塞罗那面积只有102平方公里，是北京的1%，是香港或纽约市的10%。巴塞罗那是一个交通枢纽，巴塞罗那港是欧洲主要海港，也是最繁忙的欧洲客运港口之一。巴塞罗那拥有一个国际机场，每年可接待超过4000万乘客；当地高速公路网庞大，高速铁路连接法国和欧洲其他地区。然而，巴塞罗那人均城市道路面积①（6.37平方米）略少于中国城市（珠海53.24平方米，深圳30.87平方米，中国平均人均14.96平方米）。巴塞罗那的房屋收入比（0.11）与中国综合排名前十名的城市（珠海0.13，北京和深圳0.32）相比，其居民住房购买力高于中国城市平均居民住房购买力水平。当地房价主要受旅游业推动上涨。2010～2017年，Airbnb的房源由40个增加到24000个，导致房价大涨，历史和传统区域的本地人口减少，对旅游公寓用户的噪声或危害社会行为的投诉激增，对合法住宿服务的不公平竞争也有所增加。巴塞罗那政府已采取措施，通过Airbnb和Home Away等平台控制新房源和游客住宿的开放条件。

（3）资源环境

巴塞罗那政府长期致力于环境监管，被视为欧洲智慧城市的典范，也是生活质量的国际基准。然而当地城市绿地的可用性较中国城市低，人均绿地面积②（17.59平方米）比中国该指标表现最好的城市深圳（254.16平方米）少。该市内建设的城市公园占全市面积的10%，超过95%的居民可以在不到300米的步行路程内进入绿地。此外，巴塞罗那人均绿地面积超过纽约（15.81平方米）和巴黎（13.76平方米）。巴塞罗那的空气质量优于大多数中国城市，与中国空气质量表现最好的城市三亚PM2.5含量数值相同。然而，该市主要运输干道沿线的空气质量仍然存在问题，2013年被评为污染最严重第三大的欧洲城市。巴塞罗那一直以来努力解决这一问题，目前正在实施改善空气质量的具体计划（2015～2018年）：

① 西班牙的道路面积统计不包括高速公路和隧道。

② 绿地面积统计不包括没有植被覆盖的公共休闲用地、私人居民绿地以及道路绿带。

该计划确定了污染物的主要来源（港口和公路运输）和推行的项目，如城市河港绿化、建立空气质量和排放模型、随机控制柴油车辆排放、改善公共交通、促进非机动交通和汽车共享、规定物流时间表，以及限制使用燃油供暖。

（4）消耗排放

巴塞罗那在节水方面是欧洲的基准。单位 GDP 耗水量是中国综合排名最好的城市的 1/250，仅消耗 0.02 吨水就能产生 1 万元的 GDP。中国该指标表现最好的邯郸市每万元 GDP 消耗 5.4 吨水，深圳，珠海和北京每万元 GDP 分别耗水 10.22 吨，22.9 吨和 15.11 吨。这得益于巴塞罗那 2000 年起推行的公民意识运动，公民承诺在 1999～2014 年减少 20%以上的耗水量。同样，巴塞罗那在能源消耗方面优于中国城市，耗能价值是中国该指标表现最好的城市北京（0.28）、深圳（0.38）、珠海（0.41）的 1/10 以下。巴塞罗那在多年前已经启动了一项能源改进计划（2002～2010 年和 2011～2020 年），诊断巴塞罗那实际的能源状况，提供更好的基础设施，并向可再生能源转型以减少废气排放，来实现更好的供应网络管理和适中的房屋保温，改善公共照明，构建城市空调网络。

（5）治理保护

巴塞罗那生活污水处理率达 100%，与中国综合排名较高的城市一致。巴塞罗那拥有完善的污水管网和计算工具，可根据河流流量模拟下水道网络的运行方式，以免污染河流和海水。该网络包含雨水和污水调节水箱，能够吸收洪水时的水流。巴塞罗那大都市区有 7 个污水处理厂。巴塞罗那回收并处理所有居民的生活垃圾，因此家庭垃圾的无害化处理率为 100%，与 60%的中国城市一致。巴塞罗那市附近的 Garraf 垃圾填埋场于 2008 年关闭，改造成绿色梯田农业景观，并建成了四个生态公园，更好管理和处理城市固体废物，包括堆肥、甲烷化和材料回收等。巴塞罗那“21 世纪议程”的指标着重于保护废品加工，加强再利用与再循环文化，例如有机材料和选择性废品的回收。

4. 法国巴黎

表 4　法国巴黎主要可持续发展指标

可持续发展指标	巴黎	珠海	中国城市平均值
人口(百万)	2.19	1.68	6.55
GDP(十亿元)	897.70 *	223.00	483.00
GDP 增长率(%)	2.39 **	8.5	7.64
第三产业增加值占 GDP 比重(%)	77.54 **	49.54	47.90
城镇登记失业率(%)	12.02	2.3	2.98
人均城市道路面积(平方米/人)	7.31	53.24	14.96
房价收入比	0.14	0.13	0.15
每万人城市绿地面积(公顷/万人)	13.76	100.3	51.06
空气质量 PM2.5 年均值(微克/立方米)	17.50	35.0	52.00
每万元 GDP 水耗(吨/万元)	2.03	22.9	71.16
单位 GDP 能耗(吨标准煤/万元)	0.04	0.41	0.70
污水处理厂集中处理率(%)	100.00	96.29	89.93
生活垃圾无害化处理率(%)	100.00	100.00	97.54

注：* 巴黎市 GDP 计算由巴黎行政区 GDP 换算而得。
** 巴黎行政区数值。

(1) 经济发展

巴黎的 GDP 增长率低于大多数中国城市：深圳 9%，珠海 8.5%，北京 6.8%，但与其他西方城市相当。法国历史上有一段 30 年的经济增长期(1945～1975 年)，也受到 2008 年金融危机的影响。巴黎经济以服务业为主导，目前正发展成为法国的金融和信息技术中心。同时旅游业也是其最大的收入来源之一。旅游业方面，巴黎推出了一项可持续住宿计划，以促进旅游业的可持续发展。巴黎奥委会承诺将减少 2024 年巴黎奥运会的碳排放，缩减其碳排放至 2012 年伦敦奥运会的一半。与中国城市的城镇居民失业率相比，巴黎失业率高达 12.02%，几乎是北京市数据的十倍。其原因部分是经济增长停滞，就业机会减少，以及就业机会中供需求不平衡。绝大部分工作机会是在巴黎城郊，而非巴黎市区。

(2) 社会民生

巴黎是欧盟中面积最大的城市。该市是一个主要的铁路、公路和航空运输枢纽，有两个国际机场。继莫斯科地铁后，它拥有欧洲第二繁忙的地铁系统。巴黎古城保留了其大部分历史街道，因此巴黎的人均城市道路面积（7.31 平方米）相比中国城市（深圳 30.96，珠海 53.24）较少。巴黎的房屋收入比与中国平均水平相当，两者分别为 0.14 和 0.15。同时，巴黎居民住房可购买能力是北京和深圳的一半，但为上海的两倍。巴黎的平均房价高于法国其他城市，几乎是其他城市的两倍，巴黎是全球房价第七高的城市。①

(3) 资源环境

巴黎的人均城市绿地②面积为 13.76 平方米，与中国综合排名较靠前的城市相比较低（深圳 254.16，珠海 100.3，北京 60.24）。然而，自 2014 年以来，巴黎有了两个城市森林公园、400 多个公园和花园，并创造了 10 公顷的绿地，种植了超过 6400 棵树。此外，巴黎政府在夏季每天开放 100 多个 24 小时公园供居民使用。

巴黎的空气质量优于大多数中国城市，PM2.5 的年平均值为 17.5 微克/立方米，中国综合排名前十名城市的年平均值为 33～87 微克/立方米。在过去的十年里，巴黎的污染物排放量减少了 10%，这主要得益于当局采取的行动，例如关闭部分城市公路、扩大公共空间的植被面积，以及修改城市规划和法规来生产可再生能源。巴黎市已将五个石油发电厂转换为天然气或生物燃料发电厂，提高资源效率并产生可更新能源。同时，巴黎市促进汽车共享和自行车道建设，以实现 2024 年零柴油车辆目标和 2030 年零汽油燃料车辆目标。

(4) 消耗排放

巴黎的耗水量很低，每生产 1 万元 GDP 只消耗 2.03 吨水，几乎是中国该指标排名第一城市的 1/5（深圳 10.22 吨，珠海 22.9 吨，北京 15.11 吨）。同时，巴黎正在完善测量设备，以更好地识别供应网络上出现的泄

① 就每平方米的购买价格而言，排名前十位最昂贵的城市分别是香港、伦敦、纽约、特拉维夫、东京、新加坡、巴黎、莫斯科、上海、维也纳。

② 巴黎市的绿地面积统计不包含没有植被覆盖的公共休闲用地、私人绿地以及道路绿带。

漏。巴黎在单位 GDP 能耗方面领先于中国所有城市，其价值几乎是排名表现最佳的中国城市的1/10（巴黎0.04，深圳0.38，珠海0.41，北京0.28）。同时，巴黎一直在努力减少能源消耗。巴黎实行的“气候计划”采取的措施包括：在巴黎东部建立太阳能发电站和地热井，以及通过建筑物的生态改造来解决能源供应不稳定问题。同时该市在逐步应用智能公共照明技术，该举措将照明能耗直接降低到2004 年水平的25%。

（5）治理保护

同大多数中国排名较好的城市一样，巴黎拥有 100% 的生活污水处理率。同时，巴黎在大力建设新的水箱，以防止在大型风暴中污水处理厂上游的污水和雨水溢出。由于巴黎市政回收并处理了所有居民生活垃圾，巴黎的家庭垃圾的无害化处理率为 100%，与大多数中国城市相同。巴黎致力于更好更便捷的废物管理，并在 2050 年实现“零利用废物”的目标。为达到该目标，巴黎市政府大力投资废物分类收集站建设，并增加厨余垃圾的路边回收。

5. 中国香港

表 5　中国香港主要可持续发展指标

可持续发展指标	香港	珠海	中国城市平均值
人口(百万)	7.34	1.68	6.55
GDP(十亿元)	2065.79	223.00	483.00
GDP 增长率(%)	2.44	8.5	7.64
第三产业增加值占 GDP 比重(%)	92.4	49.54	47.9
城镇登记失业率(%)	3.3	2.3	2.98
人均城市道路面积(平方米/人)	5.47	53.24	14.96
房价收入比	0.38	0.13	0.15
每万人城市绿地面积(公顷/万人)	111.28	100.3	51.06
空气质量 PM2.5 年均值(微克/立方米)	29.00	35.0	52.00
每万元 GDP 水耗(吨/万元)	4.94	22.9	71.16
单位 GDP 能耗(吨标准煤/万元)	0.03	0.41	0.7
污水处理厂集中处理率(%)	93.00	96.29	89.93
生活垃圾无害化处理率(%)	100.00	100.00	97.54

(1) 经济发展

香港是中国的特别行政区。中国在1997年以“一国两制”的原则恢复了对香港的主权。作为通往中国内地的主要门户，香港经济的特点是自由贸易和低税收。目前，香港是世界第八大贸易经济体。GDP为2.065万亿元人民币，香港经济是中国内地城市平均GDP的四倍左右。然而，中国内地城市的GDP增长率是香港GDP增长率的三倍。香港的失业率（3.3%）比珠海高1个百分点，但与中国内地城市的平均失业率相当。自香港回归以来，香港经济发生了巨大变化。目前，香港的服务业是亚洲最发达的服务业之一。香港服务业增加值占GDP比重为92.4%，而珠海仅为49.54%，深圳为60%，中国内地城市平均值为47.9%。香港的服务型经济主要由批发及零售业、住宿及餐饮业、融资及保险业、房地产支撑。

(2) 社会民生

由于岛上空间有限，香港是世界上人口密度最大的城市之一。2016年香港人口为734万，是珠海的近五倍，占深圳人口的62%，但香港大部分土地无法进行新的开发。根据国际住房支付能力的年度统计调查，香港连续第七年被评为2017年全球最昂贵的住房市场。香港的房价收入比（0.38）高于深圳（0.32）。由于住房需求旺盛而空间有限，香港人均城市道路面积相对较小（5.47平方米），而珠海城市人均道路面积为53.24平方米，深圳31平方米，中国城市人均道路面积为14.96平方米。

(3) 资源环境

绿地占香港土地的40%，深圳为45%，上海为2.8%。香港的总绿地面积为每万人111.28公顷。深圳为每万人254.16公顷，珠海为每万人100.3公顷，而中国内地城市平均为每万人51.06公顷。与内地大部分城市相比，香港的空气质量较好。2014年平均PM2.5含量为29微克/立方米。根据世界卫生组织的数据，2014年中国城市的平均值为52微克/立方米。

(4) 消耗排放

香港与内地相比每万元GDP能源消耗量（0.03吨标准煤）和耗水量（4.94吨）较少，远低于内地城市的平均水平。中国内地城市的单位GDP

平均耗水量为71.16吨/万元，单位GDP平均能耗为0.7吨标准煤/万元。

（5）治理保护

香港的污水处理率为93%。这一比率高于中国内地城市的平均值（89.93%），但低于深圳（97.62%）和珠海（96.29%）。香港岛环境保护署制订了16项污水处理计划，以满足香港的污水处理需求。这些计划安排了污水处理的基础设施，将污水引入设备进行处理后再排入海洋。这些计划正逐步推行，以配合香港目前及未来的发展需要。香港生活垃圾的处理率为100%，与中国内地大多数城市一致。香港共有13个封闭式堆填区，其修复工程已于1997～2006年完成，尽量减少对环境潜在的不利影响，确保设施安全以实现更好利用。

6. 新加坡

表6　新加坡主要可持续发展指标

可持续发展指标	新加坡	珠海	中国城市平均值
人口(百万)	5.61	1.68	6.55
GDP(十亿元)	1911.94	223.00	483.00
GDP增长率(%)	2.01	8.5	7.64
第三产业增加值占GDP比重(%)	73.6	49.54	47.9
城镇登记失业率(%)	1.7	2.3	2.98
人均城市道路面积(平方米/人)	6.14	53.24	14.96
房价收入比	0.11	0.13	0.15
每万人城市绿地面积(公顷/万人)	60.3	100.3	51.06
空气质量PM2.5年均值(微克/立方米)	18.0	35.0	52.00
每万元GDP水耗(吨/万元)	2.59	22.9	71.16
单位GDP能耗(吨标准煤/万元)	0.0031	0.41	0.7
污水处理厂集中处理率(%)	93.0	96.29	89.93
生活垃圾无害化处理率(%)	100.0	100.00	97.54

（1）经济发展

新加坡是一个拥有561万人口的城邦岛国，一直沿用英国议会政府体制下的治理结构。新加坡多年来一直是亚洲乃至全世界的贸易中心。新加坡马六甲海峡是世界上最繁忙的港口，地处印度和中国之间。新加坡的经济增长平稳，2016 年 GDP 增长率为 2.01%，国内生产总值为 1.9 万亿元。新加坡的 GDP 与深圳相似，但深圳的 GDP 增长率是新加坡的三倍。大多数中国城市的 GDP 增长率较高，但由于新加坡制造业和服务业发展稳健，当地失业率相对较低，为 1.7%，珠海为 2.3%，中国城市平均失业率为 2.98%。电子产品制造业和金融商业服务是当地经济支柱。新加坡服务业增加值占 GDP 比重为 73.6%。这一比例与上海（70%）、广州（69%）等该指标排名较高的中国城市相当，但高于中国所有城市的平均值和综合排名第一的城市珠海（49.54%）。

（2）社会民生

新加坡被称为一个年轻的移民国家，主要由第二代和第三代移民组成。它一直是一个多元化和多种族的社会。新加坡人口为 510 万，与所有中国城市的平均水平（660 万）相比相对较小。尽管如此，经济的快速发展对基础设施，特别是新加坡的公路网络带来了压力。新加坡的人均城市道路面积为 6.14 平方米，略高于香港，但远低于中国城市的平均水平（人均 14.96 平方米）。道路基础设施开发占用了新加坡宝贵的土地空间。2012 年，新加坡有 9081 公里的道路，占土地面积的 12%。鉴于可用土地稀缺和建筑成本增加，新加坡着力开发新的发展领域。2013 年，新加坡政府建成 5 公里的滨海沿岸高速公路，缓解经济发展带来的压力。新加坡的房价在 2013 年达到峰值，此后一直在下降。新加坡的房价收入比（0.11）相对较低，深圳为 0.32，珠海为 0.13，中国城市平均值为 0.15。因此，新加坡的居民房屋可购买能力比中国大多数城市要高。

（3）资源环境

新加坡被称为“花园城市”，拥有四个自然保护区，350 多个公园，全岛有超过 300 公里的公园连接道路。新加坡以持续发展创新为基础，建设了绿色屋顶、层叠的垂直花园和植被墙壁，以拓展其绿色基础设施。新加坡每万人城市绿地面积为 60.3 公顷，超过大多数中国城市，但远低于深圳（每万人 254.16 公顷）和珠海（每万人 100.3 公顷）。与中国大多数城市相比，新加坡的空气质量更好。2014 年平均 PM2.5 为 18 微克/立方米。珠海和深圳等综合排名较高的中国城市年均排放量分别为35微克/立方米和34微克/立方米。据世界卫生组织的数据，2014年中国城市的平均值为52微克/立方米。

（4）消耗排放

新加坡每万元耗水量为2.59吨，远远低于所有中国城市。中国城市的单位GDP平均耗水量为71.16吨。但是由于缺乏收集雨水的土地，新加坡几十年前面临过严峻的干旱问题。如今，新加坡采用了多管齐下的创新方法，以确保可持续的水资源供应。作为一个没有大量自然资源的经济体，新加坡很容易因能源成本上升而影响其经济竞争力。提高能源效率也是新加坡减少温室气体排放的关键战略之一。新加坡单位GDP能耗（0.0031吨标准煤/万元）远低于中国城市的平均值（0.7吨标准煤/万元）。

（5）治理保护

新加坡的污水处理率为93%。这一比率高于中国大陆城市的平均比率（89.9%），但低于深圳（97.62%）和珠海（96.29%）。新加坡开发了一种深隧道下水道系统，该系统通过重力用深隧道下水道输送废水。废水将进一步纯化成超洁净的高级再生水以供重复利用。多年来，新加坡的固体废物产量大幅增加，约21%的生活垃圾被回收利用，其余79%被处理并运往垃圾填埋场。新加坡的生活垃圾处理率为100%，与中国大多数城市一致。

7. 图表比较

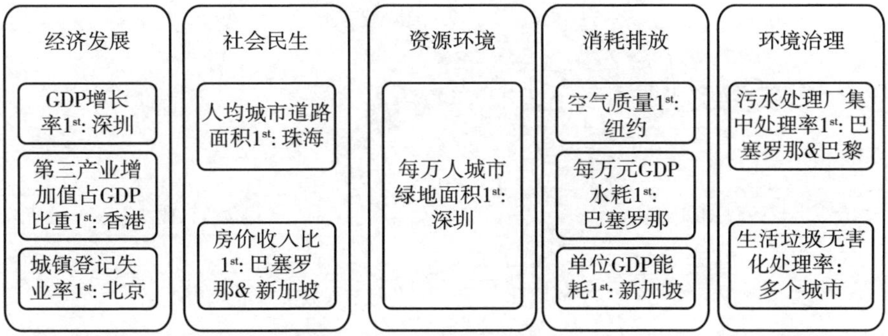

图1 各指标排名第一的城市

（1）各城市指标表现

图表解释：白色区域为各项指标中国城市最好表现的汇总，深灰色区域对应中国城市的平均表现，浅灰色区域对应于某一城市的整体指标表现。对于所有指标，得分越高（最大部分/最接近外圈），城市表现越好（见图2至图10）。

计算：将原始数据与为度量找到的最小/最高值之间的绝对差，除以最高值和最小值之间的差。

城镇登记失业率、空气质量、能源消耗和水资源消耗的公式如下：

$$表现 = \frac{|原始数据 - 指标下最大值|}{指标下最大值 - 最小值}$$

其他所有指标，公式如下：

$$表现 = \frac{原始数据 - 指标下最大值}{指标下最大值 - 最小值}$$

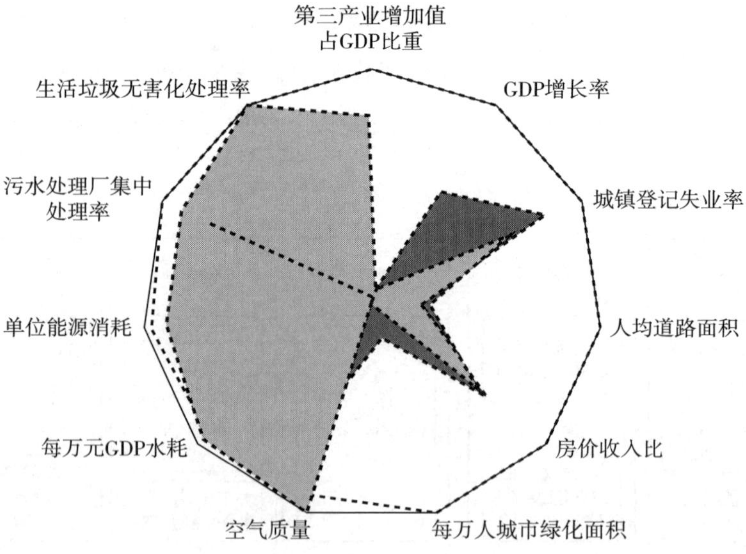

图2　纽约可持续发展指标

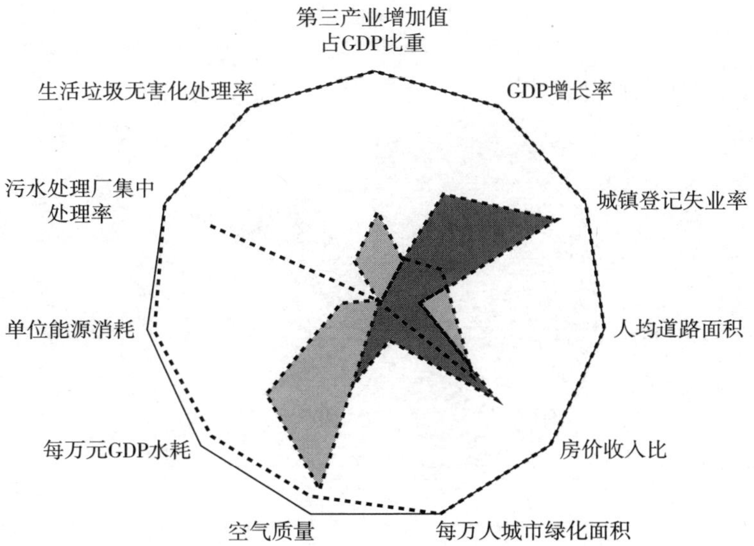

图 3　圣保罗可持续发展指标

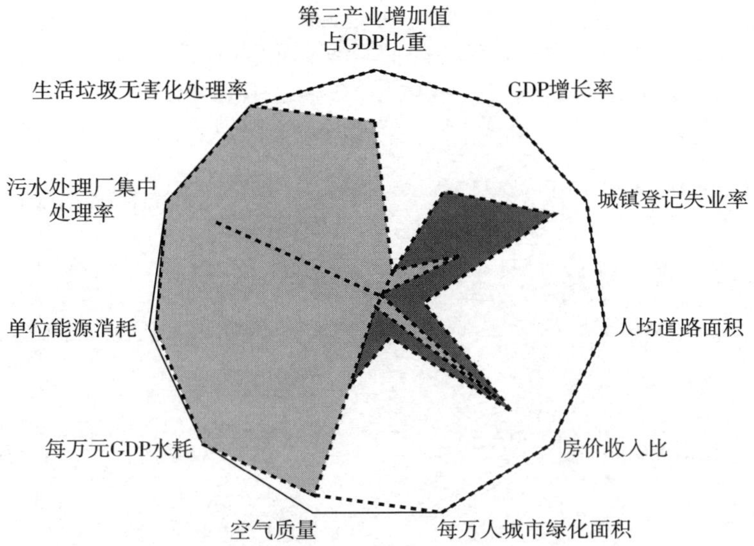

图 4　巴塞罗那可持续发展指标

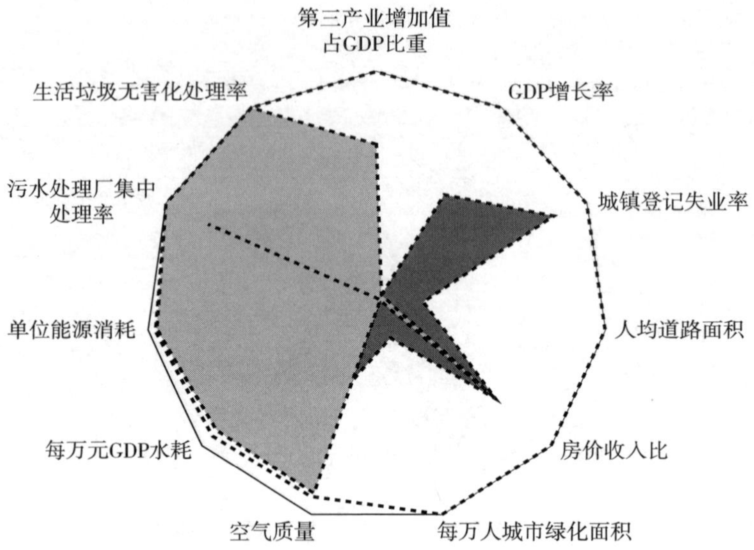

图5　巴黎可持续发展指标

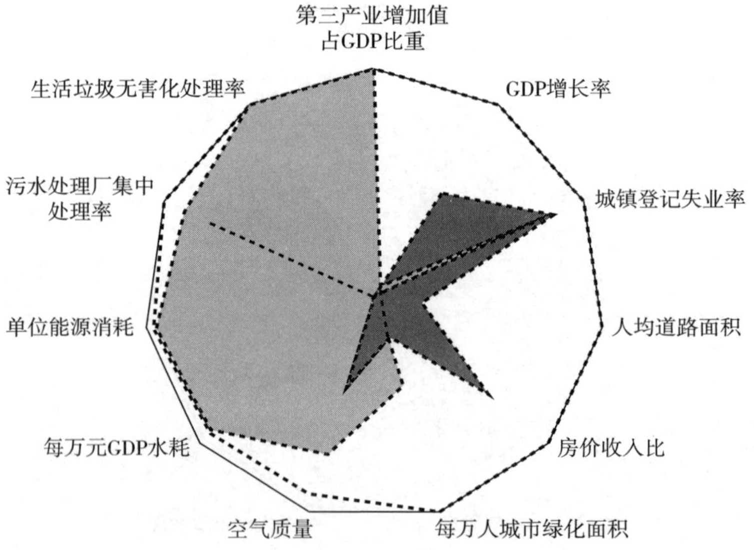

图6　香港可持续发展指标

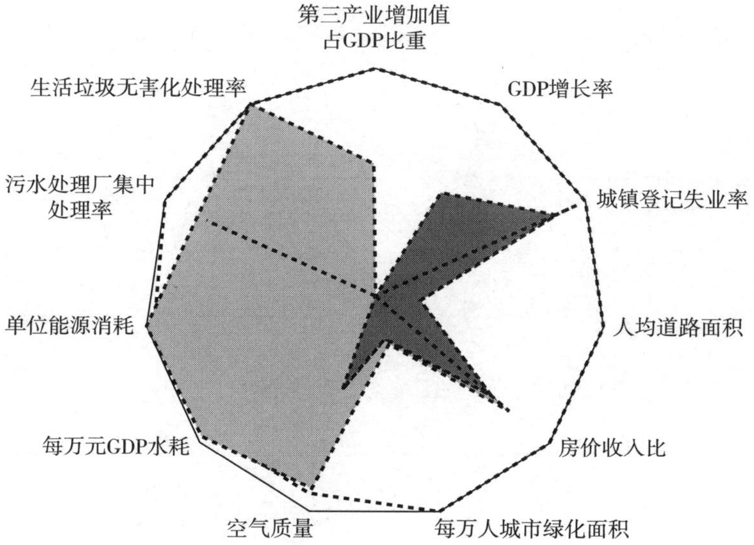

图 7　新加坡可持续发展指标

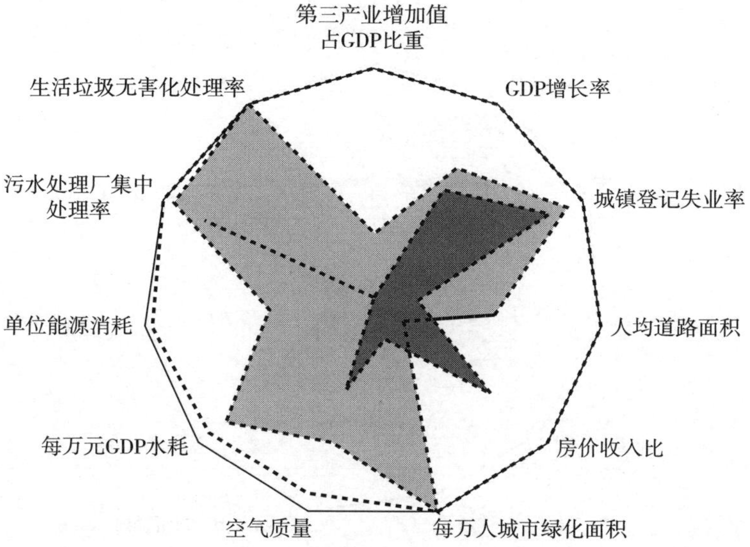

图 8　深圳可持续发展指标

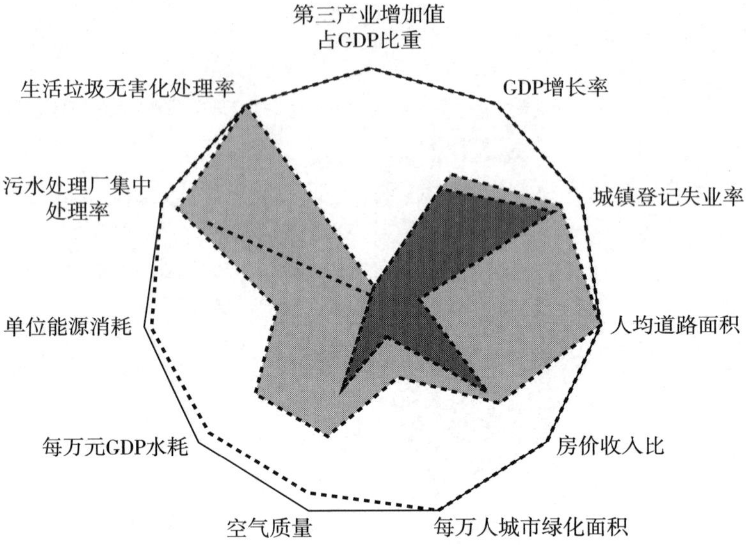

图 9　珠海可持续发展指标

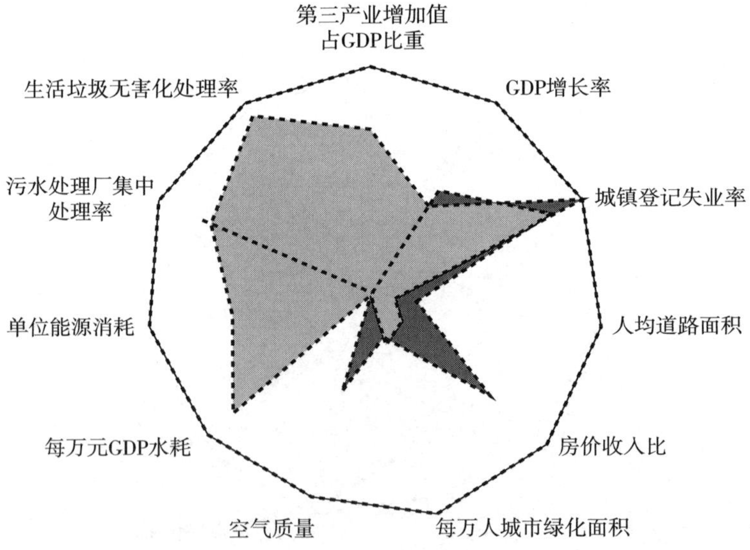

图 10　北京可持续发展指标

（2）分类别比较

——经济发展

就经济发展而言，中国城市总体上优于研究内的西方城市：深圳（9%），北京（6.8%），珠海（8.5%），甚至中国城市的平均经济增长率（7.64%）也远高于巴塞罗那、纽约、巴黎、圣保罗和新加坡（均在2.0%～4.2%）。城镇登记失业率的分布与之类似，中国城市的失业率为1.4%～3.3%，而西方城市的失业率则高于4.8%，法国巴黎高达12.02%（见图11、图12）。

然而，服务业增加值表现出相反趋势，西方城市的表现略好（65%～83%），而除香港外的中国城市平均值为47.9%，其中深圳为60.05%，珠海49.54%，北京80.23%（见图13）。

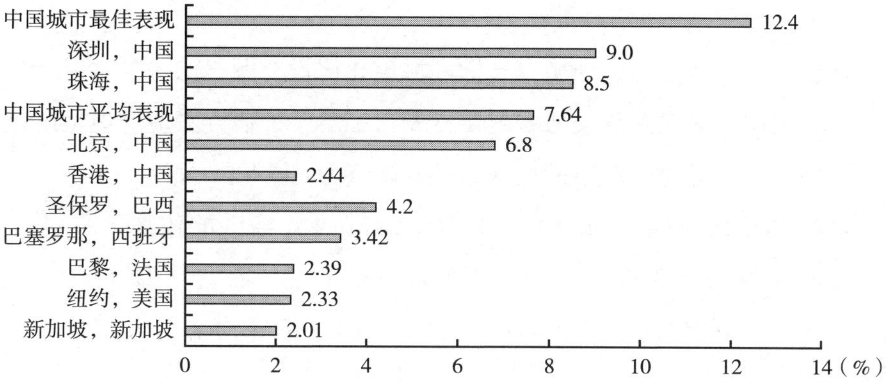

图11　各城市GDP增长率比较

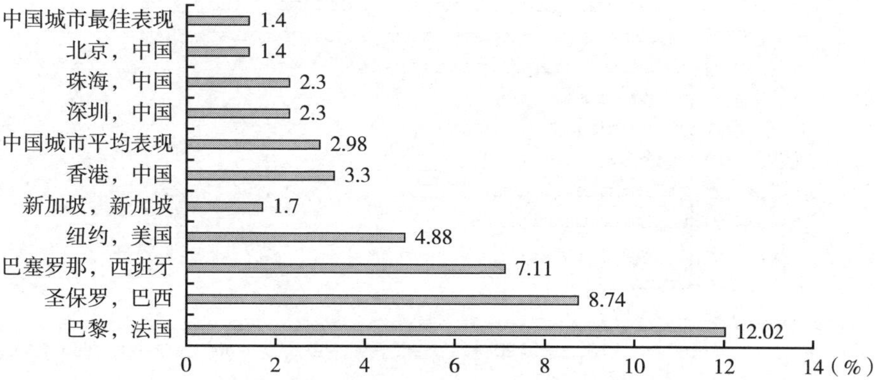

图12　各城市登记失业率比较

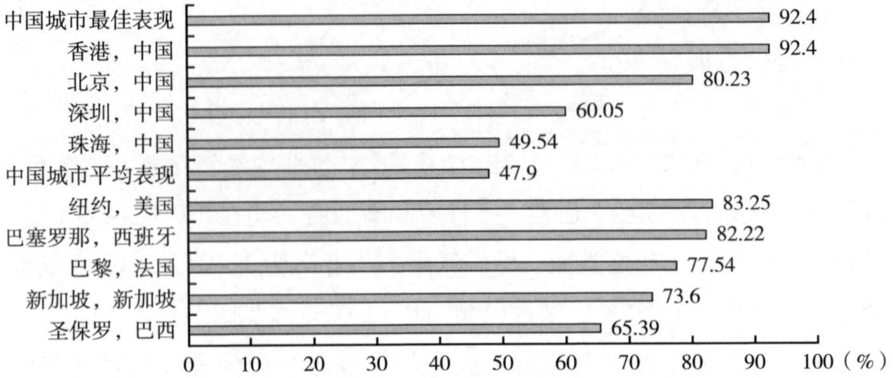

图 13　各城市第三产业增加值占 GDP 比重比较

——社会民生

社会民生分类中，中国城市与国际城市相比没有明显的差异。但无论如何，因各国或地区对道路交通状况定义及口径不一，研究者应谨慎地解释该指标，使之更好地反映城市的可持续性水平（见图 14）。

就居民住房可购买力而言，案例中所有西方城市的住房购买力均比北京、深圳和香港更高。其中，新加坡（0.11），巴塞罗那（0.11）和巴黎（0.14）的房屋可购买力甚至超过中国城市平均值（0.15）（见图 15）。

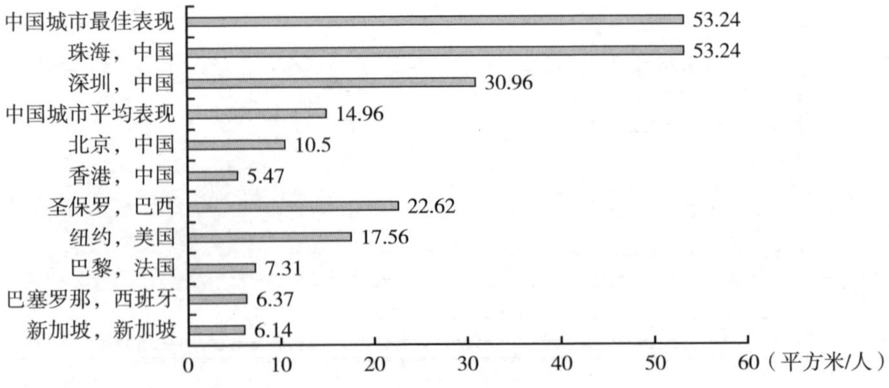

图 14　各城市人均道路面积比较

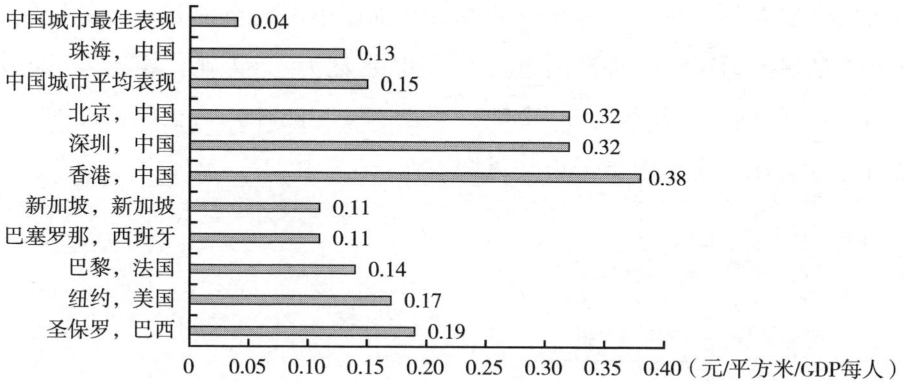

图 15　各城市房价收入比比较

——资源环境

中国城市人均绿地可用性的表现明显优于西方城市，中国城市的平均水平优于除新加坡以外的其他国际城市。然而，绿色空间可用性的计算和衡量方式在不同城市之间存在很大差异。其多数取决于计算中包含或不包含绿地属性、位置和拥有权（见图 16）。

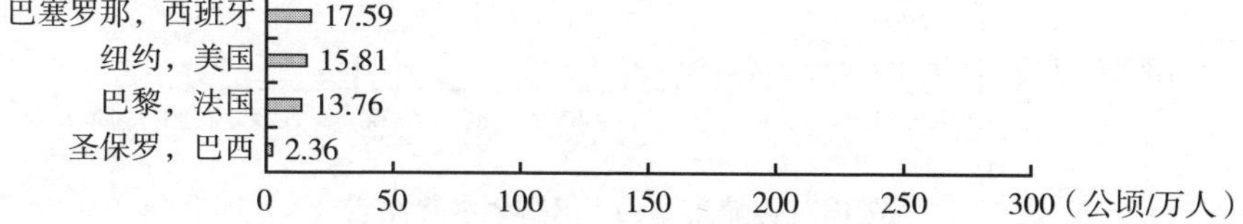

图 16　各城市每万人城市绿化面积比较

——消耗排放

就自然资源消耗和污染物排放而言，本文中多数西方城市的资源使用效率远高于中国城市，且空气质量优于绝大多数中国城市（见图 17）。除巴西圣保罗以外，所有西方城市的耗水量都比中国城市都要小。此指标中国表现最好的地区——香港的每万元 GDP 水耗为 4.94 吨，相比之下巴塞罗那为 0.02 吨，而纽约为 3.02 吨（见图 18）。此外，除圣保罗外的西方城市能源消耗远少于中国城市（见图 19）。

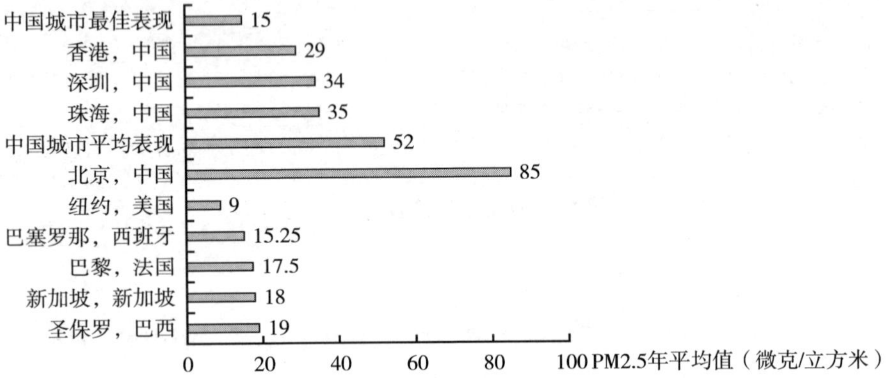

图 17　各城市空气质量比较

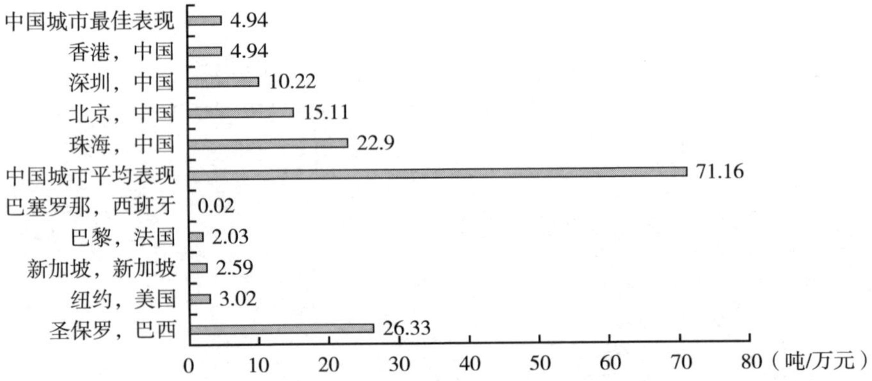

图 18　各城市每万元 GDP 水耗比较

——治理保护

从环境管理的角度看，中国城市和西方城市的表现非常相似。除圣保罗外的西方城市均已实现 100% 的生活垃圾无害化处理，同时中国城市也在逐步改善该指标。珠海、深圳和香港已经达到 100% 的处理率。然而，中国城

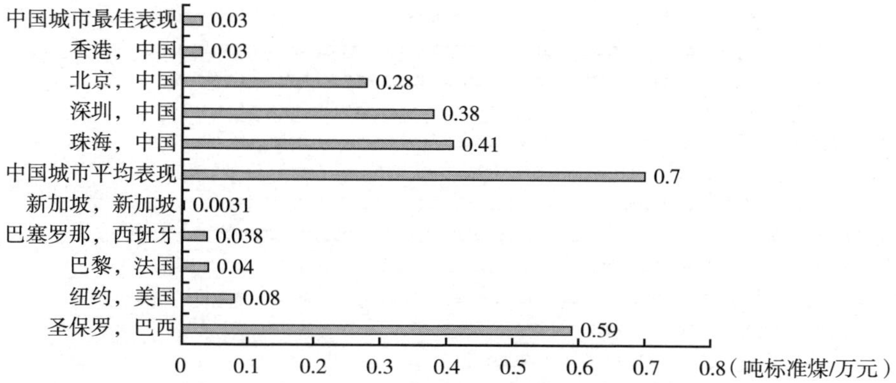

图 19　各城市单位能源消耗比较

市的平均值只有 97.4%（见图 20）。该指标中西方城市的表现与生活污水处理率相当。巴黎和巴塞罗那均已达到 100% 处理，而中国最好的表现为 99.94%。纽约（94.75%）和新加坡（93%）的污水处理厂集中处理率均排在深圳、珠海和香港（95.5% ~97.62%）之后，但在北京（87.98%）和中国城市平均值（89.93%）之前（见图 21）。

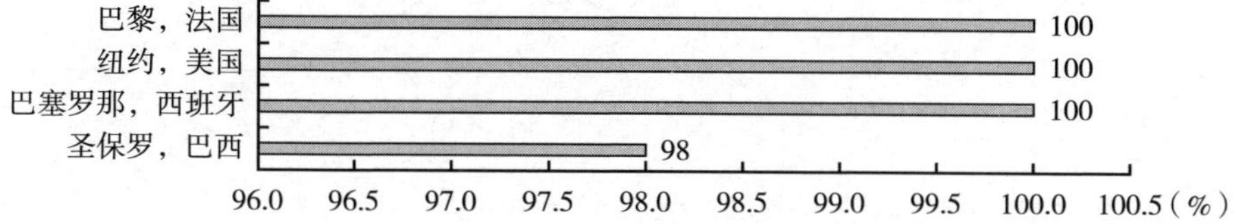

图 20　各城市生活垃圾无害化处理率比较

总体而言，中国城市在经济发展方面处于领先地位，而西方城市在资源利用、废气减排和环境治理方面表现更好。在环境资源和社会民生方面各城市无明显差异与趋向。

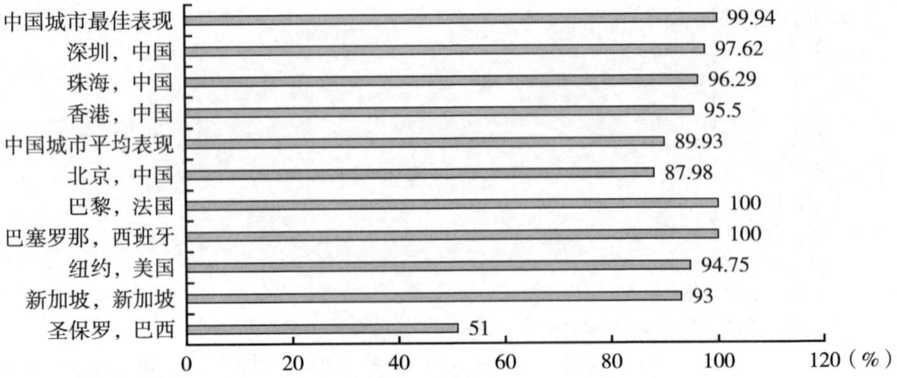

图 21　各城市污水处理厂集中处理率比较

案 例 篇

Cases

B.10

数据在线驱动“放管服”改革，“一云两端”助力政务服务转型

杨 军*

摘 要： 本文围绕“从政府供给导向转为民众需求导向”的指导思想，从深入分析互联网体验和互联网模式入手，以提升“互联网+政务服务”的用户和客户体验为命题，探讨如何才能实现政府服务的“精准化”和“移动化”。并结合浙江省“最多跑一次”的实践经验，仅从互联网理念这个角度，提出了“一云两端”的“互联网+政务服务”新理念。

关键词： “互联网+政务服务” 一云两端

* 杨军，阿里云研究中心战略总监。

一 “精准化”和“移动化”是“互联网+政务服务”最重要的用户体验

党的十八大以来，国务院发布了一系列的文件来指导和部署“互联网+政务服务”工作，各地区各部门认真贯彻党中央、国务院部署，深入推进“互联网+政务服务”，并初见成效。在这些文件中，“精准、便捷、平台、协同、民众需求导向、人民满意的服务型政府、让企业和民众到政府办事像‘网购’一样方便”是提到的一些“互联网味道”的关键词，只有把这些关键词理解透彻才能更好地推进“互联网+政务服务”这项工作。

今天的数字经济发展得益于智能手机的大规模普及，带来了民众在互联网上活动量的爆炸式增长，用户服务行为数据在互联网上快速沉淀，因此只有在移动端提供便捷的政务服务体验，才能获得政府服务大数据的“源头活水”。2017 年，“双 11”成交额 1682 亿元，移动端占比 90%，支付宝、微信等移动 APP 更是形成了用户的移动互联网时代的标准体验，因此可以预见的是，“互联网+政务服务”只有赢得移动互联网用户们的口碑，才能实现成功的用户体验。

提供向互联网产品那样方便的办事体验将是“互联网+政务服务”的持续改进目标，“一网，一门，一次”只是围绕这一“用户体验”而必须要同时兼顾的三种服务提供形式。或者说，“互联网+政务服务”这个命题中最重要的一个问题就是如何利用互联网技术打造“互联网级”的政务服务体验。“一网通办”产品在服务端的体验决定了老百姓和企业在办事时“好不好用，爱不爱用，用的多不多”，或者说产品体验会直接影响到国家“互联网+政务服务”改革效果。

而当前网购、社交、导航、外卖点餐等互联网产品的产品体验有两个典型特征，一是服务的精准化，用户很容易就能找到需要的服务；二是服务的移动化，用户拿起手机就能获得服务，非常便捷。特别是在移动互联网时代的今天，移动端的体验更加重要。

因此，这种网购体验不仅要考虑网页端，更要注重移动端的体验；既要考虑到民众和企业的办事端，还要兼顾政务人员的办公端。由于政务人员是服务的主要提供方，从另一个角度上说，政务人员的体验更加关乎改革的效果。

从民众的办事端来看，除了网页端以外，利用像支付宝 APP 的开发经验及技术平台、人工智能、小程序、生活号等先进互联网技术可以实现“账户通，服务通，数据通，入口通”，打造智能、开放、体验流畅的全国政府服务的掌上办事平台。

从政务人员办公端和企业的办事端来看，需要一个安全的，工作生活分离的，跨层级、跨地域、跨系统、跨部门、跨业务的高效“智能移动沟通协同平台”，如钉钉，可以实现人员结构、日常沟通、办公协同和“一网通办”事项审批等模块在一个平台无缝集成，在方便快捷的同时大大提高了效率。

二　实现政务服务的互联网级用户体验的关键问题

既然互联网级政府服务体验的关键是“精准化”和“移动化”服务体验，互联网模式中的“网络效应”和“协同效应”对于成功构建政府服务的“互联网+”模式、平台和生态具有非常重要的借鉴意义，而数据实时共享、实现数据在线是这一切的基础。而基于“网络协同”的“数据智能”则是提升服务体验、实现“精准化”服务的关键。

如何利用互联网技术来打造“互联网级”的政务服务体验是“互联网+政务服务”的核心命题。“推动政务服务从政府供给导向向民众需求导向转变”“为建设人民满意的服务型政府提供有力支撑”和“让企业和民众到政府办事像‘网购’一样方便”等国务院文件中的“金句”背后，主线是围绕民众的需求提供更好的政府服务体验。这和互联网业内常说的“用户第一，体验为王”异曲同工。

因此，“互联网+政务服务”的本质是“互联网体验+政务服务”和

“互联网模式+政务服务”。互联网模式是实现互联网体验的路径，而互联网技术只是实现互联网体验、构筑互联网模式的技术工具。如何构建起网络效应和协同效应是“互联网+政务服务”平台模式成功的关键。机制设计者先界定政府服务平台机制和角色将非常重要。

此外，应借助社会化的“外场”建立与政府服务“前台、中台、后台”的“社会协同效应”。借助其他社会化的移动互联网APP的网络效应来快速将新群体“导流”到“互联网+政务服务”平台是一种可以快速见效的方式。“精准性”和“全量性”可以是“互联网+政务服务”当前的主要目标，其中事项搜索的体验很关键。

平台除了关注事项搜索体验外，还需要考虑到“互动”和“协作”的子产品的全流程的体验。例如在事项办理过程中，“支付宝”可以解决支付问题，钉钉可以解决沟通和协同问题。“互动”和“协作”的子产品也要作为政务服务平台的重要组成部分而被充分考虑。用户体验既要考虑到民众和企业的办事端体验，更要兼顾政务人员的办公端体验。同时“互联网+政务服务”只有赢得移动互联网用户们的口碑，才能实现成功的用户体验。

三 浙江省“互联网+政务服务”的实践与启示

2017年浙江省实现省级办件量前100项高频事项的数据共享，涉及人社、建设、地税等26个省级部门、32家数源单位、161类数据、70多亿条数据。借助阿里政务云平台的整体架构以及数据共享顶层设计的能力和经验，打破信息孤岛，实现数据共享，完成了“一窗受理、集成服务”的目标。

举例来说，民众买房的不动产登记，原来由于各部门数据不互通，需要跑国土、房管、地税三部门，准备三套材料，最少需要一天，现在只需要一次取号、一窗受理、60分钟领证。对于企业而言，原来开一家KTV，需要跑文广、环保、消防、卫生、公安、市场监管6个部门6个窗口，现在只需跑文广一个窗口，就可以拿到所有证照，审批时间从100天提速到30天。

从数据共享的角度来看，依托于统一的政务云平台，2017 年浙江省实现省级办件量前 100 项高频事项的数据共享，将人社、建设、地税等 26 个省级部门、32 家数源单位、161 类数据、70 多亿条数据汇集到统一的数据共享中心（见图 1）。自 2017 年 5 月以来，省政府提供 13500 余个共享数据项，支撑 54 个省级单位、131 个市级单位和 595 个区县级单位的 12773 项数据共享请求，实现了数据在线提供服务。

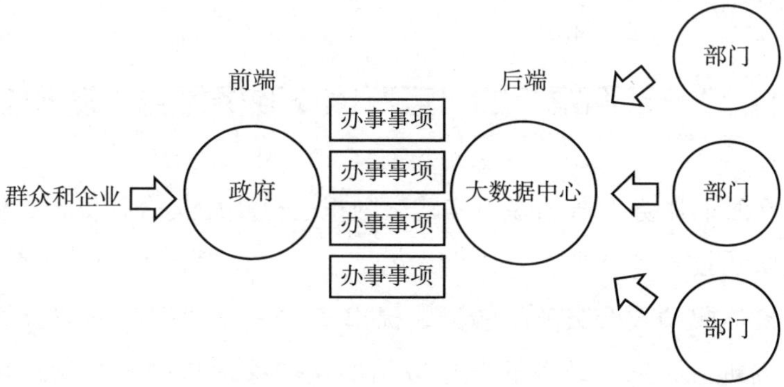

图 1　浙江省“互联网 + 政务服务”的实践：一窗受理、集成服务

从用户服务角度来看，民众可以从政务网站和 APP、支付宝城市服务、线下办事大厅等多种渠道方便、快速地获得政务服务。仅 2018 年以来已通过快递送达证照 1022 万余本，初步测算为群众累计节约近 1000 万小时的等待和跑腿时间；办件日均 10.5 万余件，网上申报比例超过 30%。完成了涵盖 66 个省级有关单位（包括政府部门和国有企事业单位）约 1.7 万个字段信息的汇聚整合工作。覆盖了 2081 个政务站，省、市、区县、乡镇、街道村五级站点的即时业务咨询。在缴费方面，执收单位系统超过 44 家，代收机构共有 16 家，共计收缴财政资金逾 122.4 亿元，日缴费人数峰值逾 25 万人次。浙江省可信电子证照库建设以可信电子证照为支撑实现“一次生成、多方复用，一库管理、互认共享”。

从政务办公端来看，钉钉是最多跑一次的重要抓手和平台，2017 年 5 月浙江全省政务上钉钉，上了中国政府网的页面。截至 2018 年 9 月，浙江全省100万政务人员实现业务在线，全面进入协同办公的移动互联网时代。

浙江能够在全国率先实现“最多跑一次”，重要因素是一直以来“一把手”的亲自主持和高度介入。“最多跑一次”由浙江省委书记车俊提出，由省长袁家军亲自指导，提出“打破信息孤岛实现数据共享”的破题目标，加强对“最多跑一次”事项梳理、数据共享体系建设、项目过程管理的顶层方案设计。同时，以政策手段整合政府资源配置，全力保障最多跑一次改革的强势推进。

四 “一云两端”的“互联网+政务服务”新理念

基于在政府服务领域的多年实践，阿里巴巴集团集合阿里云、钉钉、支付宝等团队的技术和产品能力，充分运用互联网技术和数据治理经验，通过发挥数据价值驱动政府服务的转型，提出了“一云两端”的“互联网+政务服务”新理念，助力政务服务达成精准化和移动化的互联网级用户体验（见图2）。

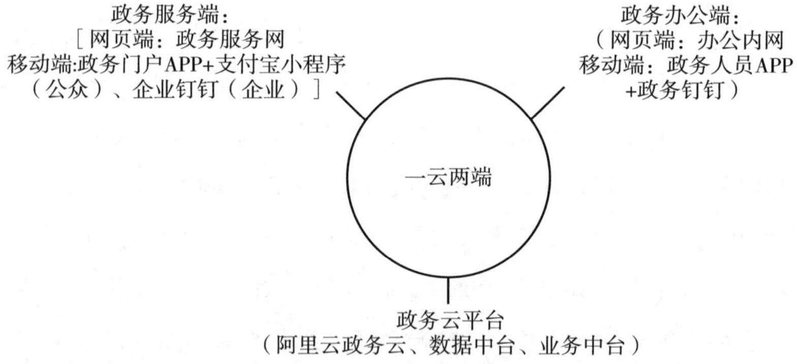

图2 “一云两端”的“互联网+政务服务”新理念

其中，“一云”是指依托统一的政务云平台构建起统一的公共数据共享体系，其中包括数据中台和业务中台，“数据中台”是全国政务服务的“唯一数据权威中心”，是政务服务事项数据的第一来源，也是事项办理完成后数据的第一更新点。“业务中台”是全国政务服务平台上服务于各部委、地方部门的事项支撑系统。通过统一的政务云平台，依托经过“双 11”高并发实战检验的互联网中间件技术能力，用标准化的数据和事项业务模块，为政务服务端和政务办公端提供因数据访问支持和业务流程变化引起的应用快速变更和维护。

政务服务端包括民众服务端和企业服务端，在数据层面打通政务服务网、政府服务 APP 或者企业钉钉，以及支付宝小程序等其他社会化 APP 的服务端。政务办公端主要是政务人员审批端，将事项审批与公文流转、日常办公环境无缝打通，以“一网通办”为契机，让政务人员的办公信息化系统全面跨进移动互联网时代。

两端尤其要注重移动互联网端的体验，让民众、企业人员可以“随时办，随身办”，让政务人员可以“随时批，随身批”。提升“一网通办”事项的处理效率。

五 结语

“互联网 + 政务服务”的本质是“互联网体验 + 政务服务”，“互联网模式 + 政务服务”，而不是“互联网技术 + 政务服务”。互联网技术只是实现互联网体验，构筑互联网模式的技术工具。

“网购”式政府服务体验的精髓是“精准化”和“主动化”服务。互联网模式中的“网络效应”和“协同效应”对于成功构建政府服务的“互联网 +”模式、平台和生态具有非常重要的借鉴意义。而基于“网络协同”的“数据智能”则是提升服务体验，实现“精准化”服务的关键。

只有政务服务平台上的多角色之间产生复杂的互动和协作，平台才能良性发展，越来越完善就能吸引越来越多的用户和角色，这种正向反馈的循环，如同巨大的飞轮，初始启动非常艰难，需要持续不断地努力推动，飞轮开始旋转很慢，但会越来越快，飞轮快速旋转时，只要一点点推动，就会产生巨大的效果。这种“飞轮效应”将不断提升平台的服务体验水平，驱动我国的“互联网 + 政务服务”不断前进。

2018 年两会，“最多跑一次”改革已经被写入政府工作报告。可以预见，各省市将加快推动电子政务信息系统资源整合和开放共享，全面建设公共数据平台，推进政府“放管服”改革进程。大数据、云计算将成为推动政府服务转型不断深入的数字引擎，“互联网 + 政务服务”也将在不同地区不断摸索、实践，向政府、社会、企业三者共生共赢的生态未来迈进。

B.11

城市大脑：探索“数字孪生城市”

杨军　田丰*

摘　要： 阿里云 ET 城市大脑创造了一个城市治理的“操作系统”，能够汇集和计算整个城市的全局和多源的数据，让全世界的城市治理至此迈入了数据“升维”时代。ET 城市大脑通过整合已有的智慧城市系统的数据，利用部署在云端的机器智能技术，就能够让城市管理者拥有世界一流的智能治理能力，城市的智能水平不再受限于硬件（例如摄像头、传感器）。这也是 ET 城市大脑对传统的智慧城市建设方式最本质的变革。ET 城市大脑是一个开放的协作平台。未来，基于城市全量数据的开放平台，集合全社会更多方的力量和智慧，一定会诞生城市治理的“超级应用”。

关键词： ET 城市大脑　阿里云　城市治理　数据智能　智慧城市

早在 2016 年，习近平总书记就在中共中央政治局第三十六次集体学习时明确提出：“我们要深刻认识互联网在国家管理和社会治理中的作用，以推行电子政务、建设新型智慧城市等为抓手，以数据集中和共享为途径，建设全国一体化的国家大数据中心，推进技术融合、业务融合、数据融合，实现跨层级、跨地域、跨系统、跨部门、跨业务的协同管理和服务。”时至今日，敢吃人工智能“螃蟹”的第一批“数字孪生城市”已经借助阿里云 ET

---

* 杨军，阿里云研究中心战略总监；田丰，阿里云研究中心主任。

城市大脑实现数据共享、数据共创、数据自动控制的互联网模式，苏州、杭州、萧山、衢州、乌镇、余杭、上海、吉隆坡等创新名城踏上了“人工智能高速公路”。

一　科技浪潮重构城市经济体

中国的城市化与美国的高科技发展将是深刻影响21世纪人类发展的两大主题。

——诺贝尔经济学奖获得者　约瑟夫·斯蒂格利茨

人类文明历史上，每一次科技大爆发都会重新决定全球城市的经济排名。工业革命时，河流沿线的人类城市演变为工业资源聚集地，世界中心是英国的曼彻斯特、利物浦、格拉斯哥等十万人口的城市；电力革命时，输电网沿线的人类城市形成电气资源聚集地，世界中心迁往美国的纽约、芝加哥、费城、底特律、洛杉矶、波士顿、匹兹堡等百万人口大都市；当今的信息革命，互联网骨干网沿线的人类城市是数据资源聚集地，约瑟夫·斯蒂格利茨说对了一半，世界中心正在向中国的北京、上海、杭州、深圳等千万人口超大城市转移，城市拥有的计算力总量决定了数字经济发展的排名与潜力，反之经济衰退则会引发“城市收缩”现象（麦肯锡预测2015～2025年，发达国家约17%的大城市和全球约8%的城市其人口会收缩下降）。

城市既是“资源高地”，又存在“效率洼地”。党的十九大报告中指出，我国社会主要矛盾已经转化为人民日益增长的美好生活需要和不平衡不充分的发展之间的矛盾。亚里士多德说：“人们来到城市是为了生活，人们居住在城市是为了生活得更快乐”，但历经数千年的发展，国人深切感受到交通拥堵、生活不便、环境恶化等城市之“痛”。人口高度集中进一步加剧了城市公共资源的供需矛盾，为城市治理者带来日趋严峻的种种挑战。我们的城市“生病”了，交通拥堵、环境污染、治安违法等问题饱受市民诟病，其中交通成为所有城市的通病，浪费了市民大量的时间与石油能源，面对就业与居住空间分离、超大规模路网、复杂的车流变化，以人力为主的交通管理效率成为制约整个城市发展的短板，因为我们如何塑造城市，城市就如何塑造我们。

二　智慧城市的“智商”不足

人类用了5000多年的时间，才对城市的本质和演变过程有了一个局部的认识，也许要更长的时间才能完全弄清那些尚未被认识的潜在特性。

——美国社会哲学家　刘易斯·芒福德

图1　硬件过度建设，全局数据智能不足

近20年来，智慧城市建设花费巨资，却没有根治“城市病”。我们以智慧交通为例剖析当今遇到的三大挑战。

1. 智慧城市第一难是“数据多效果少”

大数据时代城市治理的挑战在于海量公共数据与全局管控效果之间的矛盾，城市中的环境、设备、市民日夜不停地产生活动数据、环境数据（环境传感器、城市摄像头、电磁线圈）等，在线上再造了一个镜像般的“数字孪生城市”，但人类监管者却无法一目了然，靠人力很难深入理解城市“数据海洋”下隐含的真实交通需求。从实时治理交通、解决社会问题的良好愿望出发，“交通人治”模式往往会陷入“硬件建设—交通拥堵”的怪圈，国内很多城市为了提升交管、治安、环保能力，每年铺设大量摄像头、线圈等硬件设施，一个城市的全部摄像头记录的视频数据量，相当于1000亿张图片，一个人要看完所有视频需要100多年，海量视频数据都在“沉睡”，能被监管者查阅的不到10%，而且不同监管部门硬件的重复建设导致数据孤岛越来越多，但却无法及时保障每一位市民的出行安全与体验。

2. 智慧城市第二难是“单点强而全局弱”（俗称“打地鼠”问题）

在复杂多变的交通网络中，安装单点智能摄像头、智能红绿灯属于治标不治本，拥堵路口、治安事件会动态转移到附近路段，老问题产生新问题，怎么都管不完、治不好，市民的全局出行效率并没有得到整体提升。单点数据分析往往带来“近视眼”问题，幸好云计算让全量数据实时融合，大规模网络模型运算成为每个城市用得起、用得好、用得爽的互联网技术，既保证个体效率要求，又避免城市中出现整体运行效率瓶颈，在局部应急和全局最优之间找到决策平衡点。国内的交通灯“单点优化”已经遇到效能瓶颈，大规模全局交通优化是全球业界公认的发展方向。

3. 智慧城市第三难是“科技新落地少”（俗称“知易行难”问题）

人工智能等高新技术的城市化推广，像多米诺骨牌一样触发城市管理存量系统和现行执法流程的系列改变，单一技术厂商、单一软硬件产品正在形成新的“科技孤岛”，因此数字化创新技术的“开放性”是城市转型升级的成败关键。一方面“云原生”（Cloud Native）应用服务商让现有的系统平滑迁移；另一方面互联网级数据开放平台、PB级数据治理体系让全球更多的生态伙伴、产业极客加入进来，遵守同一个开发标准实现迭代创新、融合创新、群体创新。封闭技术落地难的一个反例是，时髦的“人脸识别”技术在交通场景中适用范围小推广难，路面摄像头都安装在 6 ~ 12 米高的灯杆上，加上天气环境因素、摄像头分辨率不高，单一产品改造对行人识别难度很大，如采用手持设备刷脸识人，又会回到警力紧缺、人海战术的老路上，仅解决一个单点问题无法根治错综复杂的“城市病”。

中国城市化飞速发展，为公共服务管理水平带来日益复杂的综合性挑战。过去二十年，中国城市投资超过 5000 亿元建设的传感网络已经领先全球，但硬件重复建设、单点功能微改良带来的“治标不治本”问题愈演愈烈。不堪重负的中国城市如同一个四肢发达、头脑简单的“植物人”。展望未来，中国的城市化发展让“城市加密”（提升密度）成为必由之路，2016 年发布的《世界城市报告》指出，未来 20 年全球发展中国家的城市，每年都会新增近 7500 万人口，为了满足这些人的需求，城市的规模、密度、复杂度将持续上升，若想在如此多变的挑战中创新突破，实现广大老百姓期盼的“生活不费心，出行不费脑，城市有温度”，众多国内上一代智慧城市急需升级到“最强大脑”。

三 “城市大脑”浪潮的去伪存真

> 一座城市就像一朵花、一株草或一个动物，它应该在成长的每一个阶段保持统一、和谐、完整。而且发展的结果决不应该损害统一，而要使之更完美；决不应该损害和谐，而要使之更协调。
>
> ——埃比尼泽·霍华德《明日的田园城市》

最和谐的城市是次优的设计加上全局最优的运营。

一个城市最具战略价值的资源，不是房地产、不是税收、不是人口，而是数据。在互联网时代，数据是政府的治理依据，更是政府与每一位市民之间的感情纽带。正如习近平总书记所说，城镇化是一个自然的历史过程，涉及面很广，“越是复杂的工作越要抓到点子上，突破一点，带动全局”，而数据会告诉我们哪一点是关键突破口。

城市治理本质上是网络协同。人类有史以来最大的产业协同网络不是诞生在第二次世界大战，而是在“双 11 购物节”中实战进化而生。2017 年，零售业的“最强大脑”为全球 225 个国家和地区的数亿名“剁手党”，协同 177 家各国物流企业，精准交付了 8.12 亿个物流订单。由此孕育出的大计算、大数据、大智能的“科技红利”，从互联网产业溢出，致力于彻底解决有限人力条件下的交通运输难题。在十多年互联网科技实战基础上，针对现代城市中的复杂挑战，阿里巴巴集团整合阿里云大数据与智能计算团队、达摩院视觉计算团队、高德出行的三大核心科学家团队，研发出具有全球领先水平的阿里云 ET 城市大脑。

为什么说城市大脑是世界领先的中国原创黑科技？

城市大脑是阿里巴巴集团普惠科技群的“制高点”，以阿里云的弹性计算与大数据处理平台为基础，结合机器视觉、大规模拓扑网络计算、交通流分析等跨学科领域的顶尖能力，在互联网级开放平台上实现城市海量多源数据收集、实时处理与智能计算系统。什么样的 AI 才能被称为真正的“城市大脑”？衡量标准有三条，一是能够实时处理人所不能理解的超大规模全量多源数据（整体认知），二是能够洞悉人所没有发现的复杂隐藏规律（机器学习），三是能够制定超越人类局部次优决策的全局最优策略（全局协同）。与之相反，局限于单一资料来源、只卖设备不懂业务场景、数据实时处理规模存在上限的“伪城市大脑”则会给城市带来更多复杂性风险。

当城市发展遇到数据科学家，改变世界的科技产品就诞生了。在城市大脑的背后，聚集着众多全球顶级的阿里巴巴数据科学家团队。例如 IEEE Fellow 华先胜老师领导的视觉计算团队，获得行人检测、车辆检测、行人再识别三项世界纪录。三篇城市大脑视觉计算的技术论文同时入选国际顶级学术会议——国际计算机学会主办的第 25 届国际多媒体会议 ACM Multimedia，包括交通实时状态制定和预警算法、人工智能识别及信号控制系统、跨摄像头搜索技术。阿里云首席机器智能科学家闵万里于 2011 年在顶级交通期刊 *Transportation Research Part C* 上发表关于在动态拓扑网络下进行速度预测的文章，成为该领域引用次数最多的文章之一（388 次），奠定了阿里云 ET 城市大脑交通网络计算的基础。

四　“城市大脑”的四种超能力

城市是巨大的自然现象，超过了我们改变事物的能力，也超过了我们所能了解的关于应该如何去改变城市的知识。

——美国人本主义城市规划理论家　凯文·林奇

城市数据远远超过人类的认知能力，ET 城市大脑成为人类认知城市、改造城市、运营城市的强大助手，拥有超越人类的四种“超能力”。

因为拥有全面、全量、实时的多源大数据，所以阿里云 ET 城市大脑具有以下四大超能力。

1. 超能力一：机器视觉认知能力，提升城市视频数据价值与感知能力

第一，全面识别路况，“百事通”全景认知。城市中很多路面下埋藏的地磁线圈年久失修，部分区域故障率高达 50%，这些“传感盲区”，路面摄像头获得的视频数据就成为重要的感知手段。有别于业界产品只能识别行人（或车牌），不需新增路面设备，城市大脑通过接入所有主流厂商的摄像头、传感设备，在不同视频质量、光照、天气、夜晚等实战场景中，能够根据细节差异快速有效识别出人、车、事（故）、物，此项技术名列 KITTI 全球视觉计算排行榜第一名。这项超能力让没有智能芯片的传统球状摄像机具有了云端读懂“万物”的能力。

第二，全量视频激活，“算无遗策”全局视野。一个城市数万路摄像头传输的视频流，在阿里云弹性计算平台上，全量分析而无遗漏，突破人力巡查无法覆盖的全城“盲点”“沉睡数据”，以算法自动监控全量数据，是对警力资源最大的释放，是雪亮工程的神助攻。

第三，实时分析事件，“秒懂”安防闪电战。依靠阿里云强大的流计算

图 2　城市大脑天曜产品：下雨等特殊天气路上人车事物识别

技术、视觉计算加速等独门秘籍，实时分析全城视频数据流，一旦发生交通事故、治安事件，城市大脑向交警总队“秒级报警”、红绿灯策略动态制定、车流诱导（高德导航），城市大脑保障每位市民安心出行。

2. 超能力二：全量数据平台建设能力，提升城市“数据密度”与“微粒管理”水平

一朵城市云极大地降低了数据资源共享流通的成本，在“十一五”“十二五”多年建设基础上，终于建立起统一共享的“数据中台”（城市数据资源平台）、一体化“数据语言”（城市数据定义与标准），帮助政府主管部门向公共服务产业生态圈开放。借助经过“双 11”实战检验的 EB 级数据实时计算能力，城市大脑首次实现了上百 PB 数据的在线存储以及每日 PB 级

图3　阿里云城市大脑“视觉计算加速”技术

别的计算吞吐能力，计算请求响应时间控制在3秒以内，实时数据接入延时低于200ms，以超高密度数据平台支撑城市精准运营。

第一，共享平台打通数据孤岛。目前杭州城市大脑已经打通9个网络、50多个业务系统，快速整合了互联网交通数据、交通设备检测数据、政府部门数据和摄像头视频等近1000PB的数据，日新增约12PB，80%以上都是实时数据。

第二，数据标准汇聚生态渠道，包括数据汇聚、数据模型、质量评价、数据应用等一系列城市大数据建设标准规范的建立，为城市大脑生态中的跨渠道的多源数据融合分析奠定前提基础。

第三，数据模型建立指标体系，将汇聚后的数据按5个层次、6大主题、8大中心进行了信息整合和融合分析，构建了一套包含500多个指标的城市大脑指标体系，既能实时刻画城市交通全局态势，又能支持车道级别的精准管控，并为城市交通的历史规律分析提供数据基础。

第四，数据工具配套数据治理。数据资源平台提供历经互联网实战检验的一整套大数据服务组合，包括数据集成、数据开发、数据质量监控、数据资产管理、血缘分析、数据服务等全球领先的大数据技术产品，为海量数据开发和全城协同治理提供强有力的工具支持。

3. 超能力三：交通网络协同与交通博弈预测能力，大规模动态拓扑网络下的实时计算

第一，城市动态路网的“蝴蝶效应”分析能力。构建大规模城市交通网络扰动模型是很多交通干预手段的先决条件，比如在拥堵路口的某个方向加大或者减少放行，会对交通网络的其他环节产生什么连锁反应与潜在影响，例如交警制定交通干预措施后，城市大脑能够根据实时路况准确预测未来网络状态的演化过程，帮助城市管理者获得更优决策支撑与效果。这种超能力的技术挑战是由于全城路况瞬息万变、交通关系错综复杂，模型必须在很短时间内计算出全局影响结果，而城市大脑在网络传播结构设计、网络扰动快速收敛两方面均有技术性突破。

第二，紧急车辆的“聪明导航”，在充满不确定性的动态交通网络上实现精确路线规划。在城市应急避险场景中，紧急救助车辆（消防车、救护车等）对路线规划、全城调度的时间要求极为苛刻，例如在紧急救助响应时间方面，英国 8 分钟、纽约 10 分钟、新加坡 11 分钟，目前根据交通信息避开拥堵路段的简单路径导航方法，无法保证超大规模复杂路况下响应时间的稳定性与可靠性。计算过程本身复杂度非常高，面对由几十万路面节点（路口，红绿灯设施）组成的城市交通网络，网络规划算法的深度优化、阿里云的弹性计算能力必不可少，萧山城市大脑的实战效果很好，精准路线规划服务秒级响应，保障准时到达的成功率。

第三，全城 AIoT 实时协同，车辆调度与信号灯系统实现网络协同。交通信号的调解对实时交通状态的影响具有一定的滞后性。与信号系统协同计算，目的是让控制系统能够提前对交通流状况做好准备，逐步对交通状况进行调节以平稳过渡。以紧急车辆调度为例，如何让紧急车辆顺利优先通过，并最小化对现有交通流的影响，是一个混合优化问题。主要是数据的获取和预测，视频数据和轨迹数据经过融合之后用来获取交通排队参数和未来趋势预测。在计算上，综合考虑连续多个信号路口的运行状况和参数，推荐最佳的信号配时方案。经过在萧山的测试，在绿灯通过率高达 95% 以上的情况下，经过数据统计，对交通流基本没有

影响。

4. 超能力四：城市大脑开放平台能力，赋能全球互联网人才与城市数字经济产业带

第一，在城市大脑平台上举办数据大赛“筑巢引凤”。互联网时代，城市数据是一种越用越多、越用越准、越用价值越高的战略资源，城市大脑天然具有“开放、共享、共创”的平台基因，拥有取之不尽的“弹性计算”、即接即用的“数据底盘”、领先成熟的“公共服务百宝箱”，为可持续发展城市的数字治理、数字经济奠定基础。最近几年，阿里云与多地省市政企基于脱敏的公共数据集，共同举办“天池算法大赛”，包括中国“云上贵州”智慧交通大数据应用创新大赛、广东政务数据创新大赛、深圳医疗双高疾病天池 AI 大赛、苏州智能制造天池 AI 大赛、南京电力调度 AI 大赛等活动。

第二，开放生态能够真正解决城市全局治理问题。以城市的数据、城市的智慧解决城市的顽疾，事实证明，平台上的数据资源、城市的海量需求能够有效吸引全球高端技术人才“空降”本地，长期培育数据科技人才，加速孵化数字经济生态。杭州城市大脑开放平台上，银江科技与浙大中控合作，实时计算视频、线圈、微波、互联网的全景数据，让交警的交通管控经验与城市大脑的红绿灯配时策略优势叠加，在杭州市城区、萧山区、余杭区的实践中效果显著，信号灯配时全局优化、自动下发是领先产业的 AI 撒手锏。

第三，城市大脑生态圈持续孵化出“AI 领头羊”。城市大脑的开放生态会带动和培育更多厂商深度挖掘数据价值，促进当地 AI 产业升级。目前全国各地投身“数字孪生城市”建设的“AI 独角兽”厂商已达几十家，例如浙大中控、银江、易华录、上海电科、图盟、商汤、东方网力、中兴软创、大华、浙大网新、泰瑞等。“数字城市综合体”包括万象，仅靠一家公司不能推动，举生态之力，技术组合、软硬协同、服务丰富形成覆盖视频智能、数据智能、应用智能多层次的“城市大脑应用超市”。

五 “城市大脑”的五大应用场景

> 在每一个城市计划中必须将各种情况下所存在的每种自然的、社会的、经济的、文化的因素配合起来。
>
> ——国际现代建筑协会《雅典宪章》

阿里云 ET 城市大脑是按照城市交通体检、城市警情监控、城市交通微控、城市特种车辆、城市战略规划 5 大应用场景部署实施。依托于“1134”基础设施，统一城市数据资源平台，一体化信号灯控制，三大数据源（高德互联网数据、路面物联网数据、路面视频数据），四种视频服务（天耀、天鹰、天机、天擎）。目前已经帮助国内外多个城市地区（苏州、杭州、萧山、衢州、乌镇、余杭、上海、吉隆坡）完成向新一代数字孪生城市的转型升级，各地交管部门因“数”制宜，在城市数据资源平台上，与机器智能并肩作战，日日夜夜运营着一张有温度的城市交通协同网。

图 4 城市交通体征大屏

1. 应用场景一：城市交通体征检测，通过全量、全网、跨领域多源数据的汇聚与融合，完整量化城市“生命体征”，避免因为单一资料来源造成针对城市病“头痛医头，脚痛医脚”

城市就像人体，交通流量如同血液，如果人生病了，医生就会为患者做全面检查获得各项健康指标，根据指标值定位病灶、药到病除。杭州城市大脑对遍布全城的交通传感器、视频感知参数、公交车出租车、互联网导航数据进行多源融合，构成围绕交通量、拥堵指数、主干道速度、快速路速度、安全指数的五大“生命体征指标体系”，不同类别数据间取长补短、交叉验证，帮助交管部门摆脱“雾里看花”“盲人摸象”的困境，交通管理部门在翔实可靠的实时数据基础上，实时监测预警，快速执行“手术刀式”精准治理，避免牵一发动全身的连锁反应。另外，在丰富的历史数据基础上，城市大脑能够帮助交管部门透过数据洞悉早晚高峰期的市民主要通勤线路，从而优先保障“通勤大动脉”的出行效率，并通过城市大脑“公众服务板块”向各种公开渠道（例如高德）发布拥堵、引导消息，吸引市民选择效率更高的通勤线路，减少大面积交通冲突，提高全区域综合效率。

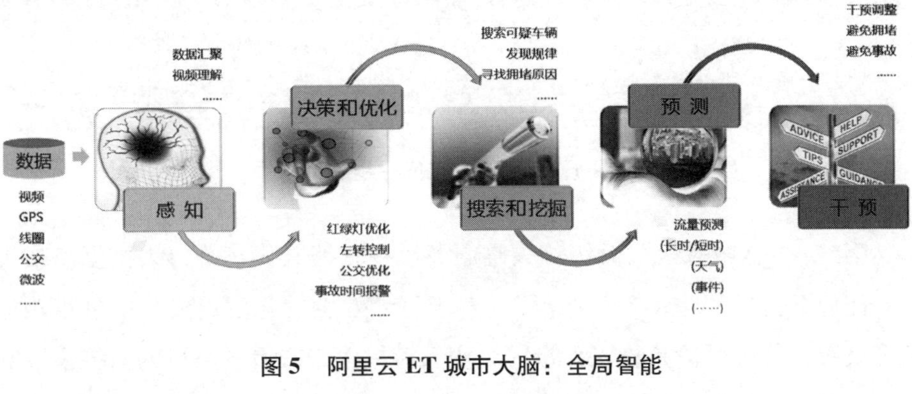

图5　阿里云 ET 城市大脑：全局智能

2. 应用场景二：城市警情自动监控，机器视觉让数据多跑腿，警员少跑腿

第一，“全城感知”升级：以机器视觉、互联网/物联网数据分析代替交警巡逻，检测交通事件。以杭州交警建设的城市大脑为例，交通数据中台广泛连接、共享分析四类城市大数据源：①高德等互联网实时交通数据，作

为决策基础；②路面视频数据，汇聚不同厂商摄像头全量视频；③路口地下线圈数据；④交警机构的卡口等数据。打穿政府部门间的数据孤岛、系统孤岛、决策孤岛，实现从“单点感知”到“全面感知”，从识别车牌到识别路面万物的智能进化，ET 城市大脑中的“天曜”产品如同一个“眼观六路，耳听八方，运筹帷幄于千里之外”的虚拟交警，用全城路网上 24 小时在线、360°观测的球机监控替代一线警力巡逻，实时报警全城交通事故，20 秒内识别出汽车走快车道、摩托车上高架、行人横穿马路等全部交通违法行为，甚至对多发路口的不合理交通规则进行优化，不增加任何外场设备，在复杂社会环境中实现精准布警、警力资源的可再生式发展（见图 6）。另外，全局感知带来全局智能，萧山城市大脑为赶赴伤病患者地点的 999 急救车开设一路绿灯的“生命快速通道”，恰到好处的动态路权精准分配，既是城市对交通正义的最佳体现，也是政府对挽救生命的极致追求。

图 6　天曜：全天候在线巡警

第二，“全城检索”升级：天曜服务以视觉搜索代替警力去挖掘海量视频，让涉案目标“主动现出原形”。对于每天发生的儿童走失、肇事车辆逃逸等报案，传统手段是投入大量警力用人海战术来查看各路口的监控视频数据，而 ET 城市大脑中的“天鹰”产品如一位“过目不忘，明察秋毫，全城寻踪”的在线福尔摩斯，具有世界第一的行人识别准确率（行人 Re-ID on Market1501 比赛），“天鹰”（96%）甚至超过了人类识别能力（94%），业界智能安防产品部署在 6～12 米高的路面摄像头上，根本无法看清人脸，只能看到头顶发际线，加上天气环境多变、摄像头分辨率较低，追踪行人误差很大，而阿里云在嘉兴、衢州的雪亮工程中，“天鹰”产品依靠行人、车辆、物体的全方位细节识别，首次在警务实战中实现“精准搜人”，对中国两亿老年人群体和老龄化社会具有巨大的公益价值（见图7）。

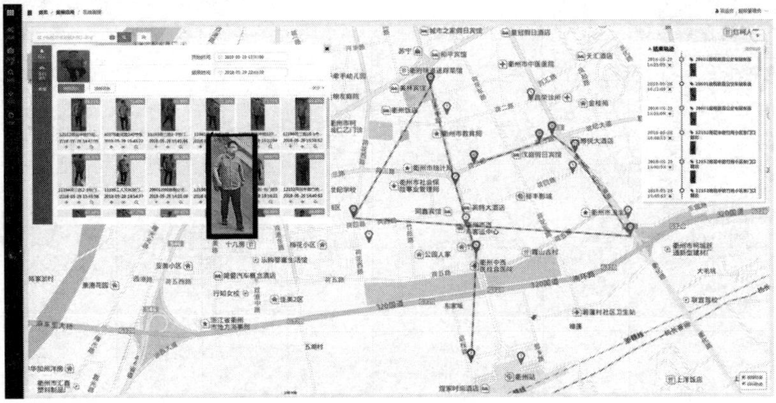

图7　城市大脑“天鹰”服务：走失人员全域视频追踪

第三，“全城预警”升级：以数据流预测车流和人流，精准预知交通拥堵并防患于未然。在苏州，城市大脑“天机”产品如同一位“以古推今，洞悉未来”的在线交通顾问，凭借城市交通历史数据，预判某个区域未来10分钟至1小时的交通态势，帮助交通管理在交通堵点出现前制定应急预案、提前实施交通疏导措施，根据社会性赛事演出活动、城市出行历史数据、天气数据预判特定时间段的交通状况（见图8），这项阿里云的独家绝技正在苏州落地。

第四，“全城创新”升级：提供大规模、高并发的视觉计算开放平台，承载天曜、天鹰、天机和第三方生态应用，汇聚大众智慧，解决百姓问题。作为城市大脑的“加速器”，天擎处理16个小时的视频仅用1分钟，实现“千倍加速”。平台包含视频接入系统、实时/离线计算系统与视觉搜索系统三大组件，以开放服务平台共享大规模视觉计算解决方案，交管机构能够使用多摄像头联动研判、跨摄像头合作分析、百万亿级图片以图搜图、高精度全覆盖抽取图像特征等丰富治理功能。

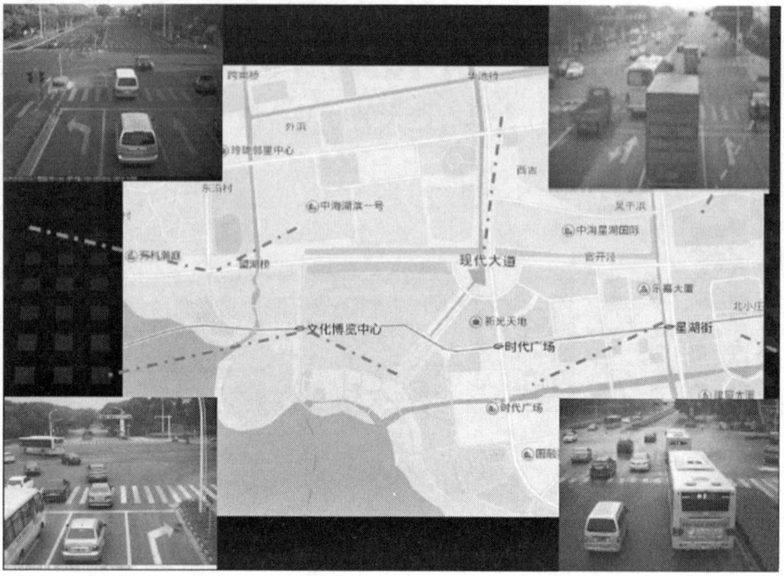

图 8　城市大脑“天机”服务：实时车流精准预测

3. 应用场景三：城市交通微控闭环，打通“大脑”“眼睛”“手脚”间的反馈控制系统，从多源数据出发，全局智能算法对全城大规模信号灯的精细化控制，是中国人工智能的又一创新

城市大脑走入实战，为每个城市的警务、政务机制带来了一次数据思维的革新浪潮。很多地方的传统流程是，坐在交警指挥中心的指挥员，发现警情后“喊麦”现场派警处置；而当杭州“城市大脑 V2.0”上线后，人机协同作战模式建立，大脑“自动巡检”率先发现警情，立刻与“最快双手”信号（红绿灯）优化配时平台联动，“最快双腿”TPTU 现场处置系统自动对接，自动推送警情下发至离现场最近的可用警力终端，“快感、快知、快处”的数据飞轮运转效率大幅提升。另外，多源数据的深度融合，提升了数据的可靠性和丰富度，避免单一来源数据的认知盲区和感知误差，实现“手脚脑”协同模式。上海城市大脑项目中实施区域路口红绿灯自动优化控制，为机动车、非机动车、行人各方动态分配交通道路资源，保证全局最优交通效率。例如，2018 年上海实施阿里云 ET 城市大脑后，浦西世博区的区

图 9　动态区域划分

域信号灯协调优化控制效果显著，使该区域的拥堵指数下降了 15%，出行时间减少了 8%。人车路权争夺也得到缓解，上海黄浦泛外滩区域的车辆与行人通行效率极不均衡，路口人车密集、不同时段行人过街时间差异很大，通过视频数据分析与信号灯优化方案，行人路口等待时间缩短 8.2%，车辆路口等待时间缩短 9.1%，做到“人车双赢”。在夜间场景中也存在效率浪费问题，南京路—四川路交叉路口，夜间车流极少，等红灯时间过长，实施动态信号周期压缩方案后，将夜间车辆等待时间缩短 14%。在早高峰场景中，西藏南路、河南中路等主干道，信号灯策略动态优化后早高峰车速提升 3.7%，晚高峰车速提升 8.6%（见图 10）。

4. 应用场景四：城市紧急车辆优先通行，将路权实时调配给最急迫需要的市民

人车路的全路径网络协同，意味着从业界常见的局部智能升级到城市大脑领先的全局智能，数据驱动的精准交通治理最终目标是服务于每一位出行市民，提升一座城市的安全感。

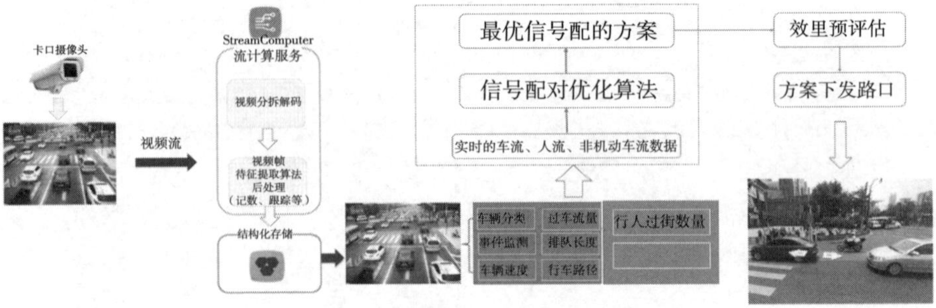

图 10　权衡行人、车辆路权的信号配时优化方案

在杭州市萧山区，城市大脑为需要急救的城市居民实时开辟一条“生命快捷通道”，城市大脑为救护车规划最优导航路径，对车辆到达下一个路口的时间进行秒级精准预测，“零时差”自动调控红绿灯，在“弹性绿波带”实际测试中，救护车从医院到病人事发地通勤时间缩短 50%，同时对城市正常交通流的影响非常小（见图 11）。2018 年即将上线的杭州城市大脑 V2.0 中，将会结合高德终端，为发起优先通行要求的紧急出行市民提供“一路护航”服务，交警审批通过，红绿灯配时方案同步高德导航，为每一位孕妇、每一位高考学生、每一位紧急通勤的市民保驾护航。这一受到市民广泛欢迎的生命直通车服务，正在从杭州萧山、马来西亚吉隆坡两座城市走出来，不久的未来将普及至全国 300 多个城市，让智能交通真正成为“生命直通车”。

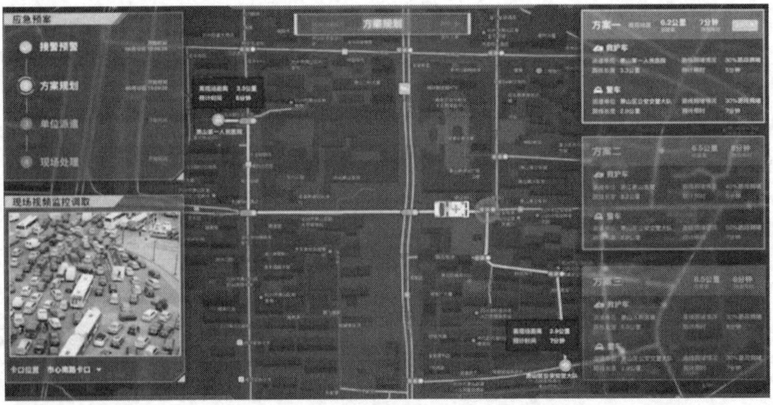

图 11　萧山应急车辆“绿波带”监控

5. 应用场景五：城市布局规划验证，以仿真数据模型在云端验证城市蓝图规划效果

中国城市的基础设施建设日新月异，大量老城改造与新城同期建设，当前住民的居住需求、未来城区发展重点、城市经济转型定位等需要面面俱到、审慎权衡、周到计划，城市大脑主动学习历史数据后得出“千城千面”的改造经验与社会规律，在云计算开放平台上通过数字孪生城市进行大规模仿真、推演、预测，定位分析未来城市运行中可能遇到的瓶颈问题与社会风险，帮助城市规划师迭代升级全局设计方案，真正实现 ODO（Online Driven Offline）的数字新城。

阿里云与中国城市规划设计研究院的合作充分体现了大数据和人工智能在城市规划方面的作用。借助数字城市规划平台，城市的建筑形态、道路、商业、企业、学校等数据被融合到一起，结合动态的交通出行、商业活动、人群密度等活数据，实时分析城市规划和管理对于城市整体发展参数系统的影响，人机互动模拟城市政策、愿景、效能等场景。结合城市的未来定位，实践面向城市日常运营的动态数字城市规划，推动多方合作共赢和公众参与，让城市发展目标更清晰，让城市生活更宜人，让城市生态更美丽。

六　新突破：城市大脑将开创利用数据资源治理城市的新时代

传统的智慧城市建设，大多是为实现一个个具体功能的单点或单域应用。城市管理者需要持续投入巨资部署大量视频摄像头、线圈和 RFID 等传感器设备，以及互相独立的信息化系统。由于这些单点应用的数据不能互联共享，又缺乏实时处理海量数据能力，采集到的大量数据都在沉睡，有些视频在存储一段时间后就被默默删除。城市日渐成为一个“眼睛”众多，但头脑简单的“生命体”。

如何解决资源与需求不匹配问题，实现资源优化配置，提升公共资源的利用效率，破解城市发展的这一困局成为全世界城市治理的一项时代使命。

让城市拥有一个真正智慧的“大脑”是每一个城市管理者梦寐以求的目标。

城市大脑并不靠增加摄像头等硬件资源，而是利用数据和部署在云端的机器智能技术，就能让城市管理者拥有世界一流的智能治理能力。这种城市大脑是面向城市数据的一个“操作系统”，以互联网为基础设施，汇聚城市的全量、多源数据，对数据进行实时分析，并在感知、理解、决策、搜索、预测和干预全流程应用人工智能技术，对城市运行进行全局的实时分析，高效调配公共资源。它将成为新一代城市治理的数据智能创新应用平台，并会带动区域大数据产业的蓬勃发展。

1. 理念突破：未来的城市大脑要突破传统的单点/多点智能应用的智慧城市建设模式，从而成为构建城市数据的“操作系统”。这种城市大脑让城市管理者从全局视角最大程度地发挥城市资源的潜能，让重复建设单点智能应用的城市治理模式成为历史。

2. 资源突破：未来的城市大脑要突破城市治理只能不断增加物理资源的发展模式，使数据升级成为城市治理的重要资源，让交通杆摄像头拥挤不堪的尴尬局面成为历史。

3. 架构突破：未来的城市大脑要突破过去不断升级摄像头智能能力的循环，转而在云端部署智慧能力。未来，利用一个普通摄像头就能达到一流的智能水平，摄像头不再是城市治理的瓶颈，让不断升级和替换摄像头的现象成为历史。

4. 技术突破：未来的城市大脑要能充分挖掘视频、传感器的数据红利，将机器智能应用到城市治理的全链路。实现对城市交通事件、事故全方位实时感知；基于全局视频资源的实时搜索快速定位特定对象；根据区域内的历史和实时视频数据，实时准确预测全区域未来的车流、人流情况；为城市管理者按需提供智能分析，在实际应用中不断提升智能分析效率。未来这种“全感知、底数清、动向明”的城市精准化管理，让传统的人海战术、漫无目的的辛苦巡逻、粗放治理模式成为历史。

5. 格局突破：未来的城市大脑要突破城市治理单领域规划、应用固化的困境，实施多领域协同治理，开创灵活扩展、多元复用的格局。也就是说，未来的城市大脑是一个真正以城市为单位的大脑，基于城市整体的发展需求，帮助管理者进行多领域策略优化和协同治理，这也是未来城市大脑最具革命性的创新。让过去各部门分头规划建设，基础设施重复投资，“只见树木，不见森林”的城市治理现象成为历史。

七　城市大脑保障安全宜居城市

城市大脑不仅赋予了城市管理者全局实时交通治理的能力，更带给所有市民能感受到的品质生活体验。

1. 社会价值一：节省市民出行时间总成本

时间是这个时代最稀缺的资源，第一时间感知路况、事故报警、拥堵分流，城市大脑看得快（机器视觉）、管得快（人机协同）、导得快（自动调控），是交警的好帮手。得益于城市大脑的实时报警、信号灯优化控制，杭州市下城区，中河—上塘路高架上车辆道路通行平均时间缩短 15.3%，莫干山路部分路段缩短 8.5%；萧山信号灯自动配时路段的道路平均通行速度提升 15%，平均通行时间缩短 3 分钟。2018 年五一小长假期间，高德 APP 将本地交管部门的权威车流诱导方案，精准发布到拥堵路线的过路车辆司机手机端，因此江苏高速、浙江高速等极度拥堵路段的车流量平均下降 29.7%，通行速度明显上升。

2. 社会价值二：为市民消除社会安全隐患

城市大脑的全局视频图像能帮助警察跨摄像头追踪犯罪嫌疑人。例如，2017 年初衢州市区发生一起车辆被盗案件，两位民警用时 6 小时调阅大量视频资料，在 4 公里范围内的 17 个点位视频发现车辆和嫌疑人。而当民警运用城市大脑对该起案件进行重新搜索，从检索车辆信息获取第一张盗取图片开始，仅用 18 分钟即锁定犯罪嫌疑人目标。另外，城市大脑对人流、车流的提前预测，使交警能够有针对性地设计应急预案、分流策略，有效避免踩踏等群体性事故的发生。在未来，城市大脑如同一个 24 小时可靠在线的“智能警察”，通过全城治安事件实时监测为市民带来有温度的关怀与安全感。

3. 社会价值三：营造更加文明的社会风气

利用城市大脑，衢州对公共场所监控视频中出现的不文明现象进行实时检测、抓拍，对于践踏草坪、非机动车占用机动车道、非机动车逆行等行为，在线推送到城市监管部门曝光，该功能上线第一个月，曝光近万次不文明现象，实施一个月后全城不文明行为数量下降36%，通过城市大脑用极低的人力成本，有效起到警示作用，提升全民文明风气。

八　城市大脑的明天

对于一个城市来说，最重要的不是建筑，而是规划。

——国际建筑设计大师　贝聿铭

在全局、实时大数据基础上，城市大脑为设计师带来神奇的“动态规划能力”。

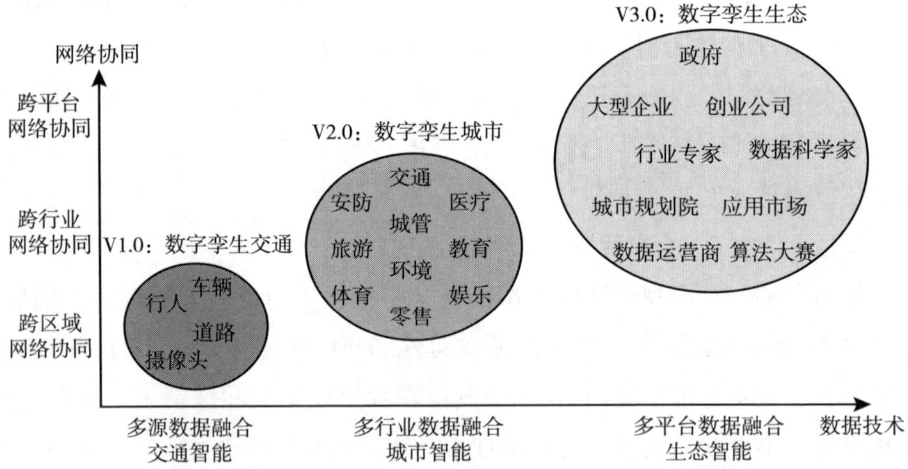

图12　城市大脑“三步走”

中国自主研发的城市大脑从交通智能网络协同向城市智能网络协同、生态智能网络协同演进发展，背后正是多元数据智能、自优化网络驱动数字孪生城市的换代升级。中国为全球城市治理提供了一个高效能的实践模式，协助新一代交管机构踏入机器智能时代，城市大脑就是未来城市的基础设施与操作系统。

城市大脑陪伴城市成长。2018 年 5 月 15 日，杭州城市数据大脑 5 年规划正式发布。截至 2022 年，杭州城市数据大脑持续释放数字经济潜力，在交通、平安、城管、医疗、环境、旅游、智慧亚运、移动办事等城市产业民生领域实现“全覆盖”。阿里云 ET 城市大脑被科技部选中成为国家首批四个人工智能开放创新平台之一，成为互联网时代中国科技对世界城市领域的重大贡献。

“未来有了大脑的城市，会拥有 100 万倍的数据，只消耗 1/10 的水和电。”阿里巴巴集团技术委员会主席王坚如此描述 2050 年的杭州，阿里云 ET 城市大脑的交通治理创新只是起点，更重要的是数据第一次成为一项城市新资源，为社会源源不断地产生价值，帮助人类解决仅靠人脑无法应对的城市发展问题。

160 年前伦敦第一次建设地铁，135 年前曼哈顿第一次建设电网，现在杭州第一次建设城市大脑，数字城市基础设施从云端走向世界，这是中国为子孙后代和世界带来的最好的礼物！

B.12

蚂蚁森林：地球上超过4%的人在手机里“种树”防治荒漠化

徐　笛*

摘　要： 未来的金融是绿色金融，未来用户生活方式是绿色生活方式。如果可以唤醒公众意识，让大家更加关注绿色环保和低碳减排，了解自己每天的行为和减排的关系，那么就会有更多的人采取环保行动。2016 年 8 月，蚂蚁森林给每个用户设立“个人碳账户”，用互联网方式将线上虚拟和线下真实结合起来记录用户的真实低碳行动。用户步行替代开车、在线缴纳水电煤、网络购票等行为节省的碳排放量，将被计算为虚拟的“绿色能量”，用来在手机里养大一棵棵虚拟树。虚拟树长成后，蚂蚁金服和公益合作伙伴就会在地球上种下一棵真树，或守护相应面积的保护地。蚂蚁金服相信，一棵树哪怕只给地球带来一点点改变，也是真实的改变，希望通过这样的激励机制来鼓励用户采取绿色低碳的生活方式。

关键词： 蚂蚁森林　绿色环保　低碳减排　个人碳账户　生态治理　全民参与

森林占地球表面的 30%，其作用除了保障粮食安全和提供防护外，还

---

* 徐笛，蚂蚁金服社会公益部总经理。

对抗击气候变化、保护生物多样性至关重要。全球每年森林面积减少 1300 万公顷，而土地不断退化则导致 360 万公顷的土地荒漠化。荒漠化为可持续发展带来了重大挑战，并影响到千百万人的生计和脱贫努力。联合国防治荒漠化公约 2018 年发布评估报告显示：到 2050 年，土地退化将导致全球经济损失 23 万亿美元，土地退化每年带来的损失平均相当于国内生产总值（GDP）的 9%，其中亚洲和非洲因土地退化遭受的损失为全球最高，每年分别达 840 亿美元和 650 亿美元。报告呼吁全世界重视土地退化带来的严峻挑战，并立刻采取紧急行动遏制土地退化势头。

蚂蚁金服认为，未来的金融是绿色金融，未来用户生活方式是绿色生活方式。如果可以唤醒公众意识，让大家更加关注绿色环保和低碳减排，了解自己每天的行为和减排的关系，那么就会有更多的人采取环保行动。2016 年 8 月，蚂蚁森林给每个用户设立一个“个人碳账户”，用互联网方式将线上虚拟和线下真实结合起来记录用户的真实低碳行动。用户步行替代开车、在线缴纳水电煤、网络购票等行为节省的碳排放量，将被计算为虚拟的“绿色能量”，用来在手机里养大一棵棵虚拟树。虚拟树长成后，蚂蚁金服和公益合作伙伴就会在地球上种下一棵真树，或守护相应面积的保护地。蚂蚁金服相信一棵树哪怕只给地球带来一点点改变，也是真实的改变，希望通过这样的激励机制来鼓励用户进行绿色低碳生活。

进入“蚂蚁森林”用户可以对自己每天的行为和减排的关系有更直观的理解，并通过线下真实种树让用户感受到自身低碳行为对地球改变的效果，继而鼓励用户产生更多低碳环保行动。目前蚂蚁森林已经涵盖步行，共享单车，线下支付，网络购票，网购火车票，二手回收，生活缴费，绿色办公，ETC 缴费，电子发票，国际退税，地铁出行，公交车出行，预约挂号，绿色包裹、车辆停驶、节能家电，旧衣回收，不使用一次性餐具等多个低碳场景。蚂蚁森林还应用遥感技术和人工智能勘查用户低碳行为种下的森林对环境的改变，在蚂蚁森林的页面里，部分地块可以实时看树，也可以透过卫星，查看自己种下的树给地球带来的改变。令人惊讶的是，这款非常有游戏属性的公益行动，受到了大家的认可。蚂蚁森林没有做什么广告，没有花钱做推广，基本靠的是口口相传。上线几个月，已经有超过千万用户参与。

环境问题将严重危害人类福祉，改善环境问题除了要依靠政府间协作和国家顶层设计外，更需要每个地球公民采取力所能及的行动，改变自身的高能耗的行为共同保护人类赖以生存的地球环境。尽管每个人都讨厌雾霾渴望蓝天，大多数人都愿意为减少雾霾做点事，但都很难坚持：因为个体的一次绿色行为，并不能直接影响这个世界。缺乏正向反馈的行为难以持久，这是人性。目前世界各国在环境问题上普遍存在"自下而上、行业热、民间冷"的尴尬，在全球环境行动中如何调动公众行动力已经成为全球性难题。蚂蚁森林调动的不是公众募款，而是前所未有地调动了社会公众的行动力，数亿人坚持着原来每个个体都难以坚持的低碳行为。每个人都可以利用碎片化的时间，表达社会责任感和对地球的善意。越来越多的年轻人通过蚂蚁森林改变地球的同时，也改变了自己。很多不能早起的年轻人开始习惯于早上 7 点起床收能量，他们说，"每天叫醒我的不是梦想，是蚂蚁森林"，当种成一棵树的时候，有人说，这是"二十年来的生命中，有一个被我赋予生命的第一物"，还有人说，"终于这个世界因为有了我的存在而有了点不同"。

蚂蚁森林在以下几个维度上改善着地球的环境：首先，蚂蚁森林鼓励用户选择绿色生活方式，如获得绿色能量较高的公共出行（相比于汽车）、网上缴费（相比于去营业厅）这些行为都能节能减排；其次，当一棵虚拟的树养成后，我们会和公益小伙伴在地球上种下一棵真树用于防治土地荒漠化。这些森林对地球具有很高的生态价值：一是防风固沙：目前蚂蚁森林项目实施地基本集中在我国的中西部，这些地区往往都是生态最为脆弱的荒漠、戈壁，蚂蚁森林可以减少沙子流动从而阻止当地荒漠化危害的蔓延，后续这些被治理风沙源可以有效降低上述地区及周边省份的沙尘暴发生频率。二是固碳产氧：蚂蚁森林的树种兑换基础就是不同树种的碳汇量，按照现有种植规模测算，预计已经种植的蚂蚁森林成林后累计固碳可达到数百万吨。三是水源涵养：蚂蚁森林项目在当地重建植被对改善水文循环过程、增加生态系统的水源涵养能力也有着十分积极的作用。四是生物多样性：修复生态系统为动植物提供了更好的栖息和生长环境，有助于当地生物多样性不断提高。

截至2018年5月底，蚂蚁森林用户超过3.5亿，累计种植真树5552万棵，种植总面积超过76万亩，守护3.9万亩保护地。蚂蚁金服和中国绿化基金会、阿拉善SEE基金会、亿利公益基金会、阿拉善生态基金会等公益合作伙伴一起，在内蒙古、甘肃等省份和地区种植及维护这些森林，正在通过公众参与的方式构建服务全球可持续发展目标的地球生态系统。

蚂蚁森林在种植沙生植物进行荒漠化治理恢复生态功能的同时，还通过自然保护地项目鼓励公众理解生物多样性公约并付诸行动。蚂蚁金服和桃花源生态保护基金会、安徽绿满江淮环境发展中心、山水自然保护中心等公益合作伙伴一起，在安徽洋湖、四川平武等地共守护3.9万亩保护地，通过带动超过千万人次“认领”支付宝里的蚂蚁森林保护地，帮助当地发展绿色产业。未来，蚂蚁金服还将携手更多合作伙伴，在保护生态环境的同时，共建经济生态，帮助贫困地区脱贫。

某种程度上，跟种下亿万棵真树相比，亿万人的真实行动更令人震撼。防治荒漠化的政府间协作、国家顶层设计之外，互联网用“自下而上”方式激励了全球超过4%的人共同助力2030年全球土地退化零增长目标的实现，成功打破了“行业热、民间冷”的尴尬，为公众参与全球可持续发展产生了十分积极的作用，也引发了国际社会的高度关注。

2017年1月，蚂蚁金服和联合国环境规划署在达沃斯世界经济论坛上正式启动绿色数字金融联盟，共同寻求推动全球可持续发展的新路径。联合国副秘书长、联合国环境署负责人埃里克·索尔海姆（Erik Solheim）看来，“全球2亿人、也就是世界人口的3%，正践行着绿色生活方式，他们可以用一种有趣且相互竞争的方式获取自身行为对环境影响的即时反馈”。2017年2月，联合国开发计划署（UNDP）发布碳市场报告指出，“蚂蚁森林以数字金融为主的技术创新，在全球碳市场有独一无二的实践意义，为世界输出了中国样本，用行动共筑全球命运共同体，展现了中国领导力”。2017年9月，联合国防治荒漠化公约（UNCCD）第13次缔约方大会（COP13）在内蒙古鄂尔多斯市举行，来自196个缔约方的正式代表参加了这场会议。会议期间，联合国副秘书长、UNCCD秘书处执行秘书莫妮卡·巴布（Monique

Barbut）试用了蚂蚁森林并对其赞不绝口。“我们特别惊喜地看见，蚂蚁森林能够聚起这么多人一同参与进来，实际量化我们在生活中做出的小小低碳改变。我们希望蚂蚁森林能够跟我们一起，让世界各地的朋友对可持续发展目标（SDGs）有更加深入的理解，并且付诸行动。”清华大学中国碳市场研究中心主任、联合国清洁发展机制执行理事会前主席段茂盛表示：“蚂蚁森林在促进普通民众的消费端减排方面迈出开创性的一步。为实现我国2030年左右碳排放达峰的目标，中国不仅需要来自各个行业等生产端的减排努力，也同样需要依靠普通民众在消费端的减排努力。目前，国内外均没有大规模个人碳减排方法学的统一标准。蚂蚁森林参与开创和优化的算法，不仅可以更科学地服务于全球最大的个人碳减排场景蚂蚁森林，在全球范围内也有重要的探索和实践价值。”

附　　录

Appendices

B.13 联合国2030年可持续发展议程

——可持续发展目标和具体目标

目标1. 在全世界消除一切形式的贫穷

1.1　到2030年时，在世界所有人口中消除极端贫穷，极端贫穷目前是指每人每日生活费不到1.25美元

1.2　到2030年时，各国按其标准界定的陷入各种形式贫穷的不同年龄段男女和儿童至少减半

1.3　建立适合本国国情的全民社会保护制度和措施，包括最低标准，并使其在2030年时在很大程度上涵盖穷人和弱势者

1.4　到2030年时，所有男子和妇女，特别是穷人和弱势者，都有获取经济资源的平等权利，并有权获得基本服务，拥有和控制土地和其他形式财产，获取遗产、自然资源、有关新技术和包括小额供资在内的金融服务

1.5　到2030年时，增强穷人和处境弱势者的抵御灾害能力，减少他们遭受极端气候事件和其他经济、社会和环境冲击和灾害的概率和易受其影响

的程度

1. a　从各种来源，包括通过加强发展合作，大力调集资源，为发展中国家、特别是最不发达国家提供适当和可预见的资源，以便执行消除一切形式贫穷的方案和政策

1. b　根据旨在帮助贫困者和顾及性别平等问题的发展战略，在国家、区域和国际各级制定合理的政策框架，协助加快对除贫行动的投资

目标2. 消除饥饿，实现粮食安全，改善营养和促进可持续农业

2. 1　到 2030 年时，消除饥饿，让所有人，特别是穷人和境况脆弱者，包括婴儿，全年都有安全、营养丰富和足够的食物

2. 2　到 2030 年时，消除一切形式的营养不良，包括到 2025 年实现国际社会商定的解决 5 岁以下儿童矮小和消瘦问题的目标，满足少女、孕妇、哺乳期妇女和老年人的营养需求

2. 3　到 2030 年时，实现农业生产力翻倍和小型粮食生产者，特别是妇女、土著人民、农户、牧民和渔民的收入翻番，具体做法包括确保平等获得土地、其他生产资源和投入、知识、金融服务、进入市场的机会以及增值和非农业就业的机会

2. 4　到 2030 年时，建立可持续粮食生产体系，采用能抵御灾害的农业方法，提高生产力和产量，帮助维护生态系统，加强适应气候变化、极端天气、干旱、洪涝和其他灾害的能力，逐步改善土地和土壤质量

2. 5　到 2020 年时，维持种子、种植的作物、养殖和驯养的动物及与之相关的野生物种的遗传多样性，包括在国家、区域和国际各级建立得到妥善管理的多样化的种子和植物库；促进根据国际社会的商定获取和公正公平地分享利用遗传资源和相关传统知识产生的惠益

2. a　通过加强国际合作等方式，增加对农业基础设施、农业研究和推广服务、技术开发、植物和牲畜基因库的投资，以增强发展中国家，特别是最不发达国家的农业生产能力

2. b　按照多哈发展回合规定的任务，纠正和防止世界农业市场上的贸易限制和扭曲，包括同时取消一切形式的农业出口补贴和起相同作用的所有

出口措施

2. c　采取措施，确保粮食商品市场及其衍生工具发挥正常作用，有利于及时获取包括粮食储备量在内的市场信息，以帮助限制粮食价格的剧烈波动

目标3. 让不同年龄段的所有的人过上健康的生活，促进他们的安康

3. 1　到2030年时，全球孕产妇每10万例活产的死亡率减至低于70人

3. 2　到2030年时，新生儿和5岁以下儿童不发生可以预防的死亡，所有国家都争取至少将新生儿每1000例活产的死亡率降至12例，5岁以下每1000例活产儿童的死亡率至少降至25例

3. 3　到2030年时，阻止艾滋病毒、结核病、疟疾和被忽视的热带疾病的流行，防治肝炎、通过水传播的疾病和其他传染病

3. 4　到2030年时，通过预防与治疗，促进精神健康与安康，将非传染性疾病导致的过早死亡减少三分之一

3. 5　进一步预防和治疗滥用药物病患，包括滥用麻醉药物和酗酒

3. 6　到2020年时，全球公路交通事故造成的死伤人数减半

3. 7　到2030年时，每个人都能获得性健康和生殖健康服务，包括获得计划生育、信息和教育，做到国家战略和方案中有生殖健康的内容

3. 8　实现全民医保，包括提供财务风险保护，每个人都可以获得优质基本保健服务，并获得安全、有效、优质和价廉的基本药品和疫苗

3. 9　到2030年时，大幅度减少因危险化学品以及空气、水和土壤污染死亡和患病的人数

3. a　酌情在所有国家加强执行《世界卫生组织烟草控制框架公约》的力度

3. b　支持研发用于防治主要发生在发展中国家的传染性和非传染性疾病的疫苗和药品，根据《关于与贸易有关的知识产权协议与公共健康的多哈宣言》的规定，提供廉价基本药品和疫苗，《多哈宣言》确认发展中国家有权充分利用《与贸易有关的知识产权协议》中关于采用变通办法保护公众健康，尤其是让所有人获得药物的条款

3. c　大幅度增加发展中国家，尤其是最不发达国家和小岛屿发展中国家的医疗资金，并增加保健人员的招聘、培养、培训和留用

3. d　加强所有国家，特别是发展中国家警示、缓解和管理国家和全球健康风险的能力

目标4. 提供包容和公平的优质教育，让全民终身享有学习机会

4. 1　到 2030 年时，所有男女儿童都完成公平和优质的中小学义务教育，取得相关和有效的学习结果

4. 2　到 2030 年时，所有男女儿童都能获得优质幼儿发展教育、看护和学前教育，为他们接受初级教育做好准备

4. 3　到 2030 年时，所有男女都能平等获得价廉的优质技术、职业和高等教育，包括大学教育

4. 4　到 2030 年时，拥有技术和职业技能等相关技能的青年和成年人大幅度增加，以促进就业、体面工作和创业

4. 5　到 2030 年时，消除教育中的性别差距，让残疾人、土著人民和处境脆弱儿童等弱势群体平等接受各级教育和职业培训

4. 6　到 2030 年时，所有青年和大部分男女成人都能识字和进行计算

4. 7　到 2030 年时，所有进行学习的人都掌握必要的知识和技能来促进可持续发展，具体做法除其他外，包括进行关于可持续发展、可持续生活方式、人权和性别平等、促进和平和非暴力文化和全球公民意识的教育，以及了解文化多样性和文化对可持续发展的贡献

4. a　建立和改善顾及儿童、残疾和性别问题的教育设施，为所有人提供一个安全、没有暴力、包容和有效的学习环境

4. b　到 2020 年时，在全球范围内大幅度增加发达国家和其他发展中国家为发展中国家，特别是最不发达国家、小岛屿发展中国家和非洲国家提供的高等教育奖学金，包括接受职业培训和就读信息和通信技术、技术、工程和科学学科的奖学金

4. c　到 2030 年时，大幅度增加合格教师的供应，包括在发展中国家，特别是最不发达国家和小岛屿发展中国家合作开展师资培训

目标5. 实现性别平等，增强所有妇女和女孩的权能

5.1 在世界各地消除对妇女和女孩的一切形式歧视

5.2 在公共和私营部门中消除针对所有妇女和女孩的一切形式的暴力，包括贩运、性剥削和其他形式的剥削

5.3 消除童婚、早婚和逼婚以及残割女性生殖器官等一切有害行为

5.4 承认和尊重无薪酬的护理照料和家务，各国视本国情况提供公共服务、基础设施和社会保护政策，促进分担住户和家庭的家务和责任

5.5 妇女在各级全面有效参与政治、经济和公共生活的决策工作，并享有进入领导层的平等机会

5.6 根据《国际人口与发展会议行动纲领》、《北京行动纲要》及其历次审查会议的成果文件商定的结果，确保普遍享有性健康和生殖健康以及生殖权利

5.a 根据国家法律进行改革，让妇女享有获取经济资源的平等权利，并能拥有和控制土地和其他形式财产，获取金融服务，获得遗产和自然资源

5.b 更多地使用能增强能力的技术，特别是信息和通信技术，促进增强妇女权能

5.c 采用和加强合理的政策和可强制执行的立法，促进性别平等，在各级增强所有妇女和女孩的权能

目标6. 为所有人提供水和环境卫生并对其进行可持续管理

6.1 到2030年时，人人都能公平获得安全和价廉的饮用水

6.2 到2030年时，每个人都享有适当和公平的环境卫生和个人卫生，消除露天排便习惯，特别注意满足妇女、女孩和境况脆弱者的需求

6.3 到2030年时，通过以下方式改善水质：减少污染，消除倾倒废物现象，把危险化学品和材料的排放减少到最低限度，将未经处理废水的比例减半，大幅度增加全球废物回收和安全再利用的比例

6.4 到2030年时，所有行业大幅提高用水效率，以可持续的方式抽取和供应淡水，以便解决缺水问题，大大减少缺水人数

6.5 到2030年时，在各级进行水资源综合管理，包括酌情开展跨界合作

6.6　到2020年时，保护和恢复与水有关的生态系统，包括山麓、森林、湿地、河流、地下含水层和湖泊

6.a　到2030年时，围绕水和环境卫生活动和方案开展的国际合作和能力建设支助扩展到发展中国家，包括雨水采集、海水淡化、用水效率、废水处理、回收和再利用技术

6.b　支持地方社区参与改进水和环境卫生的管理，并提高其参与程度

目标7. 每个人都能获得价廉、可靠和可持续的现代化能源

7.1　到2030年时，每个人都能获得价廉、可靠和可持续的现代化能源

7.2　到2030年时，可再生能源在全球能源组合中的比例大幅度增加

7.3　到2030年时，全球能效提高一倍

7.a　到2030年时，国际合作得到加强，以促进获取清洁能源研究结果和技术，包括可再生能源、能效以及先进和更清洁的矿物燃料技术，并促进对能源基础设施和清洁能源技术的投资

7.b　到2030年时，扩大基础设施和进行技术升级，以便根据发展中国家，特别是最不发达国家、小岛屿发展中国家和内陆发展中国家自己的支助方案，在这些国家为所有人提供可持续的现代化能源服务

目标8. 促进持久、包容性和可持续经济增长，促进充分的生产性就业，促进人人有体面工作

8.1　根据本国具体情况维持人均经济增长率，特别是至少将最不发达国家国内生产总值年增长率维持在7%

8.2　通过多样化经营、技术升级和创新，包括重点发展高附加值和劳动力密集行业，提高经济生产值

8.3　推行以发展为导向的支持生产性活动、体面就业机会、创业精神、创造力和创新的政策；鼓励微型和中小型企业通过获取金融服务等方式成为正规企业并成长壮大

8.4　在目前到2030年这段时间内，逐步改善全球消费和生产的资源使用效率，按照可持续消费和生产十年方案框架，在发达国家的带领下，努力使经济增长不再导致环境退化

8.5　到2030年时，所有男女，包括青年和残疾人都有充分的生产性就业，有体面工作，并做到同工同酬

8.6　到2020年时，未参加就业和接受教育或培训的青年的比例大幅减少

8.7　立即采取有效措施，废除强迫劳动，终止现代奴隶制和人口贩运，禁止和消除最恶劣的童工劳动，包括招募和使用儿童兵，到2025年时终止一切形式的童工

8.8　保护劳工权利，推动为所有工人，包括移徙工人，特别是移徙妇女和没有稳定工作的人创造安全和有保障的工作环境

8.9　到2030年时，制定和采取促进可持续旅游的政策，以创造就业机会，促进地方文化和产品

8.10　加强国内金融机构的能力，鼓励并扩大全民获得银行、保险和金融服务的机会

8.a　增加为发展中国家，特别是最不发达国家提供的贸易援助支持，包括通过《为最不发达国家提供贸易技术援助的强化综合框架》这样做

8.b　到2020年时，拟定和实施青年就业全球战略，并执行国际劳工组织的《全球就业契约》

目标9. 建造有抵御灾害能力的基础设施、促进具有包容性的可持续工业化，推动创新

9.1　发展优质、可靠、可持续和有抵御灾害能力的基础设施，包括区域和跨界基础设施，以支持经济发展和促进人类安康，重点做到基础设施公平开放给所有人，所有人都承担得起

9.2　促进具有包容性的可持续工业化，到2030年，根据各国具体情况，大幅提高工业在就业和国内总产值中的比例，使最不发达国家的这一比例翻番

9.3　增加小型工业和其他企业，特别是发展中国家这些企业获得金融服务、包括负担得起的贷款的机会，让这些企业进入价值链和市场

9.4　到2030年时，所有国家根据自身能力采取行动，更新基础设施和进行工业改造，提高资源利用率，更多地采用清洁的环保技术和工业流程

9.5　在所有国家，特别是发展中国家，加强科学研究，提升工业部门

的技术能力，包括到2030年鼓励创新，大幅度增加每100万人口中的研发人员人数，增加公共和私人研发经费

9.a 向非洲国家、最不发达国家、内陆发展中国家和小岛屿发展中国家提供更多的财政、技术和技能支持，促进发展中国家发展有抵御灾害能力的可持续基础设施

9.b 支持发展中国家的国内技术开发、研究与创新，包括提供有利的政策环境，以实现工业多样化，增加商品价值

9.c 大幅度增加可以获取信息和通信技术的人数，力争最不发达国家到2020年时能以低廉的价格为所有人提供因特网服务

目标10. 减少国家内部和国家之间的不平等

10.1 到2030年时，最底层40%人口的收入逐步增长并继续增长，增长率高于全国平均数

10.2 到2030年时，增强所有人的权能，促使他们融入社会、经济和政治生活，不论其年龄、性别为何，是否有残疾，也不论其种族、族裔、出身、宗教信仰或经济地位或其他地位为何

10.3 实现机会均等，减少结果不平等现象，包括取消歧视性的法律、政策和做法，并为此推动适当的立法、政策和行动

10.4 采取政策，特别是财政、薪资和社会保护政策，逐步增强平等

10.5 更好地监管和监测全球金融市场和金融机构，并加强这些监管

10.6 确保发展中国家在全球国际经济和金融机构决策过程中有更大的代表权和发言权，以建立更加有效、可信、负责和合法的机构

10.7 协助人们进行有序、安全、正常和负责的移徙和流动，包括执行规划有序和管理完善的移徙政策

10.a 根据世界贸易组织的各项协议，执行发展中国家、特别是最不发达国家享有特殊和差别待遇的原则

10.b 鼓励根据最需要帮助的国家，特别是最不发达国家、非洲国家、小岛屿发展中国家和内陆发展中国家的国家计划和方案，向其提供官方发展援助和资金，包括外国直接投资

10. c　到2030年时，将移徙者汇款手续费减至3%以下，取消费用高于5%的汇款渠道

目标11. 建设包容、安全、有抵御灾害能力的可持续城市和人类住区

11. 1　到2030年时，所有人都能获得适足、安全和价廉的住房和基本服务，开展贫民窟改造

11. 2　到2030年时，为所有人提供安全、无障碍和价廉的可持续交通系统，加强道路安全，特别是扩大公共交通，要特别注意处境脆弱者、妇女、儿童、残疾人和老年人的需要

11. 3　到2030年时，在所有国家加强包容和可持续的城市化建设，提高进行参与性可持续人类住区综合规划和管理的能力

11. 4　进一步努力保护和捍卫世界文化和自然遗产

11. 5　到2030年时，大幅度减少包括水灾在内的各种灾害造成的死亡人数和受影响人数，大幅度减少灾害造成的与全球国内总产值相对的直接经济损失，重点注意保护穷人和处境脆弱群体

11. 6　到2030年时，减少对城市环境造成的人均不利影响，包括特别关注空气质量以及城市废物和其他废物的管理

11. 7　到2030年时，让所有人，尤其是妇女、儿童、老年人和残疾人，都有安全、包容、无障碍的绿色公共空间

11. a　通过加强国家和区域发展规划，帮助城市、近郊区和农村地区建立积极的经济、社会和环境联系

11. b　到2020年时，大幅度增加有以下特点的城市和人类住区：通过并执行旨在促进包容的统筹政策和计划，提高资源使用率，减缓和适应气候变化，建立抗灾能力，并根据《2015～2030年仙台减少灾害风险框架》在各级规划和全面进行灾害风险管理

11. c　通过财务和技术援助等方式，支持最不发达国家就地取材，建造可持续的抗灾建筑

目标12. 采用可持续的消费和生产模式

12. 1　所有国家在发达国家带领下采取行动，执行《可持续消费和生

产模式十年方案框架》，同时考虑到发展中国家的发展水平和能力

12.2　到2030年时，可持续管理和高效使用自然资源

12.3　到2030年时，将零售和消费环节的全球人均粮食浪费减半，减少生产和供应环节的粮食损失，包括收获后的粮食损失

12.4　到2020年时，根据商定的国际框架，对化学品，并在废物的整个寿命期对所有废物，进行无害环境的管理，大大减少它们进入空气、水和土壤的数量，尽可能降低它们对人类健康和环境造成的不良影响

12.5　到2030年时，通过预防、减排、回收和再使用，大幅度减少废物的产生

12.6　鼓励各个公司，特别是大公司和跨国公司，采用可持续的做法，并将可持续性信息列入它们按期提交的报告

12.7　根据国家政策和优先事项，推行可持续的公共采购做法

12.8　到2030年时，世界各国人民都有关于促进可持续发展和采用维护大自然的生活方式的相关信息和认识

12.a　支持发展中国家加强科学和技术能力，以采用更可持续的生产和消费模式

12.b　开发和使用各种工具，监测能创造就业机会、促进地方文化和产品的可持续旅游业所起到的促进可持续发展的作用

12.c　根据各国具体情况，合理调整低效率的矿物燃料补贴，因为这种补贴鼓励造成浪费的消费，具体做法是消除市场的扭曲，包括在充分考虑到发展中国家的特殊需求和情况并尽可能减少可能对这些国家的发展产生的不利影响的情况下，采用保护穷人和受影响社区的方式，调整税收，逐步取消现有的有害补贴，以体现这种补贴对环境的影响

目标13. 采取紧急行动应对气候变化及其影响*

13.1　加强所有国家抵御和适应与气候有关的灾害和自然灾害的能力

13.2　将应对气候变化的措施列入国家政策、战略和规划

---

* 确认《联合国气候变化框架公约》是谈判气候变化全球对策的主要国际政府间论坛。

13.3　在减缓和适应气候变化、减少影响和预警领域中加强教育，提高认识，加强人员和机构能力

13.a　履行加入《联合国气候变化框架公约》的发达国家做出的承诺，即到2020年时每年从各种来源联合筹资1000亿美元，在切实采取减缓行动和保持执行工作透明度的情况下，满足发展中国家的需求，并通过尽快对绿色气候基金注资，让该基金全面开始工作

13.b　促进在最不发达国家和小岛屿发展中国家建立增强能力的机制，以有效进行与气候变化有关的规划和管理，包括重点注意妇女、青年、地方社区和边缘化社区

目标14. 养护和可持续利用海洋和海洋资源以促进可持续发展

14.1　到2025年时，防止和大幅度减少所有各类海洋污染，特别是陆上活动造成的污染，包括海洋废弃物污染和营养盐污染

14.2　到2020年时，对海洋和沿海生态系统进行可持续管理和保护，以免产生重大不利影响，包括加强其复原能力，并采取行动帮助它们恢复原状，使海洋保持健康，物产丰富

14.3　尽可能减少和处理海洋酸化的影响，包括为此在各级加强科学合作

14.4　到2020年时，有效管制捕捞活动，终止过度捕捞、非法、未报告和无管制的捕捞活动以及破坏性捕捞做法，执行科学的管理计划，以便在鱼类种群的生物特性所决定的最短可行时间内，使其数量恢复到至少能持续维持最高产量的水平

14.5　到2020年时，依照国内和国际法，并根据现有的最佳科学资料，至少保护10%的沿海和海洋区域

14.6　到2020年时，禁止某些助长产能过剩和过度捕捞的渔业补贴，取消各种助长非法、未报告和无管制捕捞活动的补贴，不出台新的这类补贴，同时确认发展中国家和最不发达国家目前享有的有关特殊和差别待遇应是世界贸易组织渔业补贴谈判的一个组成部分①

---

①　考虑到世界贸易组织正在进行的谈判、《多哈发展议程》和香港部长宣言规定的任务。

14.7　到2030年时，增加小岛屿发展中国家和最不发达国家通过可持续利用海洋资源，包括可持续地管理渔业、水产养殖业和旅游业获得的经济收益

14.a　在考虑到政府间海洋学委员会《海洋技术转让标准和准则》的情况下，增加科学知识，培养研究能力和转让海洋技术，以便改善海洋的健康，增加海洋生物多样性对发展中国家，特别是小岛屿发展中国家和最不发达国家的发展的贡献

14.b　让小户个体渔民获取海洋资源和进入海洋市场

14.c　按照《我们希望的未来》第158段所述，执行《联合国海洋法公约》所体现的国际法，以加强海洋和海洋资源的养护和可持续利用，该《公约》是养护和可持续利用海洋及其资源的法律框架

目标15. 保护、恢复和促进可持续利用陆地生态系统，可持续地管理森林，防治荒漠化，制止和扭转土地退化，阻止生物多样性的丧失

15.1　到2020年时，根据国际协议规定的义务，养护、恢复和可持续利用陆地和内陆的淡水生态系统及其便利，特别是森林、湿地、山麓和旱地

15.2　到2020年时，推动对所有各类森林进行可持续管理，制止森林砍伐，恢复退化的森林，大幅度增加全球的植树造林和重新造林

15.3　到2030年时，防治荒漠化，恢复退化的土地和土壤，包括恢复受荒漠化、干旱和洪涝影响的土地，努力建立一个不再发生土地退化的世界

15.4　到2030年时，养护山地生态系统，包括其生物多样性，以便提高它们产生可持续发展不可或缺的相关惠益的能力

15.5　紧急采取重大行动来减少自然生境的退化，阻止生物多样性的丧失，到2020年时，保护受威胁物种，不让它们灭绝

15.6　按国际社会的商定，公正和公平地分享利用遗传资源产生的惠益，促进适当获取这类资源

15.7　紧急采取行动，制止偷猎和贩运受保护的动植物物种，处理非法野生动植物产品的供求问题

15.8　到2020年时，采取措施防止引进外来入侵物种，大幅度减少这

些物种对土地和水域生态系统的影响，控制或去除需优先处理的物种

15.9　到2020年时，在国家和地方的规划工作、发展进程、减贫战略和核算中列入生态系统和生物多样性的价值

15.a　从所有来源筹集并大幅度增加财政资源，以保护和可持续利用生物多样性和生态系统

15.b　在各级从所有来源筹集大量资源，为可持续森林管理提供资金，并为发展中国家提供适当的奖励，以推动这种管理，包括养护森林和重新造林

15.c　在全球进一步支持打击偷猎和贩运受保护物种行为的努力，包括加强地方社区寻找可持续谋生手段的能力

目标16. 创建和平和包容的社会以促进可持续发展，让所有人都能诉诸司法，在各级建立有效、负责和包容的机构

16.1　在全世界大幅度减少一切形式的暴力，降低相关的死亡率

16.2　制止虐待、剥削、贩运儿童、对儿童实施所有形式的暴力和实施酷刑的行为

16.3　在国家和国际各级促进法治，让所有人平等享有诉诸司法的机会

16.4　到2030年时，大幅度减少非法的资金和武器流动，加强追索和返还被盗资产的力度，打击一切形式的有组织犯罪

16.5　大幅度减少一切形式的腐败和贿赂

16.6　在各级建立有效、负责和透明的机构

16.7　确保各级的决策反应迅速，是包容各方、有公众参与和有代表性的

16.8　扩大和加强发展中国家在全球治理机构中的参与

16.9　到2030年时，让所有人有合法身份，包括有出生登记

16.10　根据国家立法和国际协议，确保公众能获取信息，保护基本自由

16.a　加强相关的国家机构，包括开展国际合作，在各级、特别是在发展中国家中进行能力建设，防止暴力，打击恐怖主义和犯罪行为

16. b　推动和执行非歧视性的法律和政策，以促进可持续发展

目标17. 加强执行手段，恢复可持续发展全球伙伴关系的活力

筹资

17. 1　加强筹集国内资源的工作，包括由国际社会为发展中国家提供支助，以加强国内获取税收和其他收入的能力

17. 2　发达国家充分履行官方发展援助承诺，包括许多发达国家做出的为发展中国家提供的官方发展援助达到国民总收入的 0. 7% 和为最不发达国家提供的援助达到 0. 15% ~0. 20% 的承诺；鼓励官方发展援助的提供方考虑订立为最不发达国家提供的官方发展援助至少达到国民总收入 0. 20% 的目标

17. 3　从多方面来源另外为发展中国家筹集财务资源

17. 4　进行政策协调，酌情推动债务融资、债务减免和债务重组，以帮助发展中国家实现长期债务可持续性，处理重债穷国的外债问题，以减轻债务压力困扰

17. 5　采用和建立促进对最不发达国家的投资的制度

技术

17. 6　在科学、技术和创新领域中以及在获取科学、技术和创新的结果方面，加强南北、南南、三角区域和国际合作，加强按相互商定的条件分享知识，包括通过改进现有机制之间的协调、特别是联合国一级的协调和通过一个全球技术推动机制这样做

17. 7　促进以有利条件，包括彼此商定的减让和优惠条件，开发并向发展中国家转让、传播和推广无害环境的技术

17. 8　为最不发达国家建立的技术库和科学、技术和创新能力建设机制在 2017 年全面投入运行，更多地利用赋能技术，特别是信息和通信技术

能力建设

17. 9　加强国际社会支持在发展中国家开展有针对性的有效能力建设活动的力度，以支持各国执行所有可持续发展目标的计划，包括开展南北合作、南南合作和三角合作

贸易

17.10　促进在世界贸易组织下建立一个普遍、有章可循、开放、非歧视和公平的多边贸易体系，包括根据世贸组织多哈发展议程完成各项谈判

17.11　大幅度增加发展中国家的出口，尤其是到2020年使最不发达国家在全球出口中的比例翻番

17.12　按照世界贸易组织的各项决定，及时实现让所有最不发达国家的产品永久免关税和免配额进入市场，包括确保对从最不发达国家进口的产品适用的原产地优惠规则是简单、透明和有利于进入市场的

系统方面的问题

政策和体制的一致性

17.13　加强全球宏观经济的稳定，包括协调和统一政策

17.14　加强政策的统一以促进可持续发展

17.15　尊重每个国家制定和执行除贫和可持续发展政策的政策空间和领导作用

多利益攸关方伙伴关系

17.16　在多利益攸关方伙伴关系的配合下，加强全球可持续发展伙伴关系，多利益攸关方伙伴关系收集和分享知识、专长、技术和财政资源，支持所有国家、尤其是发展中国家实现可持续发展目标

17.17　根据组建伙伴关系的经验和资源配置战略，鼓励和推动建立有效的公-私部门伙伴关系和民间社会伙伴关系

数据、监测和问责制

17.18　到2020年时，加强向发展中国家，包括最不发达国家和小岛屿发展中国家提供的能力建设支助，大幅度增加现有的按以下各项分列的及时和可靠的高质量数据：收入、性别、年龄、种族、族裔、移徙情况、残疾情况、地理位置和涉及各国国情的其他特征

17.19　到2030年时，借鉴现有各项举措，制定衡量可持续发展进展的方法，作为对国内生产总值的补充，协助发展中国家培养统计能力

B.14
参考文献

《联合国2030年可持续发展议程》，联合国，2015年9月25日。

《中共中央国务院关于加快推进生态文明建设的意见》，2015年4月25日。

《大气污染防治行动计划》，中华人民共和国国务院，2013年9月10日。

《水污染防治行动计划》，中华人民共和国国务院，2015年4月2日。

《土壤污染防治行动计划》，中华人民共和国国务院，2016年5月28日。

《关于健全生态保护补偿机制的意见》，中华人民共和国国务院，2016年5月13日。

《中国落实2030年可持续发展议程国别方案》，中华人民共和国外交部，2017年4月14日。

《落实2030年可持续发展议程中方立场文件》，中华人民共和国外交部，2016年4月19日。

《关于加快推动生活方式绿色化的实施意见》，中华人民共和国环境保护部，2015年11月6日。

《2016中国环境状况公报》，中华人民共和国环境保护部，2017年6月5日。

张大卫：《绿色发展：中国经济的低碳转型之路——在哥伦比亚大学的演讲》，2016年4月14日。

王军等：《中国经济发展"新常态"初探》之第十章《新常态下的可持续发展》，社会科学文献出版社，2016。

张大卫：《打造中国经济升级版》，人民出版社，2013。

王军：《准确把握高质量发展的六大内涵》，《证券日报》，2017 年 12 月 23 日。

王军：《当前我国迫切需要一个全新的衡量可持续发展的指标体系》，中国发展网，2017 年 12 月 21 日。

王军：《经济高质量发展与增长预期引导》，《上海证券报》，2017 年 11 月 8 日。

王军：《如何认识和解决“不平衡不充分的发展”?》，《金融时报》，2017 年 10 月 31 日。

王军、郭栋：《如何看新一线城市的竞争》，《财经》2017 年第 22 期。

王军：《中国经济转型迫切要求树立增长新理念》，《上海证券报》，2016 年 11 月 24 日。

王军：《中国经济评价体系亟待创新》，《证券日报》，2016 年 2 月 27 日。

王军：《“五大发展理念”撬动全面小康“短板”》，《瞭望》2016 年第 2 期。

王军：《调整经济结构的目标远重于 GDP 增速的快慢》，《证券日报》，2016 年 1 月 23 日。

王军：《以新的发展理念引领和推动科学发展》，《瞭望》2015 年第 46 期。

叶江、托马斯·福斯主编《联合国 2015 年后全球发展议程研究——中国与欧洲的视角》，上海人民出版社，2015。

潘家华、陈孜：《2030 年可持续发展的转型议程——全球视野与中国经验》，社会科学文献出版社，2016。

黄梅波、朱丹丹、吴仪君：《“2015 发展议程”与中国的应对》，《国际政治研究》（双月刊）2015 年第 1 期。

王新影：《“后 2015 年”国际发展合作议程展望——兼论中国在国际发展合作事务中的作用》，《教学与研究》2016 年第 2 期。

董亮、张海滨：《2030 年可持续发展议程对全球及中国环境治理的影响》，《中国人口 · 资源与环境》2016 年第 26 卷第 1 期。

黄梅波、吴仪君：《2030 年可持续发展议程与国际发展治理中的中国角色》，《国际展望》2016 年第 1 期。

孙新章：《中国参与 2030 年可持续发展议程的战略思考》，《中国人口 · 资源与环境》2016 年第 26 卷第 1 期。

薛澜、翁凌飞：《中国实现联合国2030 年可持续发展目标的政策机遇和挑战》，《中国软科学》2017 年第 1 期。

《新思想 · 新观点 · 新举措》，学习出版社，红旗出版社，2012。

白春礼：《牢固树立创新、协调、绿色、开放、共享的发展理念》，《求是》2015 年第 23 期。

王义天：《全球化视野的可持续发展目标与 PPP 标准：中国的选择》，《改革》2016 年第 2 期。

皮磊：《中国企业走出去，NGO 能做些什么》，《公益时报》，2017 年 5 月 30 日。

江小涓等：《中国服务业的增长与结构》，载《财经蓝皮书：中国经济运行与政策报告（2004）》，社会科学文献出版社，2004，第 62 页。

2016，Sustainability Metrics White Paper Series：1 of 3 – The Growth of Sustainability Metrics.

2016，Sustainability Metrics White Paper Series：2 of 3 – Measuring and Reporting Sustainability：The Role of the Public Secto.

2016，Sustainability Metrics White Paper Series：3 of 3 – Assessing Sustainability：Frameworks and Indices.

2016，Overview of Sustainability Frameworks.

2010，“Alternative Indicators To GDP：Values Behind Numbers Adjusted Net Savings In Question”.

2010，“China Must Look Beyond GDP Growth”.

2010，“GDP and Beyond：Measuring Economic Progress and Sustainability”.

2010，“Indicators Of Economics Progress：The Power Of Measurement and Human Welfare”.

2010，“International Approaches To Measure Wealth and Well-being In The Context Of Sustainable Development”.

2010，“The State of Society：Measuring Economic Success and Human Well-Being”.

2011，“Behind，Beside and Beyond The GDP：Alternatives To GDP and To Macro-indicators”.

2011，“Beyond GDP：Conceptual Grounds Of Quantitation，the Case Of The Index Of Economic Well-being”.

2011，“Beyond GDP：Measuring Economic Well-being In Canada and The Provinces”.

2011，“Going Beyond GDP：But How Far?”.

2011，“Measuring The Quality Of Life：Beyond GDP”.

2011，“Quantitative Analysis of Mainstream Economic Indicators and Selected Alternative Measures”.

2011，“Beyond GDP：Measuring Welfare In The Context Of Sustainable Development”.

2012，“Beyond GDP：Measuring Well-being and Quality Of Life With The OECD Better Life Index In Selected Countries Based On Austrian Preferences”.

2012，“List Of Well-being Indicators”.

2012，“Measuring Economic Progress and Well-being How To Move Beyond GDP?”.

2012，“Measuring the Wealth of Nations”.

2012，“Review Report On Beyond GDP Indicators：Categorization，Intentions and Impacts”.

2013，“Beyond GDP：Measuring and Achieving Global Genuine Progress”.

2013，“Beyond GDP：Measuring Progress Towards A Green Economy”.

2014, "Evaluating Alternatives To GDP As Measures Of Social Welfare/progress".

2014, "Social Progress Index: Executive Summary".

2009, "Report by the Commission on the Measurement of Economic Performance and Social Progress".

2007, "Alternative Progress Indicators To Gross Domestic Product As A Means Towards Sustainable Development".

2007, "Ideas for Overcoming the Limitations of GDP as A Progress Indicator".

2007, "Measuring China's Economic Performance: How Fast Has Its Economy Grown and How Big Is It Compared With The USA?".

2008, "Beyond GDP – Measurements for Sustainable Development".

2009, "Beyond GDP: The Need For New Measures Of Progress".

Ambiente Italia. (2007). Urban Ecosystem Europe: An Integrated Assessment on the Sustainability of 32 European Cities.

Annan, K. A. (2002). Toward a sustainable future. *Environment: Science and Policy for Sustainable Development*, *44* (7), 10 – 15.

Arcadis. (2015). Sustainable Cities Index 2015. Retrieve from: https://s3.amazonaws.com/arcadis-whitepaper/arcadis-sustainable-cities-index-report.pdf.

Atkisson, A., & Hatcher, R. L. (2001). The compass index of sustainability: Prototype for a comprehensive sustainability information system. *Journal of Environmental Assessment Policy and Management*, *3* (4), 509 – 532.

Atkisson, B. A., & Hatcher, R. L. (2005). The compass index of sustainability: A five-year review. In *write for conference "Visualising and Presenting Indicator Systems", Switzerland.*

Berrini, M., & Bono, L. (2010). Measuring urban sustainability: Analysis of the European Green Capital Award 2010 and 2011 application round. Ambiente Italia.

Bhada, P., &Hoornweg, D. (2009). The global city indicators program:

A more credible voice for cities (No. 10244). The World Bank.

Brandon, P. S., & Lombardi, P. (2010). Evaluating sustainable development in the built environment. John Wiley & Sons.

City of Seattle. (2005). *The City of Seattle Comprehensive Plan: Toward a Sustainable Seattle: a Plan for Managing Growth, 2015 - 2035.* Seattle City Council

Crown J. (2003). Healthy cities programmes: health profiles and indicators. In: Takano T, ed. Healthy cities and urban policy research.

Dietz, S., &Neumayer, E. (2007). Weak and strong sustainability in the SEEA: Concepts and measurement. *Ecological Economics, 61* (4), 617 - 626.

Distaso, A. (2007). Well-being and/or quality of life in EU countries through a multidimensional index of sustainability. Ecological Economics, 64 (1), 163 - 180.

Drakakis-Smith, D. W. (2000). Third world cities. Psychology Press.

Elkington, J. (1997). Cannibals with forks. The triple bottom line of 21st century.

Emerson, J., Esty, D. C., Levy, M. A., Kim, C. H., Mara, V., de Sherbinin, A., &Srebotnjak, T. (2010). Environmental performance index. *New Haven: Yale Center for Environmental Law and Policy, 87.*

Enviroment Bureau. (2005). *The Hong Kong Special Administrative Region.* Retrieved 2015, from http://www.enb.gov.hk/en/susdev/council/susdev/meeting_ year2005.html

Esty, D. C., Kim, C., Levy, M., Mara, V., Srebotnjak, T., &Paua, F. (2008). 2008 Environmental Performance Index. Yale Center for Environmental Law & Policy, Center for International Earth Science Information Network.

European Commission. (2006). Targeted summary of the European Sustainable Cities Report for Local Authorities. European Commission.

Forum for the Future. (2009). The Sustainable Cities Index: Ranking the

Largest 20 British Cities

Forum for the Future. (2010). The Sustainable Cities Index: Ranking the Largest 20 British Cities

Frugoli, P. A., Almeida, C. M. V. B., Agostinho, F., Giannetti, B. F., &Huisingh, D. (2015). Can measures of well-being and progress help societies to achieve sustainable development? . Journal of Cleaner Production, 90, 370 – 380.

Gasparatos, A., El-Haram, M., & Horner, M. (2008). A critical review of reductionist approaches for assessing the progress towards sustainability. Environmental Impact Assessment Review, 28 (4), 286 – 311.

Global City Indicators Facility. ANNEX O The Global City Indicators Program.

Global City Indicators Facility. (2008). ANNEX O The Global City Indicators Program. Retrieve from: http://siteresources. worldbank. org/INTURBANDEVELOPMENT/Resources/336387 – 1334852610766/AnnexO. pdf

Global Urban Observatory United Nations Human Settlements Programme (UN-Habitat). (2007). Global Urban Indicators Database.

Hardi, P., & Pinter, L. (2006). City of Winnipeg quality-of-life indicators. InCommunity Quality-of-Life Indicators (pp. 127 – 176). Springer Netherlands.

Hardi, P., &Barg, S. (1997). Measuring Sustainability Development: Review of Current Practice. Industry Canada Occasional Paper #17, 1 – 6.

International Institute for Sustainable Development. (2001). The Dashboard of Sustainability. Retrieve from: http://www. iisd. org/library/dashboard-sustainability-brochure

Hong Kong Government. (2012). *Sustainable Development For Hong Kong.* Retrieved from http://www. pland. gov. hk/pland_ en/p_ study/comp_ s/

susdev/ ex_ summary/ final_ eng/ ch5. htm

Kratena, K. (2004). "Ecological value added" in an integrated ecosystem-economy model—an indicator for sustainability. *Ecological Economics*, *48* (2), 189 – 200.

MD DNR. Maryland Genuine Progress IndicatorOverview .

Mega, V. , Pederse, J. (1998). Urban Sustainability Indicators. European Foundation for the Improvement of Living and Working Conditions.

Mori Memorial Foundation. (2015). Global Power City Index 2015. Retrieve from: http: //www. mori-m-foundation. or. jp/ english/ ius2/ gpci2/.

Olewiler, N. (2006). Environmental sustainability for urban areas: The role of natural capital indicators. *Cities*, *23* (3), 184 – 195.

Pincetl, S. , Bunje, P. , & Holmes, T. (2012). An expanded urban metabolism method: Toward a systems approach for assessing urban energy processes and causes. Landscape and Urban Planning, 193 – 202.

PwC. (2014). Cities of Opportunity 6. Retrieve from: http: // www. pwc. com/ us/ en/ cities-of-opportunity/ 2014. html.

Roy, M. (2009). Planning for sustainable urbanisation in fast growing cities: mitigation and adaptation issues addressed in Dhaka, Bangladesh. Habitat International, 33, 276 – 286.

Satterthwaite, D. (1997). Sustainable cities or cities that contribute to sustainable development? . *Urban Studies*, *34* (10), 1667 – 1691.

Scanlon, K. (2011). The City of Seattle Comprehensive Plan: Toward a Sustainable Seattle: a Plan for Managing Growth, 1994 – 2014. Seattle City Council.

Scipioni, A. , Mazzi, A. , Mason, M. , &Manzardo, A. (2009). The Dashboard of Sustainability to measure the local urban sustainable development: The case study of Padua Municipality. *Ecological indicators*, *9* (2), 364 – 380.

Slaper, Timothy F. , and J. Tanya. "Hall. 2011. "The Triple Bottom

Line: What Is It and How Does It Work?". " Indiana Business Review 86, no. 1: 4 – 8.

Sustainable Cities International. (2012). Indicators for Sustainability: How cities are monitoring and evaluating their success.

Sustainability Tools For Assessing & Rating Communities. (2016). Using the STAR Community Rating System to Integrate Sustainability into Community Planning Efforts.

Tanguay, G. A., Rojaoson, J., Lefebvre, J. F., &Lanoie, P. (2010). Measuring the sustainability of cities: an analysis of the use of local indicators. Ecological Indicators, 10, 407 – 418.

UN. (1992). Agenda 21, United Nations, General Assembly, Rio de Janeiro. Retrieve from: http://www. un. org/esa/sustdev/documents/ agenda21/english/agenda21toc. htm.

United nations human settlements programme (UN-HABITAT). (2004). The state of the world's cities 2004/2005: globalization and urban culture.

UNSD. (1992) United Nation Conference on Environment & Development Agenda Retrieve from: https://sustainabledevelopment. un. org/content/documents/Agenda21. pdf.

United Nations, the Department of Economic and Social Affairs. (2007). Indicators of Sustainable Development: Guidelines and Methodologies. Third Edition.

Valentin, A., &Spangenberg, J. H. (2000). A guide to community sustainability indicators. Environmental Impact Assessment Review, 20 (3), 381 – 392.

Verbruggen, H., &Kuik, O. (1991). Indicators of sustainable development: an overview. In In search of indicators of sustainable development (pp. 1 – 6). Springer Netherlands.

WHO Regional Office for Europe. (1998). WHO Healthy Cities—

Revised baseline Healthy Cities Indicators. Centre for Urban Health.

World Bank. (2008). Global City Indicators Program Report: Part of a Program to Assist Cities in Developing an Integrated Approach for Measuring City Performance.

Wong, S. W., Tang, B. S., & Van Horen, B. (2006). Strategic urban management in china: a case study of Guangzhou Development District. Habitat International, 30, 645 -66.

Minx, J. C., Creutzig, F., Medinger, V., & Ziegler, T. (2011). Developing a pragmatic approach to assess urban metabolism in Europe: A report to the European Environment Agency.

Zheng, B. (2013). The Development of Green City Index in International Community. International Conference on Learning Cities.

Ayres, R. U. and A. V. Kneese (1969). "Production, Consumption, and Externalities." American Economic Review 59 (3): 282 -297.

Bartelmus, P. (2013). "Environmental-Economic Accounting: Progress and Digression in the SEEA Revisions." Review of Income and Wealth.

China National Bereau of Statistics (2010). The 2010 Population Census of The People's Republic of China. China National Bereau of Statistics: Department of Population and Employment Statistics. Beijing, China Statistics Press.

Department of Environmental Protection Jiyuan. Jiyuan Ecology and Environmental Protection Working Report (in Chinese).

Hammitt, J. and Y. Zhou (2006). "The Economic Value of Air-Pollution-Related Health Risks in China: A Contingent Valuation Study." Environmental and Resource Economics 33 (3): 399 -423.

Hao, H. (2011). "Jiyuan Urban Sustainable Development SWOT Analysis." Science, Technology and Industry (in Chinese) 11 (4).

Hecht, J. E. (2007). "National Environmental Accounting: A Practical Introduction." International Review of Environmental and Resource Economics 1

(1): 3 -66.

Ho, M. S. and D. W. Jorgenson (2007). Sector Allocations of Emissions and Damage. Clearing the Air: The Health and Economic Damages of Air Pollution in China. M. S. Ho and C. P. Nielsen. Cambridge, MA, MIT Press.

Ho, M. S. and C. P. Nielsen, Eds. (2007). Clearing the Air: The Health and Economic Damages of Air Pollution in China. Cambridge, MA, MIT Press.

Huang, D., J. Xu and S. Zhang (2012). "Valuing the health risks of particulate air pollution in the Pearl River Delta, China." Environmental Science & Policy 15 (1): 38 -47.

Jing, C., M. S. Ho and D. W. Jorgenson (2009). "The Local and Global Benefits of Green Tax Policies in China." Review of Environmental Economics & Policy 3 (2): 189 -208.

Jiyuan Bureau of Science and Technology (2013). Jiyuan—National Sustainable Development Experimental Zone 32 Metrics Performance Review (2010 -2013) (in Chinese).

Jiyuan Bureau of Statistics (2013). Jiyuan Statistical Yearbook 2013, Jiyuan Bureau of Statistics.

Jiyuan Municipal Government. (2013). "Economic Development of Jiyuan." Retrieved May 28th, 2014, from http://www.jiyuan.gov.cn/zjjy/201305/t20130530_106619.html.

Jiyuan Municipal Government. (2013). "Jiyuan Encyclopedia (In Chinese)." Retrieved May 28th, 2014, from http://www.jiyuan.gov.cn/zjjy/jybk/201305/t20130529_106438.html.

Kamal-Chaoui, L. and A. Robert (2009) "Compeitive Cities and Climate Change."

Kim, S.-W. (1998). "Pilot Compilation of Environmental-Economic

Accounts: Republic of Korea."

Krupnick, A., S. Hoffmann, B. Larsen, X. Peng, R. Tao, C. Yan and M. McWilliams (2006). "The willingness to pay for mortality risk reductions in Shanghai and Chongqing, China." Resources for the Future, The World Bank: Washington, DC.

Lacy, P., M. Ding, M. Shi, G. Li and X. Chen (2013). Creating Prosperous and Livable Chinese Cities: The New Resource Economy City Index Report, Accenture & Chinese Academy of Sciences.

Leontief, W. (1970). "Environmental Repercussions and the Economic Structure: An Input-Output Approach." Review of Economics and Statistics 52 (3): 262–271.

Levy, J. I. and S. L. Greco (2007). Estimating Health Effects of Air Pollution in China: An Introduction to Intake Fraction and the Epidemiology. Clearing the Air: The Health and Economic Damages of Air Pollution in China. M. S. Ho and C. P. Nielsen. Cambridge, MA, MIT Press.

Li, X. and J. Pan, Eds. (2013). China Green Development Index Report 2011. Current Chinese Economic Report Series. New York and Heidelberg, Springer.

Matus, K., K.-M. Nam, N. E. Selin, L. N. Lamsal, J. M. Reilly and S. Paltsev (2012). "Health damages from air pollution in China." Global Environmental Change 22 (1): 55–66.

Ministry of Environmental Protection of China and National Bureau of Statistics of China (2006). China Green National Accounting Study Report 2004.

Muller, N. Z., R. Mendelsohn and W. Nordhaus (2011). "Environmental Accounting for Pollution in the United States Economy." American Economic Review 101 (5): 1649–1675.

Nordhaus, W. D. and J. Tobin (1972). Is growth obsolete? Economic

Research: Retrospect and Prospect Vol 5: Economic Growth, Nber: 1 – 80.

Sustainable Development Experimental Zone Working Committee Jiyuan. Constructing National Sustainable Development Zone: Establish Prosperous and Harmonized New Jiyuan (in Chinese).

Sustainable Development Experimental Zone Working Committee Jiyuan. (2010). Jiyuan National Sustainable Development Experimental Zone Master Plan 2010 – 2015 (in Chinese).

The World Bank (2007). Cost of Pollution in China: Economic Estimates of Physical Damages. Washington, DC, The World Bank.

United Nations (1993). Handbook of National Accounting: Integrated Environmental and Economic Accounting. Studies in Methods. New York, United Nations.

United Nations (2003). Handbook of National Accounting: Integrated Environmental and Economic Accounting 2003. Studies in Methods. New York, United Nations.

Wang, H. and J. Mullahy (2006). "Willingness to pay for reducing fatal risk by improving air quality: A contingent valuation study in Chongqing, China." Science of The Total Environment 367 (1): 50 – 57.

Yu, F., X. Guo, Y. Zhang, X. Pan, Y. Zhao, J. Wang, D. Cao, M. Cropper and K. Aunan (2007). "Assessment on economic loss of health effect from air pollution in China in 2004." J Environ Health 24 (12): 999 – 1003.

Zhang, D., K. Aunan, H. Martin Seip, S. Larssen, J. Liu and D. Zhang (2010). "The assessment of health damage caused by air pollution and its implication for policy making in Taiyuan, Shanxi, China." Energy Policy 38 (1): 491 – 502.

Anand, S., & Sen, A. (1994). Human development index: methodology and measurement (No. HDOCPA – 1994 – 02). Human

Development Report Office (HDRO), United Nations Development Programme (UNDP).

Azapagic, A., & Perdan, S. (2000). Indicators of sustainable development for industry: a general framework.

Process Safety and Environmental Protection, 78 (4), 243 -261.

Böhringer, C., & Jochem, P. E. (2007). Measuring the immeasurable—A survey of sustainability indices. Ecological Economics, 63 (1), 1 -8.

Dahl, A. L. (2012). Achievements and gaps in indicators for sustainability. Ecological Indicators, 17, 14 -19.

Das, D., & Das, N. (2014). Sustainability reporting framework: Comparative analysis of global reporting initiatives and dow jones sustainability index.

International Journal of Science, Environment and Technology, 3 (1), 55 -66.

Elkington, J. (1998). Cannibals with forks: The triple bottom line of 21st century business. Gabriola Island, BC: New Society Publishers.

Hsu, A., Johnson, L. A., & Lloyd, A. (2013). Measuring progress: A practical guide from the developers of the environmental performance index (EPI). New Haven: Yale Center for Environmental Law & Policy.

Krajnc, D., & Glavič, P. (2005). A model for integrated assessment of sustainable development. Resources, Conservation and Recycling, 43 (2), 189 -208.

Lundin, M., & Morrison, G. M. (2002). A life cycle assessment based procedure for development of environmental sustainability indicators for urban water systems. Urban water, 4 (2), 145 -152.

Moneva, J. M., Archel, P., & Correa, C. (2006). GRI and the camouflaging of corporate unsustainability.

Accounting Forum, 30 (2), 121 – 137.

Newman, J. (2007). An Organisational Change Management Framework for Sustainability. Greener Management International, 57, 65 – 75.

Ness, B., Urbel-Piirsalu, E., Anderberg, S., & Olsson, L. (2007). Categorising tools for sustainability assessment. Ecological Economics, 60 (3), 498 – 508.

Pojasek, R. B. (2007). A framework for business sustainability. Environmental Quality Management, 17 (2), 81 – 88.

Pratt, C. (2004). The Environmental Vulnerability Index (EVI): Update & Final Steps to Completion (Vol. 369). Suba, Fiji Islands: South Pacific Applied Geoscience Commission.

Prescott-Allen, R. (1995). Barometer of sustainability: a method of assessing progress towards sustainable societies. Victoria, Canada: PADATA.

Robbins, G. E., & Page, M. (2012). Sustainability initiatives: a competing values framework. Competition Forum, 10 (1), 176 – 181.

Searcy, C. (2012). Corporate sustainability performance measurement systems: A review and research agenda. Journal of Business Ethics, 107 (3), 239 – 253.

Singh, R. K., Murty, H. R., Gupta, S. K., & Dikshit, A. K. (2009). An overview of sustainability assessment methodologies. Ecological Indicators, 9 (2), 189 – 212.

Szekely, F., & Knirsch, M. (2005). Responsible leadership and Corporate Social responsibility: Metrics for Sustainable performance. European Management

Journal, 23 (6), 628 – 647.

Tanzil, D., & Beloff, B. (2006). Assessing impacts: Overview on sustainability indicators and metrics.

Environmental Quality Management, 15 (4), 41 – 56.

Wackernagel, M. , & Rees, W. (1996). Our ecological footprint: Reducing human impact on the earth. Gabriola Island, BC: New Society Publishers.

World Business Council for Sustainable Development (WBCSD). (1999). Eco-efficiency indicators and reporting: Report on the status of the project's work in progress and guidelines for pilot application.

Geneva, Switzerland: Autwitzerland: Authors.

Allen, M. J. & Yen, W. M. (2001). Introduction to measurement theory. Waveland Press.

Ambiente Italia. (2007). Urban Ecosystem Europe: An Integrated Assessment on the Sustainability of 32 European Cities.

Annan, K. A. (2002). Toward a sustainable future. Environment: Science and Policy for Sustainable Development, 44 (7), 10 – 15.

Apergis, Nicholas, and Ilhan Ozturk. "Testing environmental Kuznets curve hypothesis in Asian countries." Ecological Indicators 52 (2015): 16 – 22. Arcadis. (2015). Sustainable Cities Index 2015. Retrieved from https://s3. amazonaws. com/arcadis-whitepaper/arcadis-sustainable-cities-indexreport. pdf

Atkisson, A. & Hatcher, R. L. (2001). The compass index of sustainability: Prototype for a comprehensive sustainability information system. Journal of Environmental Assessment Policy and Management, 3 (4), 509 – 532.

Atkisson, B. A. & Hatcher, R. L. (2005). The Compass Index of Sustainability: A Five-Year Review. Submitted to conference "Visualising and Presenting Indicator Systems." Retrieved from https://compassu. files. wordpress. com/2012/03/atkisson_ compassreview2005 – v3a. pdf

Berrini, M. & Bono, L. (2010). Measuring urban sustainability: Analysis of the European Green Capital Award 2010 and 2011 application round. Ambiente Italia.

Bhada, P. & Hoornweg, D. (2009). The global city indicators program: A more credible voice for cities (No. 10244). The World Bank.

Brandon, P. S., & Lombardi, P. (2010). Evaluating sustainable development in the built environment, 2nd edition. John Wiley & Sons.

CEIC. (2017). China Premium Database. Retrieved from https://www.ceicdata.com/en/products/chinaeconomic-database

Chen, H., Jia, B., & Lau, S. S. Y. (2008). Sustainable urban form for Chinese compact cities: Challenges of a rapid urbanized economy. Habitat international, 32 (1), 28-40.

China Index Academy. (2017). About China Index Academy. Retrieved from http://industry.fang.com/en/about_ us.html

Crown J. (2003). Healthy cities programmes: health profiles and indicators. In: Takano T, ed. Healthy cities and urban policy research.

Dahl, A. L. (2012). Achievements and gaps in indicators for sustainability. Ecological Indicators, 17, 14-19.

Dai, P. & Shen, Z. (2013). ON THE CHANGES OF WATER ENVIRONMENT AND THE RISE AND FALL OF XUZHOU CITY. Human Geography, 55-61.

Das, D. & Das, N. (2014). Sustainability reporting framework: comparative analysis of global reporting initiatives and Dow Jones sustainability index. International Journal of Science, Environment and Technology, 3 (1), 55-66.

Ding, Y. (2011). The Development History and Trend of Sugarcane Industrial in Zhanjiang City. Auhui Agricultural Science Bulletin, 14-15.

Distaso, A. (2007). Well-being and/or quality of life in EU countries through a multidimensional index of sustainability. Ecological Economics, 64 (1), 163-180.

Drakakis-Smith, D. W. (2000). Third world cities. Psychology Press.

Duan, H., et al. (2008). Hazardous waste generation and management in China: A review. Journal of Hazardous Materials, 158 (2), 221 – 227.

Emerson, J., Esty, D. C., Levy, M. A., Kim, C. H., Mara, V., de Sherbinin, A. & Srebotnjak, T. (2010). Environmental performance index. New Haven: Yale Center for Environmental Law and Policy, 87.

Environment Bureau. (2005). The Hong Kong Special Administrative Region. Retrieved from http://www.enb.gov.hk/en/susdev/council/susdev/meeting_year2005.html

EPS Data. (2017). Retrieved from EPS Data Website http://www.epsnet.com.cn/

Esty, D. C., Kim, C., Levy, M., Mara, V., Srebotnjak, T. & Paua, F. (2008). 2008 Environmental Performance Index. Yale Center for Environmental Law & Policy, Center for International Earth Science Information Network.

European Commission. (2012). Targeted summary of the European Sustainable Cities Report for Local Authorities. European Commission.

European Union. (2015). Science for Environment Policy IN-DEPTH REPORT: Indicators for Sustainable Cities. European Commission. Retrieved from: http://ec.europa.eu/environment/integration/research/newsalert/pdf/indicators_for_sustainable_citi es_IR12_en.pdf

Fang, K., Dong, L., Ren, J., Zhang, Q., Han, L. & Fu, H. (2017). Carbon footprints of urban transition: Tracking circular economy promotions in Guiyang, China. In Ecological Modelling, 30 – 45.

Feng, Y. (2016). 秦皇岛市环境保护与治理研究. Insight, 134.

Forum for the Future. (2009). The Sustainable Cities Index: Ranking the Largest 20 British Cities.

Frugoli, P. A., Almeida, C. M. V. B., Agostinho, F., Giannetti, B. F., & Huisingh, D. (2015). Can measures of well-being and progress help societies to achieve sustainable development? Journal of Cleaner Production, 90, 370 – 380.

Gan, H., He, H., Zhang, W., & Lin, J. (2015). Eco-risk Assessment and Contamination History of Heavy Metals in the Sediments of Sanya River. Ecology and Environmental Sciences, 1878 – 1885.

Gleick, P. (2009). China and Water. In The World's Water 2008 – 2009: The Biennial Report on Freshwater Resources. Retrieved from worldwater. org/wp-content/uploads/2013/07/ch05. pdf.

Göss, S. (2017). China's renewable energy revolution continues on its long march. Energy Post.

Guo, X., Ding, J. & Wang, C. (2010). The Present Situation of Underground Water Environment and Suggestions on Protection of Water Source in Xining City. Acta Geologica Sichuan, 330 – 333.

Hardi, P. & Pinter, L. (2006). City of Winnipeg quality-of-life indicators. In Community Quality-of-Life Indicators, 127 – 176. Netherlands: Springer.

Hao, H. & Ren, Z. (2006). Analysis on Land Use Change and Its Eco-Environmental Effects in Baotou City Based on RS and GIS. Journal of Soil and Water Conservation.

He, W., et al. (2006). WEEE recovery strategies and the WEEE treatment status in China. Journal of Hazardous Materials, 136 (3), 502 – 512.

Hong Kong Trade Development Council (HKTDC). (2017). Facts and Figures: Mainland China Provinces & Cities. HKTDC. Retrieved from http://china-trade-research. hktdc. com/business-news/article/Factsand-Figures/Mainland-China-Provinces-and-Cities/ff/en/1/1X000000/1X06BOQA. htm.

Huang, J., et al. (2004). Biotechnology boosts to crop productivity in China: trade and welfare implications. Journal of Development Economics, 75. 1, 27 – 54.

International Institute for Sustainable Development. (2002). City of Winnipeg Quality of Life Indicators. Retrieved from http: //www. iisd. org/ sites/ default/ files/ publications/ wpg. qoli. pdf

International Institute for Sustainable Development. (2001). The Dashboard of Sustainability. Retrieved from http: //www. iisd. org/library/ dashboard-sustainability-brochure

International Labour Office (ILO). 2015. Universal Pension Coverage: People's Republic of China. Retrieved from http: //www. social-protection. org/ gimi/ gess/RessourcePDF. action? ressource. ressourceId =51765

Jiang, X. (Ed). (2004). Service Industry in China: Growth and Structure. Beijing: Social Sciences Documentation Publishing House.

Jiang, N., Li, Q., Su, F., Wang, Q., Yu, X., Kang, P. & Tang, X. (2017). Chemical characteristics and source apportionment of PM2. 5 between heavily polluted days and other days in Zhengzhou, China. In Journal of Environmental Sciences.

Kratena, K. (2004). "Ecological value added" in an integrated ecosystem-economy model—an indicator for sustainability. Ecological Economics, 48 (2), 189 –200.

Lee, V., Mikkelsen, L., Srikantharajah, J. & Cohen, L. (2012). "Strategies for Enhancing the Built Environment to Support Healthy Eating and Active Living". Prevention Institute. Retrieved 29 April 2012.

Leese, D. (Ed.). (2009). Handbook of Oriental Studies, Section Four: China Vol. 20. Leiden, The Netherlands: Brill.

Leo, C. & Brown, W. (2000). Slow growth and urban development policy. Journal of Urban Affairs, 22 (2), 193 –212.

Li, X. & Pan, J. (Eds.) (2012). China Green Development Index Report 2012. Springer Current Chinese Economic Report Series.

Li, Y., He, H. & Huang, X. (2007). Analysis on climate change in

Nanning city in recent 50 years. Journal of Guangxi University (Natural Science Edition), 467.

Liu, Tingting, et al. "Urban household solid waste generation and collection in Beijing, China." Resources, Conservation and Recycling, 104 (2015): 31-37.

Library of Congress. (2015). Doing Business in China: Regional Information. Library of Congress Web Archives Collection. Retrieved from http://webarchive.loc.gov/all/20150408162859/http://www.export.gov/china/doingbizinchina/regio nalinfo/index.asp.

Lu, Y. (2014, 10). 加快立体绿化发展 建设生态宜居城市. 国土绿化, 28-31。

Luo, Q., Wang, K., Xu, J. & Chen, G. (2014). The Relationship between Agro-ecological Environment and Sustainable Development of Food Production — A Case Study in Yueyang City. Hunan Agricultural Sciences, 58-60.

Mega, V., Pederse, J. (1998). Urban Sustainability Indicators. European Foundation for the Improvement of Living and Working Conditions.

Melbourne City Council. (2010). Melbourne City Plan 2010. Retrieved from http://unpan1.un.org/intradoc/groups/public/documents/apcity/unpan011806.pdf.

Minx, J. C., Creutzig, F., Medinger, V., & Ziegler, T. (2011). Developing a pragmatic approach to assess urban metabolism in Europe: A report to the European Environment Agency.

Mori Memorial Foundation. (2015). Global Power City Index 2015. Retrieve from: http://www.mori-mfoundation.or.jp/english/ius2/gpci2/.

National Bureau of Statistics in China. (2017). National Data: Quarterly. Retrieved from NBS website http://data.stats.gov.cn/english/easyquery.htm?cn=B01.

Niu, S., Zhang, X., Zhao, C., Ding, Y., Niu, Y. & Christensen, T. H. (2011). Household energy use and emission reduction effects of energy conversion in Lanzhou city, China. Renewable Energy, 14311436.

Olewiler, N. (2006). Environmental sustainability for urban areas: The role of natural capital indicators. Cities, 23 (3), 184 – 195.

Pan, J., Zhuang, G., Zhu, S., & Zhang, Y. (2015). Reconstruction of China's Low-carbon City Evaluation Indicator System: A Methodological Guide for Applications. World Scientific.

Pan, Q., Xue, D. & Cao, X. (2003). STUDY ON THE DEVELOPMENTAL ORIENTATION OF SHAOGUAN CITY WITHIN THE NEW WORLD CITY SYSTEM. Human Geography, 75 – 78.

Princeton University Library. (2017, June). East Asian Library Electronic Resources: Chinese Databases. Retrieved from Princeton University Library website http://libguides.princeton.edu/ealdbs/chinese#slg-box-5920227.

Pong, D. (Ed.) (2009). Encyclopedia of Modern China Vol. 3. Detroit: Charles Scribner's Sons.

Qiu, J. (2016). Luzhou Yearbook. Luzhou: Luzhou Municipal Government.

Roy, M. (2009). Planning for sustainable urbanisation in fast growing cities: mitigation and adaptation issues addressed in Dhaka, Bangladesh. Habitat International, 33, 276 – 286.

Satterthwaite, D. (1997). Sustainable cities or cities that contribute to sustainable development? Urban Studies, 34 (10), 1667 – 1691.

Scanlon, K. (2011). The City of Seattle Comprehensive Plan: Toward a Sustainable Seattle: a Plan for Managing Growth, 1994 – 2014. Seattle City Council.

Scipioni, A., Mazzi, A., Mason, M., & Manzardo, A. (2009). The Dashboard of Sustainability to measure the local urban sustainable development:

The case study of Padua Municipality. Ecological indicators, 9 (2), 364 – 380.

Singh, R. K., Murty, H. R., Gupta, S. K., & Dikshit, A. K. (2012). An overview of sustainability assessment methodologies. Ecological Indicators, 15 (1), 281 – 299.

Slaper, T. F., & Tanya, J. (2011). "The Triple Bottom Line: What Is It and How Does It Work?" Indiana Business Review, 86, (1), 4 – 8.

Su, B. & Thomson, E. (Eds.) (2016). China's Energy Efficiency and Conservation. Retrieved from http://www.springer.com/us/book/9789811007354

Su, Q., Liu, Z., Li, S. & Liu, L. (2016). Coupling Analysis between Socio-economy Benefits and Ecoenvironment Benefits of Land Use in Changchun City. Hubei Agricultural Sciences, 5393 – 5397.

Sun, L. (2015). 城市林业生态圈建设研究——以洛阳城市林业生态圈建设为例. China Forest Products Industry, 64 – 66.

Sun, Y., Zhou, Q., Xie, X. & Liu, R. (2010). Spatial, sources and risk assessment of heavy metal contamination of urban soils in typical regions of Shenyang, China. Journal of Hazardous Materials, 455 – 462.

Sustainable Cities International. (2012). Indicators for Sustainability: How cities are monitoring and evaluating their success.

Sustainability Tools for Assessing & Rating Communities (STAR). (2016). Using the STAR Community Rating System to Integrate Sustainability into Community Planning Efforts.

Tamazian, A., Chousa, J. P., & Vadlamannati, K. C. (2009). Does higher economic and financial development lead to environmental degradation: evidence from BRIC countries. Energy Policy, 37 (1), 246 – 253.

Tan, M. (2008, 11). 深圳环境拐点与绿色 GDP 核算问题研究. Special Zone Economy, 21 – 24.

Tang, Y. -T., Chan, F. K. & Griffiths, J. (2015, 2). City profile:

City profile: Ningbo. In Cities, 97 – 109.

Tanguay, G. A., Rojaoson, J., Lefebvre, J. F., & Lanoie, P. (2010). Measuring the sustainability of cities: an analysis of the use of local indicators. Ecological Indicators, 10, 407 – 418.

Tsinghua Tongfang Knowledge Network Technology Co. (TTKN). (2014). CNKI. NET. Retrieved from http://oversea. cnki. net/kns55/support/en/company. aspx.

United Nations. (2017). Sustainable Development Knowledge Platform. Retrieved from UN Website https://sustainabledevelopment. un. org/sdgs.

United Nations. (2007). Indicators of Sustainable Development: Guidelines and Methodologies. Third Edition.

Urban China Initiative. (2013). The China Urban Sustainability Index 2013. Retrieved from http://www. urbanchinainitiative. org/en/.

Valentin, A., & Spangenberg, J. H. (2000). A guide to community sustainability indicators. Environmental Impact Assessment Review, 20 (3), 381 – 392.

Wang, C. (2016). Yearbook of Dali Prefecture. Dali Prefecture: Yunnan Nationalities Publishing House.

World Health Organization (WHO). (2015). WHO Healthy Cities—Revised baseline Healthy Cities Indicators. Centre for Urban Health.

World Bank. (2017). GDP (current US $). Retrieved from the World Bank website data. worldbank. org/indicator/NY. GDP. MKTP. CD.

World Bank. (2017). Literacy rate, adult total (% of people ages 15 and above). Retrieved from the World Bank website https://data. worldbank. org/indicator/SE. ADT. LITR. ZS? locations = CN.

World Bank. (2009). ANNEX O The Global City Indicators Program. Retrieved from http://siteresources. worldbank. org/INTURBANDEVELOPMENT/Resources/3363871334852610766/AnnexO. pdf.

World Bank. (2008). Global City Indicators Program Report: Part of a Program to Assist Cities in Developing an Integrated Approach for Measuring City Performance.

Wolch, J. R., Byrne, J., & Newell, J. P. (2014). Urban green space, public health, and environmental justice: The challenge of making cities "just green enough". Landscape and Urban Planning, 125, 234 – 244.

Wong, S. W., Tang, B. S., & Van Horen, B. (2006). Strategic urban management in china: a case study of Guangzhou Development District. Habitat International, 30, 645 – 66.

Wu, L. (2014, 7). Analysis of Sustainable Development of Changsha Based on Ecological Footfrint Method. Applied Mechanics and Materials, 1062 – 1065.

Xia, J., Liu, R., Zhou, B., Niu, W. & Wu, Y. (2014, 11). INVESTIGATION OF THE RELATIONSHIP BETWEEN URBANIZATION PROCESS AND CLIMATIC CHANGES IN WUXI. Resources and Environment in the Yangtze Basin, 132 – 142.

Xiong, D. & Chen, R. (2015, 9). Empirical Study on Coupling Interaction Betwen Urbanization and Water Resources Environment in Nanjing. Journal of Henan Normal University (Natural Science Edition), 95101.

Yan, B., Xiao, C., Liang, X. & Fang, Z. (2016, 2). mpacts of urban land use on nitrate contamination in groundwater, Jilin City, Northeast China. Arabian Journal of Geosciences, 1 – 9.

Yan, Y. (2017). YK Analysis of Carbon Emission From Low Carbon Tourism Economy in Haikou City. Journal of Southwest China Normal University (Natural Science Edition), 103 – 107.

Zhang, C. (2008). Effects of the Climate Variation on the Ecological Environment and Agricultural Production during the Past Half Century in Jinzhou Area. Journal of Anhui Agricultural Sciences, 12835 – 12837.

Zheng, B. (2013). The Development of Green City Index in International Community. International Conference on Learning Cities.

Zhou, Ping, and Loet Leydesdorff. "The emergence of China as a leading nation in science." Research policy, 35.1 (2006): 83-104.

兰州环境综合治理显成效.(2007). Sun Energy, 24.

国际城市研究案例部分的资料来源:

Paris

https://www.insee.fr/fr/statistiques/

http://archive.wikiwix.com/cache/?url=http%3A%2F%2Fwww.paris.fr%2Fportail%2Fdeplacements%2FPortal.lut%3Fpage_id%3D19%26document_type_id%3D5%26document_id%3D4914%26portlet_id%3D652

https://www.base-bien.com/PNSPublic/DocPublic/Historiquedesprixdesappartementspardep.pdf

https://www.apur.org/dataviz/evolution_nature/index.html#0

http://www.who.int/phe/health_topics/outdoorair/databases/cities/en/

http://www.eaudeparis.fr/vos-questions-nos-reponses/categorieFAQ/consommation/

https://www.paris.fr/municipalite/action-municipale/paris-pour-le-climat-2148

http://www.siaap.fr/fileadmin/user_upload/Siaap/3_Equipements/Tableau_de_bord/RETREAUSPECTIVE_2015-01_Bilan_exploitation.pdf

http://www.sinoe.org/cartesindicateurs/index#access-evitement

https://www.siemens.com/entry/cc/features/greencityindex_international/all/en/pdf/gci_report_summary.pdf

https://api-site-cdn.paris.fr/images/100009

http://www.liberation.fr/societe/2010/12/22/pourquoi-le-taux-dechomage-a-paris-est-plus-eleve-qu-ailleurs_ 702485

https: //www. atkearney. com/documents/20152/436064/Global + Cities + 2016. pdf/934b2d25-89fa-00d2-ee9a-b053b92b5230

Barcelona

http: //www. bcn. cat/estadistica/angles/dades/anuari/

https: //www. idescat. cat/pub/? id = aec&n = 235&lang = es

http: //estadistiques. arc. cat/ARC/#

http: //www. sostenibilitatbcn. cat/index. php/angles

https: //fr. slideshare. net/barcelonactiva/barcelona-data-sheet-2017

https: //www. libremercado. com/2017 - 06 - 20/de-las-15-ciudades-con-mas-paro-de-espana-13-son-andaluzas-1276601412/

http: //www. lepoint. fr/monde/barcelone-durcit-la-lutte-contre-airbnb-22 -07 -2017 -2145087_ 24. php

http: //ajuntament. barcelona. cat/pla-allotjaments-turistics/es/

http: //ajuntament. barcelona. cat/lafabricadelsol

https: //ajuntament. barcelona. cat/qualitataire/sites/default/files/pdfs/PMQAB_ ES_ 2014. pdf

https: //bcnroc. ajuntament. barcelona. cat/jspui/bitstream/11703/83509/1/infoambdor_ 2015. pdf

https: //www. elperiodico. com/es/medio-ambiente/20160207/garraf-de-vertedero-a-parque-natural-4874702

http: //lameva. barcelona. cat/barcelona-pel-clima/sites/default/files/documents/esp_ plan_ clima. pdf

New York

https: //www. bea. gov/

NYC Quarterly Economic Update

New York State Department of Labor

https: //www. nycedc. com/sites/default/files/files/economic-snapshot/

economic-snapshot-july-2017. pdf

https: //www. city-journal. org/html/bill-de-blasios-budget-blowout-15327. html

https: //onenyc. cityofnewyork. us/goals/industry/

REBNY, New York City Residential Sales Report, US Census

https: //data. cityofnewyork. us/Environment/Wastewater-Treatment-Plant-Performance-Data/hgue-hj96

http: //www. op. nysed. gov/prof/med/medcounts. htm

http: //www. op. nysed. gov/prof/nurse/nursecounts. htm

https: //www. city-journal. org/html/bill-de-blasios-budget-blowout-15327. html

http: //www. nyc. gov/html/dep/html/home/home. shtml

https: //www. nycgovparks. org/

http: //a816-dohbesp. nyc. gov/IndicatorPublic/publictracking. aspx

https: //www3. epa. gov/cgi-bin/broker? _ service = data&_ debug = 0&_ program = dataprog. state_ 1. sas&pol = SO2&stfips = 36

http: //council. nyc. gov/budget/wp-content/uploads/sites/54/2017/03/826-DEP. pdf

Sao Paulo

https: //www. ibge. gov. br/

https: //sites. uoit. ca/sustainabilitytoday/urban-and-energy-systems/Worlds-largest-cities/energy-and-material-flows-of-megacities/sao-paulo. php

http: //www. capes. gov. br/

https: //www. die-gdi. de/uploads/media/DP_ 26. 2016. pdf

http: //siteresources. worldbank. org/INTLAC/Resources/257803 – 1351801841279/SaoPauloCaseStudyENG. pdf

http: //www. atlasofurbanexpansion. org/cities/view/Sao_ Paulo

Singapore

http://data.stats.gov.cn/easyquery.htm?cn=G0104

https://www.singstat.gov.sg/find-data/search-by-theme/economy/national-accounts/visualising-data/gross-domestic-product

https://www.singstat.gov.sg/modules/infographics/economy

https://www.singstat.gov.sg/find-data/search-by-theme/economy/labour-employment-wages-and-productivity/latest-data

http://www.tablebuilder.singstat.gov.sg/publicfacing/createDataTable.action?refId=15312

https://www.singstat.gov.sg/find-data/search-by-theme/society/environment/latest-data

https://www.singstat.gov.sg/find-data/search-by-theme/population/population-and-population-structure/latest-data

https://www.singstat.gov.sg/find-data/search-by-theme/population/education-language-spoken-and-literacy/latest-data

https://www.singstat.gov.sg/-/media/files/publications/industry/ssssvc2016.pdf

http://www.tablebuilder.singstat.gov.sg/publicfacing/createDataTable.action?refId=3726

http://www.tablebuilder.singstat.gov.sg/publicfacing/createDataTable.action?refId=1889

https://www.ema.gov.sg/cmsmedia/Publications_and_Statistics/Publications/SES17/Publication_SinSingap_Energy_Statistics_2017.pdf

http://www.tablebuilder.singstat.gov.sg/publicfacing/downloadMultiple.action?id=73

https://www.singstat.gov.sg/find-data/search-by-theme/industry/transport/latest-data

Hong Kong

http: //data. stats. gov. cn/easyquery. htm? cn = G0104

http: //www. stats. gov. cn/tjsj/ndsj/2016/indexch. htm

http: //www. aqhi. gov. hk/api_ history/english/report/files/AQR2015e_ final. pdf

http: //www. dsd. gov. hk/Documents/SustainabilityReports/1516/en/key _ statistics_ and_ data. html

https: //www. wastereduction. gov. hk/sites/default/files/msw2016tc _ ataglance. pdf